Heidelberger Taschenbücher Band 75

Technologie der Zukunft

Herausgegeben von

Robert Jungk

Mit 48 Abbildungen

Springer-Verlag Berlin · Heidelberg · New York 1970

Dr. Robert Jungk, Berlin

Die Beiträge erschienen in englischer Sprache in Science Journal, Vol. 3 (1967).
Edited by *Robin Clarke*
© 1967 by I. P. C. Business Press, Ltd.

Aus dem Englischen übersetzt von *Georg Breuer,* A-1100 Wien, Wienerfeld West, Birnbaumgasse 4, und *Matthias Landau,* Research Group in Traffic Studies University College London, Gower Street, London WC 1, England

ISBN-13: 978-3-540-05151-0 e-ISBN-13: 978-3-642-88373-6
DOI: 10.1007/978-3-642-88373-6

Das Werk ist urheberrechtlich geschützt. Die dadurch begründeten Rechte, insbesondere die der Übersetzung, des Nachdruckes, der Entnahme von Abbildungen, der Funksendung, der Wiedergabe auf photomechanischem oder ähnlichem Wege und der Speicherung in Datenverarbeitungsanlagen bleiben, auch bei nur auszugsweiser Verwertung, vorbehalten.

Bei Vervielfältigungen für gewerbliche Zwecke ist gemäß § 54 UrhG eine Vergütung an den Verlag zu zahlen, deren Höhe mit dem Verlag zu vereinbaren ist.

© by Springer-Verlag Berlin · Heidelberg 1970. Library of Congress Catalog Card Number 72-124609.
Die Wiedergabe von Gebrauchsnamen, Handelsnamen, Warenbezeichnungen usw. in diesem Werk berechtigt auch ohne besondere Kennzeichnung nicht zu der Annahme, daß solche Namen im Sinne der Warenzeichen- und Markenschutz-Gesetzgebung als frei zu betrachten wären und daher von jedermann benutzt werden dürften.

Herstellung: Konrad Triltsch, Graphischer Betrieb, 87 Würzburg
Titel-Nr. 3002

Vorwort

Die „technologische Vorausschau" (Fachterminus: „technological forecasting"), deren erste Methoden und Resultate in der nachfolgenden Aufsatzsammlung vorgestellt werden, kann stets nur ein Teilstück der umfassenderen Perspektiven bieten, mit denen sich die Zukunftsforschung beschäftigt.

In der kurzen Zeitspanne, die seit der Publikation dieser Arbeiten in einer Sondernummer der englischen Monatszeitschrift „Science Journal" verging, haben sich eine Reihe neuer Zweige der „Futurologie" entwickelt, die andere Akzente setzen und daher andere Gefahren aber auch andere Möglichkeiten in der künftigen Entwicklung hervorheben. Sie stellen die Technik als Ganzes in Frage und bemühen sich, sie in einem weiteren Zusammenhang zu sehen.

Es handelt sich dabei um: die „gesellschaftliche Vorausschau" („social forecasting"); die „menschliche Vorausschau" („human forecasting" oder „anthropological forecasting"); die „umweltliche Vorausschau" („ecological forecasting").

Dazu kommt noch die schon seit langem etablierte und in ihren Methoden wohl am weitesten entwickelte „wirtschaftliche Vorausschau" („economic forecasting").

Es hat sich die Auffassung durchgesetzt, daß die Berücksichtigung all dieser Aspekte und die Untersuchung wie sie aufeinander einwirken für die Ausarbeitung von Prognosen und Plänen unerläßlich seien. Die „Cross Matrix"-Methode von T. J. Gordon bietet ein erstes Instrument für solche Arbeiten [1].

In einem solchen weitergespannten Rahmen wird die Technologie der Zukunft anders gesehen als zuvor. Wurde bisher vor allem gefragt, was technisch machbar und ökonomisch tragbar sei, so stellen sich nunmehr vordringlich die Fragen, was von gesellschaftlichen, menschlichen und umweltlichen Gesichtspunkten aus erwünscht (oder nicht erwünscht) sei und vermutlich sein werde.

---

[1] Gordon, T. J.: Cross impact matrices. In: Futures, Vol. I, No. 6. Guildford, England.

Hier deutet sich der Beginn einer grundlegenden Wandlung im Verhältnis des Menschen zu der von ihm mit Hilfe der Technologie geschaffenen künstlichen Umwelt an. Während bisher „aufgeklärte Ingenieure" (z. B. Karl Steinbuch) sich Sorgen um die Folgen der Technik machten und nachträglich um die Milderung negativer Nebenerscheinungen bemüht waren, wirft der moderne Zukunftsforscher noch *vor* der Verwirklichung technischer Möglichkeiten die Frage auf, ob man sie realisieren solle, in wessen Interesse sie seien und welche Veränderungen sie auslösen könnten.

Erich Jantsch (dessen große zusammenfassende Studie über den Stand der technologischen Voraussage [2] in Fachkreisen scherzhaft als das „alte Testament" der Zukunftsforschung bezeichnet wird) erkennt diese „Erweiterung des Rahmens" an, indem er zwei Jahre nach dem Erscheinen seines Werkes schreibt:

„Die meisten technischen Voraussagen werden noch einzeln von relativ autonomen Kriterien abgeleitet und nachher mit anderen Bestandteilen einer dynamischen Zukunftsvorstellung kombiniert. Das wäre vielleicht in der noch nicht weit zurückliegenden Vergangenheit geeignet gewesen, als die Richtung der technischen Entwicklung weit weniger von gesellschaftlichen, umweltlichen, psychologischen und anthropologischen Kriterien bestimmt wurde, wie dies vermutlich in der Zukunft der Fall sein wird." [3]

In den Vereinigten Staaten (und in geringerem Maße auch bereits in England, Frankreich, Holland und Schweden) findet diese neue Haltung gegenüber der Weiterentwicklung der Technik ihren Niederschlag in den Bemühungen, neue Institutionen zu gründen, die sich mit den möglichen Folgen technischer Neuerungen vor deren Einführung zu beschäftigen hätten. Der Kongreßabgeordnete Emilio Q. Daddario hat z. B. bereits im März 1967 einen Gesetzesvorschlag eingereicht, der die Einrichtung eines „Technology Assessment Board" („Technologie-Beurteilungskommission") verlangt. Die Aufgabe dieser Körperschaft soll es sein, „Methoden für die Identifikation, Beurteilung, Bekanntmachung und den Umgang mit den Folgen und Wirkungen angewandter Forschung und Technik" zu entwickeln.

Obwohl diese Initiative eine Fülle von Überlegungen und Vorschlägen zeitigte, die in zahlreichen Berichten und Protokollen ihren Niederschlag fanden [4], ist es bisher noch nirgends zur Einrichtung einer Behörde gekommen, deren Aufgabe es wäre, den technischen Fortschritt

---

[2] Jantsch, E.: Technological Forecasting in Perspective. OECD, Paris 1967.
[3] Jantsch, E.: New Organizational Forms for Forecasting. In: Technological Forecasting, Vol. I, No. 2. New York, Herbst 1969.
[4] A Study of Technology Assessment. Committee on Science and Technology US House of Representatives. Washington 1969.

unter Berücksichtigung sozialer, humaner oder ökologischer Kriterien zu diagnostizieren und zu kontrollieren. Nicht anders ist es bisher den Bemühungen ergangen, die Erhöhung der „Qualität des Lebens" in den hochindustrialisierten Vereinigten Staaten durch die alljährliche Erstellung eines „Social Report" (Bericht über den Zustand der Gesellschaft) zu erreichen, in dem Faktoren wie z. B. Gesundheit, Erziehung oder Schönheit der Umgebung als mindestens gleichberechtigt, wenn nicht wichtiger als der Zuwachs an Produktion von Gütern der Öffentlichkeit vorgestellt werden sollten [5].

Es stellt sich nach diesen negativen Erfahrungen die Frage, ob eine wirkungsvolle Kontrolle der technologischen Zukunftsentwicklungen auf Grund weiterreichender primär sozialer Kriterien, nicht letzten Endes ein politisches Problem ist. Der israelische Politologe Yehezkel Dror, der als einer der fruchtbarsten Anreger auf dem Gebiete der modernen Zukunftsforschung gilt, weist immer wieder darauf hin, daß es naiv sei, „technologische Vorausschau" und andere Vorstellungen von der Zukunft außerhalb des politischen Kontexts zu sehen. Er kommt zu folgender Beurteilung der Situation:

„Die Gesamtlage scheint so zu sein, daß die gegenwärtigen die Politik bestimmenden Systeme in allen Ländern — modernen wie unterentwickelten, demokratischen wie undemokratischen — nicht für die Nutzung der Erkenntnisse und Empfehlungen vorbereitet sind, die ihnen von der technologischen Vorausschau hoffentlich geliefert werden. Damit die Vorausschau in den historischen Bemühungen der Menschheit, ihr Schicksal bewußt zu gestalten, ein nützliches und wichtiges Werkzeug werden kann, müssen die politischen Entscheidungssysteme zuerst einmal reformiert werden." [6]

Institutionelle Keimzellen, denen es obliegt, langfristige soziotechnische Studien anzufertigen, gibt es heute bereits in den meisten hochindustrialisierten Staaten. Sie gehören entweder direkt zur Regierung (wie die „National Goals Commission" des Weißen Hauses) oder werden von ihr unterstützt. Während der Einfluß solcher prognostischen Gruppen zeitweilig sehr hoch eingeschätzt wurde, neigt man jetzt eher dazu, ihn als unerheblich anzusehen: Die Widerstände der politischen und wirtschaftlichen Interessengruppen haben sich zunächst einmal als stärker erwiesen. Sie sind nicht gewillt, von „intellektuellen Besserwissern" Ratschläge anzunehmen, die oft tiefgreifende Veränderungen bestehender Praktiken verlangen würden.

---

[5] Towards a Social Report. Government Printing Office. Washington, Januar 1969.

[6] Dror, Y.: Technological Forecasting and Policymaking Reform. In: Technological Forecasting, Vol. I, No. 2. New York, Herbst 1969.

An diesem Punkte setzt die neuentstandene „kritische Zukunftsforschung" an [7]. Sie ist der Ansicht, daß eine soziale, humane, die Umweltabhängigkeit des Menschen berücksichtigende Gestaltung des Kommenden nur durch den Abbau der Machtstrukturen (im Westen wie im Osten) möglich sein werde. Aber auch hier teilen sich die Geister in jene, die Veränderungen durch Reform für möglich halten [8] und diejenigen, die einen „Klassenkampf um die Zukunft" proklamieren [9].

So ist die Zukunftsforschung, die in den Vorstellungen einiger ihrer Pioniere als eine über dem politischen Geschehen stehende Bemühung angesehen wurde, in die gesellschaftlichen Auseinandersetzungen unserer Zeit hineingerissen worden. Das konnte wohl nicht anders sein, sobald man sich darüber klar zu werden begann, welche politische Sprengkraft der ständige Vergleich von „schlechter Gegenwart" und „möglicher besserer Zukunft" ausüben muß. Sollen die Analysen und Prognosen der Zukunftsforscher nicht nur Papier bleiben, so geraten sie unvermeidlich in den Sog der Interessenkämpfe.

Auch die „Technologie der Zukunft" wird sich dieser Konfrontation nicht entziehen können. Durch die Beschäftigung mit der „technologischen Vorausschau" ist unser Blick auch für den bereits vorhandenen technischen Fortschritt und seine Vorbedingungen geschärft worden. Die heutige Technik erscheint dann weitgehend als der Ausdruck gestriger und heutiger Prioritäten, die Macht und Höchstleistung in den Vordergrund stellen. Die Technik von morgen wird sicherlich vorsichtiger und lebensfreundlicher sein müssen, wenn sie ihre Schöpfer und ihre Umwelt (damit aber letztlich auch sich selbst) nicht zerstören will.

Berlin, im Juli 1970   Robert Jungk

---

[7] Greiwe, U. (Hrsg.): Herausforderung an die Zukunft. München 1970.

[8] Jantsch, E. (Hrsg.): Perspectives of Planning. Proceedings of the OECD. Working Symposium on Long-Range Forecasting and Planning, Bellagio 27. Oct. to 2. Nov. 1968. OECD, Paris 1969.

[9] Neumann, O.: Zukunft in futurologischer und marxistischer Sicht. Marxistische Blätter. Frankfurt, März 1970.

Inhalt

In die Zukunft vorausschauen. Erich Jantsch 1
Wissenschaft. Olaf Helmer 17
Energie. Ali Bulent Cambel 30
Automation. Hasan Ozbekhan 47
Das Fernmeldewesen. John R. Pierce 61
Weltraumforschung. Robert C. Seamens Jr. 75
Verkehr. Gabriel Bouladon 94
Ernährung. Robert U. Ayres 110
Nahrungsmittel: Die Früchte der neuesten Forschungen.
   Sylvan H. Wittwer 129
Werkstoffe. W. L. Swager 145
Bevölkerung. Roger Revelle 164
Zukunftsmöglichkeiten der Welt. Herman Kahn . . . 185

In die Zukunft vorausschauen

Erich Jantsch

Seit Jahrhunderten ist die Zukunft weitgehend durch zufällige technische Entwicklungen bestimmt worden. Heute wendet man die technologische Vorausschau („Technological Forecasting") an, um den Umfang der technologischen Erneuerung zu umreißen und ihre Richtung und Geschwindigkeit zu beeinflussen. So wird der Mensch mehr und mehr zum Herren seiner Technologie, während er früher ihr Sklave war.

Im Jahre 1965 wurde ich von der Organisation für Wirtschaftliche Zusammenarbeit und Entwicklung (OECD) aufgefordert, die Anwendung technologischer Vorausschau in den Mitgliedländern zu untersuchen. Die Erfüllung der Aufgabe nahm etwa ein volles Arbeitsjahr in Anspruch, und als der Bericht als ein internes Dokument der OECD fertiggestellt war [1], sandte ich eine Kopie an den Chefredakteur des „Science Journal", mit dem ich die Studie bereits in allgemeinen Zügen

---

Dr. Erich Jantsch war jahrelang Konsulent des Direktoriums für Wissenschaftliche Angelegenheiten der OECD, Paris, und der Firma Brown-Boveri (Schweiz). In jüngster Zeit hat er sich vor allem mit technologischer Prognose und langfristiger Planung beschäftigt. Als Verfasser einer bahnbrechenden Übersicht dieses neuen Gebietes wurde er zu einem seiner führenden Experten. Er doktorierte an der Wiener Universität in Astrophysik.

[1] Dieser Bericht, „Technological Forecasting in Perspective", ist in englischer und französischer Sprache veröffentlicht worden (OECD, Paris, 1967).

durchbesprochen hatte. Einige Tage darauf kamen wir in London zusammen und entwarfen einen Leitartikel, der in der folgenden Nummer des „Science Journal" erschienen ist. („Science and the Crystal Ball", Dezember 1966.)

Im Verlauf der nächsten Wochen erhielt ich zu meinem Erstaunen hunderte Anforderungen nach dem vollen Text meines Berichtes; sie kamen aus aller Welt, von Industriebetrieben, Regierungsstellen und akademischen Institutionen, wo Technologen oder Administratoren den Leitartikel gelesen hatten. Die Tatsache, daß so viele Anfragen von so verschiedenen Stellen kamen, ließ erkennen, daß die Nachfrage nach Information über technologische Vorausschau wesentlich größer war, als wir beide es uns vorgestellt hatten. Wir kamen daher neuerlich zusammen und besprachen die Idee, eine ganze Ausgabe des „Science Journal" diesem Thema zu widmen. Die (in diesem Buch in deutscher Übersetzung wiedergegebene) Sondernummer war das Ergebnis dieses Gesprächs.

Ein Wort der Erklärung über die Aufgabenstellung ist vielleicht erforderlich. Die Idee der wissenschaftlichen Vorschau ist nicht neu. In den letzten paar hundert Jahren haben hervorragende Männer ihre Augen immer wieder kommenden Dingen zugewandt und ihre persönlichen Spekulationen sind öfters zwischen Buchdeckeln als angebliche Blicke in die Zukunft vorgelegt worden. Dieses Buch hat mit solchen Bemühungen wenig gemein. Die hier veröffentlichten Beiträge sind ernste Versuche einer Einschätzung der Zukunft und spiegeln echte Bemühungen der Industrie, der Regierungen und in geringerem Ausmaß auch der Hochschulen wider, sachliche und wissenschaftliche Wege der Zukunftsplanung zu entdecken. Die Tage, da wir uns bei der Einschätzung der Zukunft nur auf die persönlichen Spekulationen einzelner international anerkannter Persönlichkeiten stützen konnten, sind längst vorbei.

Es ist nicht die Absicht dieses Buches, ein Bild davon zu entwerfen, wie die Technologie und die Gesellschaft voraussichtlich zu irgendeinem bestimmten Zeitpunkt — etwa zu Ende des Jahrhunderts — beschaffen sein werden. Es ist, wie wir sehen werden, nicht die Aufgabe der technologischen Vorausschau, derartige Voraussagen zu erstellen [2]. Es wurde vielmehr eine Serie von Beiträgen in Auftrag gegeben, die zeigen sollen, wie bestimmte Techniken und neue Wege des Vorausdenkens

---

[2] In der deutschen Sprache wird Vorausschau (forecasting) nur zu oft genauso verwendet wie Voraussage (prediction). Tatsächlich ist der erstere Begriff umfassender. Er gibt nicht vor, Präzises auszusagen, sondern öffnet einen Horizont mit vielen Perspektiven (Anm. d. Hrsg.).

heute in immer weiterem Maße angewendet werden, um die Grenzen des technologisch Durchführbaren zu erkunden und mögliche künftige Entwicklungen der Technologie zu umreißen. Ob derartige Entwicklungen tatsächlich eintreten, hängt vor allem von dem Ausmaß der Bemühungen ab, die in der Folge gemacht werden, um sie zu verwirklichen. Die technologische Vorausschau kann Informationen über jene Arten künftiger Entwicklung geben, die möglich sind. Sie kann die Wahrscheinlichkeit einschätzen, mit der eine bestimmte Entwicklung eintreten wird, wenn bekannt ist, mit welchem Dringlichkeitsgrad sie gewünscht wird. Sie ist eine Methode, die gesamte Auswahl möglicher oder alternativer Zukünfte abzustecken.

Aber die moderne technologische Vorausschau hat noch weiter gesteckte Aufgaben. Sie wird auch durchgeführt, um Richtung und Geschwindigkeit der technologischen Entwicklung zu beeinflussen. Bis in die jüngste Vergangenheit hat eine passive, ja sogar fatalistische Einstellung gegenüber der technologischen Entwicklung die Planung in vielen Teilen der Erde beherrscht — und sie beherrscht noch heute einen beträchtlichen Teil des europäischen Denkens. Daß sich der Mensch als Sklave der technischen Entwicklung betrachtet hat und vielfach noch immer nicht erkennt, in welchem Ausmaß sie seine eigene Schöpfung ist, mag in einer Periode der allgemeinen Emanzipation des menschlichen Denkens eine Überraschung sein. Doch es ist nur etwa 25 Jahre her, seit die Zahl und der Umfang von Möglichkeiten für die technische Entwicklung so stark anzuwachsen begannen, daß dieses Problem nicht mehr in der herkömmlichen, ungeplanten Weise angegangen werden konnte; es wurde unumgänglich notwendig, zwischen verschiedenen Projekten die wünschenswertesten auszuwählen und andere, weniger attraktiv scheinende fallen zu lassen. Die Notwendigkeit, die künftigen Vorteile einzuschätzen, welche aus verschiedenen Forschungsprogrammen erwachsen würden, entstand in erster Linie aus diesem Sachverhalt. Die erfolgreiche Durchführung von „Dringlichkeitsprogrammen" der Forschung und Entwicklung in der Kriegs- und Nachkriegszeit schuf neues Vertrauen in die technologische Vorausplanung. Zugleich begann man zu verstehen, welch große Rolle die Technologie in naher Zukunft bei der Umgestaltung der Gesellschaft und bei ihrem Übergang ins technische Zeitalter spielen würde.

Heute betreiben etwa 600 große und mittelgroße amerikanische Unternehmen regelmäßige technologische Vorausschau im eigenen Rahmen. Sie geben dafür etwa ein Prozent ihres gesamten Forschungs- und Entwicklungsbudgets aus, was einem jährlichen Aufwand in der Größenordnung von 50 bis 100 Mill. $ entspricht. Überdies verwenden sie mehr als 10 Mill. $ im Jahr für den Ankauf von Prognosen spezialisierter Forschungsinstitute und Konsulentenfirmen [3].

Einige besonders auf Neuentwicklung orientierte amerikanische Firmen (die ständig jährliche Wachstumsraten von 30% aufweisen) waren dank der Verwendung technologischer Prognosen imstande, den Absatz ihrer neuen Produkte zu verdoppeln. Eine Halbleiter-Firma, die sich das Zehn-Jahres-Ziel eines Umsatzes von 1000 Mill. $ gestellt hatte und befürchten mußte, daß sie auf der Basis der laufenden Produktion (und der laufenden Forschungsarbeit) um 300 Mill. unter dem gesetzten Ziel bleiben würde, kam zu der Erkenntnis, daß sie diesen Sollwert noch um 300 Mill. überbieten würde, nachdem ihr durch die technologische Vorausschau zusätzliche Möglichkeiten gezeigt worden waren. Die Xerox-Corporation, die sich für 1975 ein Ziel von 2000 Mill. $ gestellt hat, baut darauf, die Hälfte ihres Umsatzes mit Hilfe neuer Ideen zu verwirklichen, die auf Anregungen der technologischen Prognose beruhen. In vielen zukunftsorientierten Unternehmungen wendet das Spitzenmanagement mehr Zeit für Fragen auf, die zehn Jahre in der Zukunft liegen, als für die heutigen Probleme. In einigen Firmen gibt es eine formale Arbeitsteilung zwischen Gegenwart und Zukunft auf der Ebene der Präsidenten oder höchsten Vizepräsidenten. In jenen amerikanischen Unternehmungen, welche die technologische Vorausschau am wirkungsvollsten anwenden, führt deren „katalysierende Wirkung" (nach entsprechendem Aufwand für Forschung und Entwicklung) zu einem Gewinn, der etwa 50mal so groß wie die Anlagegelder ist.

Es ist wesentlich schwieriger, zu entsprechenden Schätzungen in Europa zu gelangen. Einen gewissen Hinweis gibt jedoch der Geldaufwand der Industrie zu beiden Seiten des Atlantik für den Ankauf von Prognosen, die außerhalb des eigenen Unternehmens erstellt wurden. Während amerikanische Unternehmungen für diesen Zweck (wie erwähnt) jährlich über 10 Mill. $ ausgeben, belaufen sich die entsprechenden Ausgaben aller europäischen Unternehmungen auf nicht viel mehr als 1 Mill. $ im Jahr. Diese verhältnismäßig mageren europäischen Investitionen sind überdies nicht der einzige Grund, warum die Mehrzahl der Autoren, die in dieser Publikation zu Wort kommen, in den Vereinigten Staaten arbeitet. Die USA sind zweifellos die Heimat des „technological forecasting"; das ist zum Teil darauf zurück-

---

[3] Diese Zahlen erscheinen im Jahre 1970 eher zu gering. Da die Zukunftsforschung von Industrie und Staat in den USA stark verfilzt ist, müßten dazu die acht- bis neunstelligen Budgetsummen der vor allem mit Militärproblemen und zivilen Großprojekten beschäftigten „Think Factories" der Regierung hinzugerechnet werden (Anm. d. Hrsg.).

zuführen, daß dort spezialisierte Institute wie die RAND-Corporation (RAND steht für *Research and* Development; Anm. d. Übers.) und das Hudson-Institut entstanden sind, die den Fragen der Vorausschau besondere Aufmerksamkeit zuwenden. Demgegenüber wird in Europa der Großteil der Prognosetätigkeit von der Industrie selbst durchgeführt und ist so geartet, daß er nur selten an die Öffentlichkeit gelangt.

Die externen Forschungsinstitute und Konsulenten, die Prognosen zur Verfügung stellen, haben bei der Einführung neuer Techniken eine wichtige Rolle gespielt. Das Stanford Research Institute, das 1958 mit seinem Dienst für langfristige Planung begann, hat wahrscheinlich mehr zur Anerkennung der Bedeutung des „forecasting" beigetragen als irgendeine andere Institution. Derartige Institute und Konsulentenfirmen verkaufen ihre Prognosedienste vor allem in zwei Formen. Die erste ist ein „Paket", für das man eine jährliche Subskription bezahlt. Dafür erhält man schriftliche Berichte, die Möglichkeit zur Teilnahme an Konferenzen, Konsulentendienste und allgemein orientierendes Material. Die andere ist die Erstellung von umfassenden und tiefgründigen Prognosestudien, meist unter der gemeinsamen Patronanz von mehreren — vielleicht bis zu zwanzig — Unternehmungen, wobei der Kostenaufwand einer derartigen Studie im allgemeinen etwa zwischen 300 000 und 500 000 $ liegt.

Die Regierungen beginnen jetzt erst, technologische Vorausschau auch außerhalb der Verteidigungsprogramme zu verwenden. Die französische „Groupe 1985" ergänzte den Fünften Nationalplan durch 20 Jahresprognosen in über 30 Sektoren. Ein weiter gestecktes Schema wurde im Rahmen der Erstellung des Sechsten Planes in Angriff genommen. Die technologische Vorausschau wurde vor allem dem BIPE (Bureau d'Informations et de Prévisions Economiques) übertragen, das sich im gemeinsamen Besitz der Regierung und der Großindustrie befindet. In den Vereinigten Staaten wird die Einführung des Planungs-Programmierungs-Budgetierungs-Systems (eines funktionsorientierten gleitenden Fünf-Jahr-Planungsschemas) langfristige Vorausschau auf der Basis sozialer und politischer Interessen anregen. In England wird die stimulierende Wirkung von J. B. Adams' Konzept wohl bald zu spüren sein; es besteht darin, nationale Ziele aufzustellen und dann zu überlegen, welchen Beitrag die einzelnen staatlichen Laboratorien dazu leisten können.

Die Idee von neben den Regierungen bestehenden „Ausschau-Institutionen" (look-out institutions) wird von einer Anzahl angesehener Wissenschafter zu beiden Seiten des Atlantik aktiv gefördert. Derartige Institutionen sollen laut Hasan Ozbekhan die Aufgabe haben, „sich mögliche Zukünfte auszudenken; Vergleichsmaßstäbe für verschiedene mögliche Zukünfte zu entwickeln und Vorgangsweisen zu definieren, wie man zu solchen möglichen Zukünften mit Hilfe der in der gegenwärtigen Situation gegebenen physischen, menschlichen, intellektuellen und politischen Mittel gelangen kann". Die gegenwärtig vor sich gehende allmähliche Ausweitung des Arbeitsbereiches der RAND-Corporation und der Research Analysis Corporation, die sich bisher im Auftrag der Luftwaffe und der Armee der USA vor allem mit der Beurteilung von Entwicklungstendenzen bei Waffensystemen beschäftigt haben, scheint darauf hinzuweisen, daß diese Institute auch für die zivilen Teile der Regierung der USA eine derartige Konsulentenrolle spielen könnten. Firmen mit breiter Basis wie Royal Dutch/Shell oder British Petroleum (BP) haben es bereits für nötig gehalten, „Ausschau-Gruppen" für den Bereich der „Sozial-Technologie" zu errichten, deren Hauptziel gesellschaftliche Zukunftsforschung ist. Viele Pläne für die Errichtung von „Ausschau-Gruppen" unter privater Patronanz werden zur Zeit bekannt, und wahrscheinlich wird demnächst ein vollständiges „Zukunftsinstitut" (Institute for the Future) in den Vereinigten Staaten errichtet werden [4].

Es ist nun angebracht, etwas über die allgemeine Art und Weise zu sagen, wie Prognosen erstellt werden. Zuerst, das Ziel besteht nicht in der Abgabe einer *genauen* Vorhersage. Auf dem Werkstoffsektor würden wir beispielsweise gerne die Vielfalt der Eigenschaften kennen, welche die, sagen wir, im Verlauf der nächsten dreißig Jahre entwickelten Werkstoffe haben werden. Die Vorausschau wird nicht in der Lage sein, die genauen chemischen Formeln oder die speziellen Herstellungsmethoden solcher Stoffe vorauszusagen. Sie kann jedoch eine allgemeine Übersicht über die von ihnen zu erwartenden Eigenschaften geben. Da gibt es zunächst die Möglichkeit, die grundlegenden physikalischen Eigenschaften der Werkstoffe zu studieren, aus denen sich absolute theoretische Grenzen für Eigenschaften wie Härte oder Flexibilität ableiten lassen. Man kann eine Kurve zeichnen, die das Anwachsen dieser Eigenschaften im Verlauf der letzten hundert Jahre darstellt. Verschiedene Techniken des Kurvenvergleichs (curve fitting techniques) können dann angewendet werden, um zu ermitteln, wie sich diese Kurven in kommenden Jahren zwischen den gegenwärtigen Werten und den theoretischen Grenzen weiter entwickeln werden. In Wirklichkeit würde man mehrere Kurven zeichnen, um zu zeigen, wie sich der zeitliche Ablauf je nach Nachfrage und Aufwand an (Forschungs-)

---

[4] Dieses Institut ist inzwischen Tatsache geworden. Sein Hauptquartier ist in Middletown, Connecticut.

Anstrengungen und Geld, die in einen bestimmten Sektor der Werkstoff-Forschung investiert werden, verändern würde. So besteht beispielsweise in der technischen Praxis gegenwärtig eine besonders starke Nachfrage nach einem starren hochgradig hitzebeständigen Kunststoff, der zugleich leicht ist. Die Fortschritte zur Entwicklung eines derartigen Materials werden daher wahrscheinlich rascher vorangehen als in Richtung auf einen schweren, flexiblen hochgradig hitzebeständigen Werkstoff.

Wenn ein solches Herangehen oberflächlich zu sein scheint, dann nur deshalb, weil ich es übermäßig simplifiziert dargestellt habe. Der entscheidende Punkt besteht darin, daß jeder Einzelschritt in der Überlegung quantifiziert wird, um einen Rahmen zu erstellen, innerhalb dessen sich künftige Fortschritte bewegen werden. Wie das wahrscheinlich im einzelnen vor sich gehen wird, muß dann auf Grund der Kenntnis der Nachfrage nach einem Werkstoff ermittelt werden — wofür unter Umständen eine zusätzliche Prognose erforderlich ist — sowie auf Grund solcher anderer Faktoren wie des gegenwärtigen Standes der Technologie, der künftigen Möglichkeiten von fundamentalen Durchbrüchen und der relativen Bedeutsamkeit von Fortschritten in verwandten Technologien. Die Art der Wechselbeziehungen, die auf dem Werkstoffsektor zwischen diesen Faktoren bestehen, werden in dem Beitrag von W. L. Swager auf S. 145 zusammengefaßt.

Eindeutigere Voraussagen können in den meisten Fällen nur für einen Zeitraum von etwa 15 Jahren gewagt werden; das etwa ist die Zeitspanne, die zwischen einer wissenschaftlichen Entdeckung und ihrer technologischen Anwendung verstreicht. Beschreibende Vorschauen, die versuchen, genaue Hinweise über die technische Verwirklichung bestimmter Möglichkeiten oder ihrer Wirkungen zu geben, finden innerhalb einer solchen Zeitspanne ihre natürliche Grenze. Jedenfalls ist für die Industrie eine Zeitspanne von fünf bis sieben Jahren im allgemeinen ausreichend, um die Entscheidung über irgendeine spezifische Entwicklung zu fällen. Die Vorausschau kann jedoch im Prinzip viel weiter in die Zukunft blicken, besonders, wenn sie nach absoluten Möglichkeiten und Grenzen Ausschau hält. Die Tabelle auf S. 8 gibt eine annähernde Übersicht über die Zeitmaßstäbe, für die technologische Prognosen heute durchgeführt werden.

Meist geht man an die Aufgabe so heran, daß man ausgehend von der gegenwärtigen Lage extrapoliert und zu erkennen sucht, wie sich unsere gegenwärtigen Kenntnisse und Leistungen in Zukunft weiterentwickeln werden. Eine völlig andere Art des Herangehens ist die sogenannte normative Vorausschau; sie geht von der Zukunft aus und arbeitet rückläufig auf die Gegenwart hin. Mit anderen Worten: Man stellt zunächst ein für die Gesellschaft wünschenswertes Ziel auf — etwa die Entwicklung einer nichtlandwirtschaftlichen Technologie der Nahrungsmittelproduktion — und arbeitet ausgehend von dieser Zielstellung zurück, um zu ermitteln, in welchem Ausmaß und auf welche Weise bestehende Kenntnisse und Techniken weiterentwickelt werden müßten, damit man dieses Ziel erreichen kann.

Zeitspannen in der Vorausschau (in Jahren)

Institutioneller Rahmen der Vorausschau	genauere Festlegung	ungefähr
„Ausschau-Institutionen" (look-out-institutions), welche die Gesamtheit künftiger Systeme bewerten, „Sozial-Technologie" (Technologie mit beträchtlichem Einfluß auf die gesellschaftlichen Verhältnisse wie etwa Automation), Rohstoffe	—	bis zu 50, manchmal sogar mehr
Industrien in Bereichen, wo „Sozial-Technologie" notwendig wird (große Erdölgesellschaften, Fernmeldewesen)	5—10	30—50
Raumfahrtprogramme (NASA)	10—20	20—30 manchmal mehr
Landesverteidigung	7—10	20—25 manchmal bis zu 40
Volkswirtschaft (französischer Plan)	5	20—25
Nationale Zielsetzungen (amerikanische Zivilverwaltung)	5— 6	10—30
Sich rasch erneuernde Industrien (Elektronik, Luft- und Raumfahrt, Chemie), mit firmenmäßiger langfristiger Planung	5—10	10—20
Verbrauchsgüterindustrie	3— 5	5—10

In der Industrie wird die technologische Vorausschau oft angewendet, um alle Gebiete der Technologie und des Maschinenbaus zu ermitteln, auf welche künftige Fortschritte der Wissenschaft Einfluß haben könnten. Das heißt, man will auf diese Weise sicherstellen, daß der Fortschritt von neuen Entdeckungen, Entwicklungsarbeiten, modernstem Maschinenbau und deren Anwendung in der Produktionspraxis mit möglichst großem Nutzeffekt vor sich geht. Es gibt viele Methoden, wie man das ganz systematisch durchführen kann, und es gibt andererseits viele Fallstricke, über die man stolpern kann, wenn man nicht willens ist, eine grundlegende Analyse des Problems vorzunehmen. So sagte Einstein: „Die Geschichte der wissenschaftlichen und technischen Entdeckungen lehrt uns, daß das unabhängige Denken und die schöpferische Phantasie des Menschengeschlechtes recht armselig sind. Selbst wenn die äußeren und wissenschaftlichen Voraussetzungen für die Geburt einer Idee schon lange vorhanden sind, bedarf es im allgemeinen eines äußeren Anstoßes, damit es auch tatsächlich dazu kommt; der Mensch muß sozusagen über eine Sache stolpern, damit ihm die Idee kommt." Die technologische Vorausschau ist eine Methode, dieses zufällige Darüber-Stolpern durch eine umfassende und systematische Analyse zu ersetzen.

In einer Anzahl modern denkender Firmen, vor allem in den Vereinigten Staaten, sind heute die technologische Vorausschau und die Grundlagenforschung durch einen ständigen engen Dialog verbunden, der darauf hinausläuft, daß die Vorausschau die Fragen aufwirft und die Grundlagenforschung die Antworten erteilt. Diese fruchtbare Wechselbeziehung, welche dazu beiträgt, die Forschung anzuregen und auf bestimmte Brennpunkte hinzulenken, wird voraussichtlich die Zielsetzung der Grundlagenforschung revolutionieren. Schon heute richten verschiedene Unternehmen wie etwa die Xerox Corporation oder führende amerikanische Firmen auf dem elektronischen Sektor einen beträchtlichen Teil ihrer Grundlagenforschung auf diese Art und Weise aus, wobei sich die Natur der Forschung verändert und ihr Umfang zunimmt.

Die speziellen Techniken, die bei der technologischen Vorausschau verwendet werden, zielen vor allem darauf ab, das menschliche Denken zu imitieren — und dadurch zu erweitern. Im OECD-Bericht sind 20 verschiedene Arten des grundlegenden Herangehens an die Aufgabe mit etwa 100 verschiedenen Versionen oder Elementen von Techniken angeführt, die entweder schon angewendet oder geplant werden. Nachfolgend sind die wichtigsten von ihnen angeführt.

Das Delphi-Modell zur Verbesserung der intuitiven Denkweise ist vor allem von Olaf Helmer in der RAND-Corporation entwickelt worden. Das Ziel ist, eine möglichst große Übereinstimmung in der Meinung verschiedener befragter Experten in aufeinanderfolgenden iterativen „Runden" herbeizuführen. Seinem Wesen nach ist das eine Verfeinerung der ursprünglichen „Brainstorming"-Technik. Der Unterschied besteht darin, daß man zugleich mit dem Bemühen, die Ansichten vieler Experten zu einer Frage zu erfahren, Vorgangsweisen verwendet, die darauf abzielen, ihre Überlegungen zu präzisieren und sie gleichzeitig daran zu hindern, ihre Ansichten direkt untereinander auszutauschen. Man fragt beispielsweise die Experten zunächst, welche grundlegenden wissenschaftlichen Durchbrüche sie innerhalb der nächsten 40 Jahre erwarten. Die ersten Ergebnisse werden analysiert und eine Liste von 20 Durchbrüchen erstellt. Die gleichen Experten werden dann befragt, für wie groß sie bei jedem dieser 20 Ziele die Wahrscheinlichkeit halten, daß es innerhalb der nächsten 40 Jahre erreicht wird. Das gibt eine zweite Liste, und man kann die Experten dann fragen, in welchem Jahrzehnt sie die betreffenden Durchbrüche für wahrscheinlich halten. So werden die Antworten von Stufe zu Stufe verfeinert, ohne daß äußere psychologische Faktoren mitspielen, wie das bei einer Diskussion von Angesicht zu Angesicht zweifellos der Fall wäre. Diese Technik wurde angewendet, um den Zeitpunkt des Erreichens verschiedener wissenschaftlicher Ziele zu prognostizieren (siehe den Beitrag von O. Helmer auf S. 17), und sie wurde auch von der amerikanischen Luftwaffe, dem schwedischen Institut für Verteidigungsforschung und in der modifizierten Form von der amerikanischen Weltraum-Firma TWR Systems erprobt. Sie wird weiterhin vor allem dort ein wichtiges Anwendungsgebiet finden, wo das intuitive Denken auch in Zukunft eine der wichtigsten Quellen für die Ausgangsdaten von Prognosen bleibt, und wo die Erzielung von Übereinstimmung unter den Experten wichtig ist, wie etwa bei der Festlegung von Zielsetzungen.

Die Extrapolation von Entwicklungstrends wird vielfach im militärischen Bereich und in gewissem Ausmaß auch in der Industrie angewendet. In jüngster Zeit sind eine Anzahl von verfeinerten Methoden in Gebrauch genommen worden, so etwa verfeinerte Untersuchungen von Wachstumskurven, die Analyse von Vorgängen, die ein späteres Ereignis ankündigen und vor allem die Extrapolation in Form von „envelope curves"[5]. Die letztgenannte Methode, die besonders von Robert U. Ayres studiert wurde, ist von speziellem Interesse, weil sie, zumindest im Prinzip, die Prognose künftiger technischer Durchbrüche in allgemeiner Form — beispielsweise in Begriffen technologischer Leistungsgrößen wie Geschwindigkeit oder Festigkeit — schon zu einem Zeitpunkt gestattet, zu dem die konkreten Möglichkeiten der technischen Verwirklichung noch nicht erkennbar sind. Obwohl die potentiellen Vorteile groß sind, lassen sich Entscheidungsbefugte im allgemeinen davon einschüchtern, daß ein hoher Grad von Ungenauigkeit bei der Wahl der für die Kurvenbestimmung nötigen Parameter sowie bei der Interpretation empirisch festgestellter Trends besteht. Die Trendextrapolation ist ein rein erkundendes Herangehen, das im allgemeinen nur bei der Ermittlung von Daten, welche die Geschwindigkeit einer

---

[5] Kurven, in denen äußerste wissenschaftlich noch denkbare Grenzpositionen aufgezeigt werden (Anm. d. Hrsg.).

Weiterentwicklung bestimmen sollen, gut funktioniert. Es ist anzunehmen, daß diese Methode umso mehr an Genauigkeit verlieren wird, je mehr die Entwicklung im Laufe der Zeit durch normatives Denken beeinflußt und von komplizierten Wechselbeziehungen abhängig sein wird.

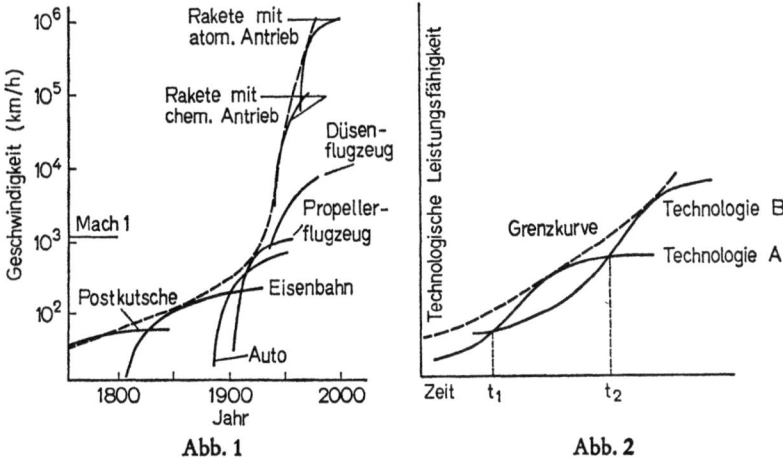

Abb. 1   Abb. 2

Abb. 1
Extrapolation durch „envelope curves" (Grenzkurven) in graphischen Gesamtdarstellungen ist ein wichtiges Hilfsmittel bei der Vorausschau technischer Möglichkeiten. Die vom Menschen erreichbare Beförderungsgeschwindigkeit steigt in Übereinstimmung mit einer umfassenden S-förmigen „Grenzkurve" an; die Kurven für die einzelnen technologischen Lösungen nähern sich einem „Sättigungsniveau", über das sie sich nicht hinausbewegen. Die Prognose unter Verwendung der „Grenzkurven"-Extrapolation bedeutet, daß man die Auswirkung künftiger Durchbrüche berücksichtigt, ohne die Technologie zu definieren, mit deren Hilfe sie erzielt werden. (Diagramm nach Robert U. Ayres: On Technological Forecasting, Hudson Institute)

Abb. 2
Hier werden die Vorzüge und die Entdeckung von Fallstricken in der „Grenzkurven-Extrapolation" gezeigt. Für ein Unternehmen, das die Technologie A verwertet, kann es beträchtlichen Vorteil bringen, wenn es die Zukunftsmöglichkeiten der Technologie B erkennt und diese zu entwickeln beginnt, ehe die Technologie A ihr Sättigungsniveau erreicht hat. Anderseits würde ein direkter Vergleich des Trends von A und B zur Zeit t_1 oder kurz darauf zu falschen langfristigen Schlüssen führen, wenn die Perspektive nicht im Rahmen der Gesamtentwicklung gesehen wird, wie sie mit Hilfe der Grenzkurve dargestellt wird. Nur wenige Unternehmungen können die zur Zeit t_2 eintretende Situation bereits zur Zeit t_1 erkennen

Morphologische Forschung ist nach den Worten ihres Pioniers, Fritz Zwicky, der diese Technik bereits 1942 angewendet hat, „eine geordnete Vorgangsweise, die Dinge zu betrachten"; dadurch soll „eine systematische Übersicht über alle Lösungsmöglichkeiten für einen gegebenen

Problemkomplex" gewonnen werden. Es ist dies ein erkundendes Herangehen, bei dem versucht wird, einen Problemkomplex in seine Grundparameter aufzulösen. Nach dieser Methode läßt sich beispielsweise zeigen, daß ein einfacher, mit herkömmlichem chemischem Treibstoff betriebener Düsenmotor durch elf Grundparameter bestimmt ist und in 25 344 Kombinationen dieser elf Parameter konstruiert werden kann. Darunter befinden sich einige ganz neuartige Geräte, an deren Möglichkeit vielleicht nie jemand gedacht hätte, wenn man nicht durch die eingehende Art der Analyse, wie sie von der morphologischen Forschung vorgenommen wird, darauf hingelenkt worden wäre, unter anderem

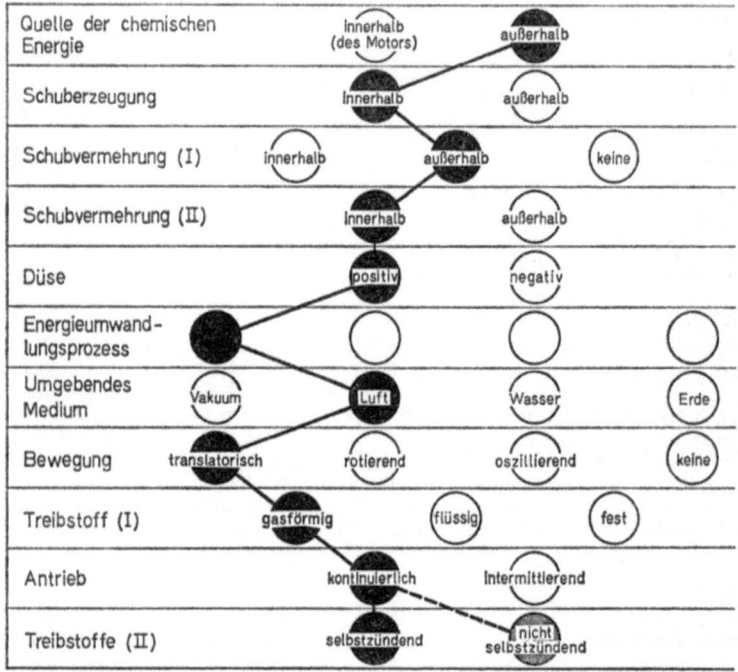

Abb. 3

Morphologische Forschung wurde auf dem Gebiet der Düsenmotoren angewendet, um zu ermitteln, wieviele Kombinationen der oben angeführten 11 Grundparameter möglich sind, welche die Tätigkeit eines Düsenmotors beschreiben. Von den 36 864 rechnerisch möglichen Kombinationen scheiden fast ein Drittel wegen innerer Widersprüche aus, so daß 25 344 theoretisch mögliche Motortypen übrigbleiben. Die in obigem Diagramm markierte Lösung ist ein Staustrahlmotor (Ramjet), der seine Energie ausschließlich aus dem umgebenden Medium bezieht, etwa durch Verwertung der in den oberen Schichten der Atmosphäre in Form von angeregten und ionisierten Atomen und Molekülen gespeicherten Sonnenenergie. Das ließe sich anscheinend in der Praxis verwirklichen das interplanetare Aerodukt, die Rakete mit pulsierendem Antrieb, einige Formen von Wassermotoren und das „Terrajet", das vielleicht einmal benutzt werden wird, um Mineralien aus der Erdkruste zu fördern. Das morphologische Herangehen kann auf allen Ebenen technologischer Wechselbeziehungen einschließlich der Grundlagenforschung angewendet werden, sowie auch in Beziehungen von Technologie zu soziologischen, politischen und ökonomischen Fragen und bei der Formulierung von Zielsetzungen.

Das Schreiben von Szenarios ist eine von Herman Kahn und seinen Mitarbeitern am Hudson Institute zur Perfektion gebrachte Technik (siehe den Beitrag von Kahn auf S. 185), die versucht, eine logische Folge von Ereignissen zu konstruieren, um zu zeigen, wie aus der Gegenwart (oder irgendeiner anderen gegebenen Situation) Schritt für Schritt ein künftiger Zustand entstehen kann. Der Hauptzweck ist nicht, die Zukunft vorherzusagen, sondern auf systematische Weise alle Weggabelungen zu ermitteln, an denen kritische Entscheidungen getroffen werden müssen.

Die normativen „relevance tree"-(Beziehungsnetz-)Techniken stellen eine andere geordnete Vorgangsweise zur Betrachtung der Dinge dar, doch beginnen sie am anderen Ende: bei den angestrebten Zielen. Die einzelnen Äste des „Baumes" (die alternativen Wege) werden in ihren Verzweigungen bis zu den Spitzen verfolgt, die ungelöste Probleme im heutigen Stand von Wissenschaft und Technik darstellen. In numerisch quantifizierten Schemen, die auf einer Einschätzung der Kriteria und deren Gewichtigkeit beruhen, können dann den verschiedenen Forschungsprogrammen zur Lösung der betreffenden Probleme kalkulierbare Wichtigkeitsgrade („priorities") zugeordnet werden. Eine dieser Techniken, die unter dem Namen PATTERN bekannt ist, wurde bei der Firma Honeywell sowohl auf Luft-Raumfahrttätigkeit wie auf Arbeiten zur Verwendung von Elektronik in der Medizin angewendet, ferner im Apollo-Programm der NASA (wo mit Hilfe dieser Methode nicht weniger als 2329 technologisch ungelöste Probleme ermittelt wurden, die zur Erreichung des Zieles in Angriff genommen werden mußten) sowie bei Problemen der amerikanischen Luftwaffe. Andere Versionen der „relevance tree"-Technik werden nun von der amerikanischen Marine und vom Battelle Memorial Institute verwendet.

Die Systemanalyse, wie sie vor allem in den USA seit 1948 entwickelt worden ist, stellt ein in erster Linie normatives Vorgehen dar und wird mehr und mehr zu einem wertvollen Instrument für die Einschätzung künftiger technischer Alternativen in einem weiteren Zusammenhang. Das ist die Domäne der kalifornischen „Denkfabriken" wie der RAND Corporation, der Systems Development Corporation und des von der General Electric errichteten TEMPO-Zentrums für fortgeschrittene Studien.

In der Entwicklung der (Prognose-)Techniken können zwei wichtige Trends unterschieden werden. Die erste ist die Suche nach „integrierten" Methoden, welche die Prognose der eigentlichen technologischen Entwicklung mit Prognosen der Auswirkungen dieser Entwicklung auf den Markt, die Wirtschaft, den Staat und sogar die Gesellschaft im allgemeinen in Zusammenhang bringen. Die Erfolge, die durch Kombination von Kosten/Effektivitäts-Studien und Systemanalyse in der militärischen Planung (vor allem in den USA und in Schweden, aber nun auch

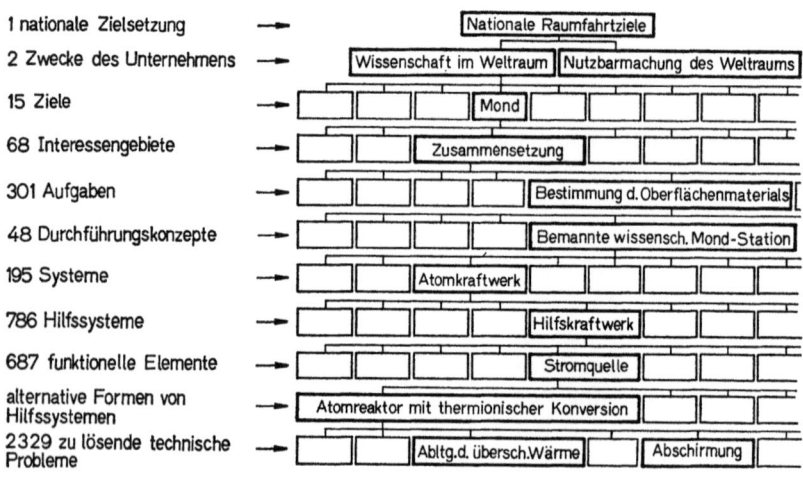

Abb. 4
PATTERN, ein bei Honeywell entwickeltes Schema der graphischen Darstellung von Beziehungen und Wichtigkeitsgraden (relevance tree scheme), wurde von der NASA bei der Bewertung der Nutzlast des Apollo-Programms angewendet. Auf den unteren Ebenen des Schemas treten Gemeinsamkeiten so häufig auf, daß beispielsweise 301 verschiedene Aufgaben mit nur 46 Durchführungskonzepten bewältigt werden können. Bewertungs-Kriterien und Gewichtsangaben werden auf jeder Stufe eingeführt (hier nicht wiedergegeben), so daß „Wichtigkeitsnoten" (relevance figures) für die Forschungs- und Entwicklungsprogramme errechnet werden können, die zur Lösung der auftauchenden Probleme erforderlich sind. So können Prioritäten für die Zuwendung von Mitteln aufgestellt werden. Dies ist ein Beispiel für normative Vorausschau: Die Zielsetzungen sind bekannt, aber die einzelnen Probleme müssen erst genauer definiert werden

in England und Deutschland) erzielt wurden, gaben den Anstoß dafür, diese Methoden auch auf Fragen der „Sozial-Technologie" und ihrer Auswirkungen auf die Gesellschaft anzuwenden. Solche Versuche werden vor allem in der Zivilverwaltung der Vereinigten Staaten gemacht.

Zugleich werden die in der Industrie üblichen, ausschließlich auf Erzielung eines maximalen Profits bei einem bestimmten Umsatz oder einer bestimmten Investition ausgerichteten Kosten/Nutzeffekt-Analysen von jenen Firmen als unzureichend empfunden, die ihren Entscheidungen mehr und mehr Überlegungen einer langfristigen Strategie zugrundelegen wollen und die versuchen, ihre eigenen Zielsetzungen mit jenen des Staates und der Gesellschaft in Verbindung zu bringen.

Die zweite Entwicklungsrichtung ist die Suche nach Rückkopplungsmechanismen, die zur Vorwegnahme und Einschätzung „möglicher alternativer Zukünfte" angewendet werden können. Die Hauptschwierigkeit liegt unter Umständen nämlich nicht darin, die wünschenswerteste Entwicklungsrichtung zu definieren, sondern den Übergang auf eine neue Richtung in optimaler Weise zu vollziehen. Das könnte zum Beispiel bedeuten, daß die Produktivität der Landwirtschaft zwar bis zum Ende des Jahrhunderts mit allen erdenklichen Mitteln gesteigert werden soll, während sich die Welt zur gleichen Zeit auf einen Übergang zu einer vorzugsweise nicht-landwirtschaftlichen Nahrungsmittelproduktion vorbereitet.

Die weitestentwickelte Form der Vorausschautechniken wird ihre Eingliederung in die von der Informationstechnologie (insbesondere der Computerentwicklung) angestrebten allumfassenden Informationssysteme für das Management ermöglichen. Die neuen Modelle, die bisher bei der Verwendung von Computern in der Lösung von Aufgaben der technologischen Prognose verwendet wurden, waren zu simpel und im allgemeinen unbefriedigend.

Die wichtigste Schlußfolgerung, die wir aus dem gegenwärtigen Anwachsen des Interesses für technologische Vorausschau ziehen können, ist vielleicht die folgende: Unsere Fähigkeit, eine Wahl darüber zu treffen, welche technologischen Entwicklungen wir beschleunigen wollen, bedeutet, daß wir unsere eigene Zukunft gestalten können. Die Technik bietet uns viele Möglichkeiten zur Auswahl an; die Prognose bewertet die verschiedenen Alternativen; die Planung ebnet den Weg zur Erreichung des Zieles. Die Bedeutung dieser Zusammenhänge ist von Olaf Helmer sehr treffend zusammengefaßt worden: „Die fatalistische Einstellung, daß die Zukunft unvorhersehbar und unabwendbar sei, wird aufgegeben. Mehr und mehr wird anerkannt, daß es eine Vielfalt von möglichen Zukünften gibt, und daß die Wahrscheinlichkeit des Eintretens dieser oder jener Variante durch unser Eingreifen verändert werden kann. Die Erforschung der Zukunft sowie von Methoden, ihre Richtung zu beeinflussen, wird daher zu einer Tätigkeit von hoher gesellschaftlicher Verantwortung erhoben. Das ist nicht nur eine akademische Verantwortung, und wenn wir ihr mehr als äußerlich gerecht werden wollen, dürfen wir uns nicht bloß als Zuschauer der ablaufenden Geschichte betrachten, sondern müssen mit Entschlossenheit an der Gestaltung der Zukunft teilnehmen. Um eine bessere Welt zu schaffen, werden Weisheit, Mut und ein richtiges Gefühl für menschliche Werte erforderlich sein." In diesem Rezept für eine bessere Welt ist die technologische Vorausschau eine der wichtigsten Zutaten. Denn diese Disziplin allein ermöglicht uns, unsere Zukunftspläne in einer Art und Weise zu integrieren und zu quantifizieren, wie es der Mensch niemals zuvor konnte.

Zusätzliche Literatur

Ayres, R. V.: Technological Forecasting. New York: McGraw-Hill, 1969.

Esch, M. E.: Planning Assistance through Technical Evaluation of Relevance Numbers. Proceedings of the 17th National Aerospace Electronics Conference, p. 346—351, Institute of Electrical and Electronics Engineers, New York, 1965.

Gabor, D.: Inventing the Future. London: Secker und Warburg, 1963.

Helmer, O.: Social Technology. New York: Basic Books, 1966.

Jantsch, E.: Technological Forecasting in Perspective. OECD, Paris, 1967.

Lenz, R. C., Jr.: Technological Forecasting. Second Edition, Report ASD-TDR-62-414, Aeronautical Systems Division, Air Force Systems Command, US Air Force, Wright-Patterson Air Force Base, Ohio, Juni 1962. Clearing-house for Federal Scientific and Technical Literature Number AD-408 085.

Quinn, J. B.: Technological Forecasting. Harvard Business Review 45, 2, (März—April 1967).

Zwicky, F.: Morphology of Propulsive Power. Monographs on Morphological Research, Nr. 1. Society for Morphological Research, Pasadena, California, 1962.

Special Issue of Selected Papers by the Working Group on Research Management. 18th Military Operation Research Symposium (MORS). Hsg.: Marvin T. Cetron. IEEE Transactions on Engineering Management, Vol. EM-14, Nr. 1, Institute of Electrical and Electronics Engineers, New York, März 1967.

Wissenschaft

Olaf Helmer

Gegen Ende des Jahrhunderts wird es auf der Welt 25 Mill. Wissenschaftler und Techniker geben. Ihre Produktivität wird sich gegenüber heute zumindest verdoppelt haben und ihr Motto wird sein „Wissenschaft im Dienste der Gesellschaft". Unter den großen Errungenschaften, mit denen man bis dahin rechnen kann, sind die künstliche Schaffung von Leben und begrenzte Formen der Wetterkontrolle.

Es heißt, daß 90% aller Wissenschaftler, die es jemals gab, heute leben. Die gleiche Feststellung kann man wohl von Astronauten machen oder von Pop-Schlagersängern oder auch von Kaliforniern. Sie bedeutet einfach, daß der Beruf des Wissenschaftlers ein Beruf unserer Zeit ist. Die Wissenschaft wächst sehr rasch, ihre Methoden vervielfachen sich, ihr Wirkungsbereich dehnt sich explosionsartig aus.

Wir sind mitten drin in dieser faszinierenden Entwicklung, und es kann nicht bezweifelt werden, daß die Wissenschaft der Zukunft wesentlich anders aussehen wird als die unserer Tage. Vieles, was man über diese Zukunft sagen könnte, ist naturgemäß spekulativ; es lassen

---

Dr. Olaf Helmer, lange Jahre Mathematiker bei der RAND-Corporation, ist jetzt leitender Mitarbeiter des auf seine Initiative hin gegründeten „Institute for the Future" (Middletown, Connecticut). Er hat zwei Doktorate — für Mathematik und für Logik. Seine Forschungen beschäftigen sich mit Spieltheorie und wissenschaftlicher Methodenlehre (epistemology), doch gegenwärtig arbeitet er vor allem an langfristigen Prognosen und Simulationsmodellen.

sich jedoch Entwicklungstrends erkennen, die bestimmte Grundlagen für die Spekulation darstellen können. In diesem Artikel möchte ich einige dieser Trends und ihre Bedeutung für das letzte Drittel unseres Jahrhunderts behandeln.

Nach überschlagsmäßigen Schätzungen gibt es heute etwa 2 Mill. Wissenschaftler und Ingenieure in den USA und 5 Mill. auf der ganzen Welt. Schon allein aufgrund des Bevölkerungswachstums müßten diese Zahlen bis zum Jahr 2000 auf nahezu 4 Mill. beziehungsweise 10 Mill. ansteigen. Dazu kommt aber noch, daß sich in diesem Jahrhundert die Zahl der Wissenschaftler und Techniker durchschnittlich schneller, d. h. pro Kopf der Bevölkerung in je zwanzig Jahren verdoppelt hat. Selbst wenn diese Wachstumsrate ein wenig zurückgeht, können wir damit rechnen, daß es im Jahr 2000 in den USA etwa 10 Mill. Wissenschaftler und Techniker geben wird und auf der ganzen Welt 25 Mill.

Ein weiterer Faktor, der den „Produktionsausstoß" der wissenschaftlichen Gemeinschaft beträchtlich erhöht, ist eine Entwicklung, die man als Produktivitätssteigerung des einzelnen Forschers bezeichnen könnte. Selbstverständlich handelt es sich hier um eine Quantität, die man kaum messen oder in Zahlen erfassen kann; es ist aber kaum zu bezweifeln, daß diese Leistung — auch wenn sie sich nicht genau quantifizieren läßt — durch die Anwendung von Computern mit hoher Rechengeschwindigkeit und von verschiedensten komplizierten wissenschaftlichen Instrumenten und Hilfsmitteln sehr rasch anwächst. Ich bin fest überzeugt, daß wir noch lange nicht den Punkt erreicht haben, in dem sich das durch diese Faktoren verursachte Wachstum verlangsamen wird, und ich hoffe, daß meine Gründe für diese Annahme aus dem Folgenden zumindest teilweise zu ersehen sein werden. Doch selbst wenn wir von der sehr vorsichtigen Annahme ausgehen, daß sich die Produktivität des einzelnen Wissenschaftlers bis zum Ende des Jahrhunderts nur verdoppeln wird, kommen wir zu dem Ergebnis, daß die „Gesamtproduktion" der Wissenschaftler und Techniker im Jahre 2000 etwa zehnmal so groß wie heute sein wird.

Erst in den letzten Jahren tritt bei den politischen Planern und anderen, die sich mit der Gestaltung der Zukunft unserer Gesellschaft beschäftigen, eine gänzlich neue Erscheinung zutage, die zur Herausbildung eines neuen intellektuellen Klimas in vielen Teilen der Welt geführt hat. Der Horizont der Planung wird viel weiter in die Zukunft erstreckt als das bisher üblich war, und an die Stelle einer intuitiven Einschätzung tritt die systematische Analyse der Möglichkeiten, welche die Zukunft bietet.

Insbesondere aber wird sich angesichts des wachsenden Gewichts ihrer Möglichkeiten die wissenschaftliche Gemeinschaft selbst der gewaltigen Verantwortung bewußt, die ihr auferlegt ist, denn durch ihre Empfehlungen können die Wissenschaftler darauf Einfluß nehmen, welche von einer Vielzahl von möglichen Zukünften unsere Gesellschaft tatsächlich wählen wird. Dieses wachsende gesellschaftliche Verantwortungsbewußtsein der Wissenschaftler, das auf dem Bewußtsein ihrer Macht und einer zunehmenden Erkenntnis der Wichtigkeit und Dringlichkeit der gesellschaftlichen Probleme beruht, wendet ihre Wege in neue Richtungen und läßt erhoffen, daß sie in Zukunft einen stärkeren Einfluß auf das Fällen von politischen und gesellschaftlichen Entscheidungen nehmen werden. Die Suche nach der Wahrheit „an sich" wird

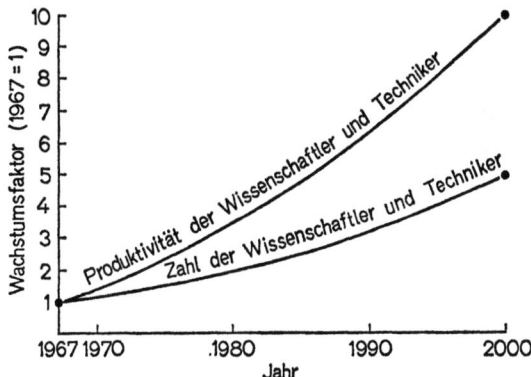

Abb. 5

Das Wachstum der Wissenschaft wird zumindest bis zum Ende unseres Jahrhunderts weiterhin nach einer Exponentialkurve verlaufen. Bis dahin wird es fünfmal so viele Wissenschaftler und Techniker wie heute geben. Überdies wird sich die individuelle Produktivität des einzelnen Wissenschaftlers vor allem auf Grund der Fortschritte der Computertechnik verdoppeln

wohl oder übel in zunehmendem Maße durch die Suche nach dem ersetzt oder zumindest ergänzt werden, was moralisch gerechtfertigt und erreichbar ist. Die Auffassung des Vertreters der reinen „Wissenschaft um ihrer selbst willen" wird weniger Gewicht haben als die des Pragmatikers, der Forschung im Dienste der Gemeinschaft, „Wissenschaft um der Gesellschaft willen", betreibt.

Die Umsetzung dieser neuen Einstellung in die Praxis wird gewiß nicht leicht sein, so unvermeidlich diese Entwicklung auch ist. Dieser Prozeß wird ziemlich grundlegende Umwandlungen in den Methoden und auch recht deutlich erkennbare Veränderungen in den routinemäßigen Verhaltensweisen der Wissenschaftler erfordern.

Etwa im Verlauf der nächsten zehn Jahre wird es zu einem endgültigen Verschwinden der fatalistischen Einstellung kommen; die wachsende Erkenntnis, daß man auf die Zukunft Einfluß nehmen kann, und das neue gesellschaftliche Verantwortungsbewußtsein, das aus dieser Erkenntnis der wissenschaftlichen Gemeinschaft erwächst, werden zu voller Reife gelangen. Die Ursachen dieses Trends sind zwei umwälzende Entwicklungen, die gegenwärtig vor sich gehen.

Die eine kann man als die zweite Computer-Revolution bezeichnen. Es dauerte gerade zwanzig Jahre, von der Mitte der vierziger bis zur Mitte der sechziger Jahre, bis die erste Computer-Revolution abgeschlossen war. Im Verlauf dieser Zeitspanne hat sich der Computer aus einer bloßen Rechenanlage in ein sehr vielseitiges Datenverarbeitungs- und Forschungsinstrument verwandelt. Überdies haben sich die Größe eines Elektronenrechners auf ein Hundertstel und seine Kosten auf ein Hunderttausendstel verringert, während die Rechengeschwindigkeit um den Faktor 100 000 angewachsen ist.

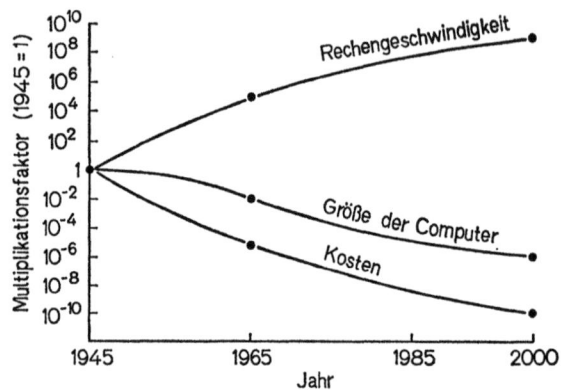

Abb. 6
Charakteristische Kennziffern für die Computerentwicklung bis zum Ende des Jahrhunderts werden unter anderem höhere Rechengeschwindigkeiten, geringere Größe und niedrigere Kosten einschließen. Wichtiger noch ist die Tatsache, daß infolge der Automation der Computerprogrammierung und der Entwicklung von vielseitigen Bildschirm-Anschlußgeräten eine wahrhafte Symbiose zwischen Mensch und Maschine möglich werden wird

Dieser Trend wird noch einige Zeit andauern und dazu kommt noch die Errichtung von Fernanschlüssen und Time-sharing-Arrangements (Time-sharing — gleichzeitige Benützung eines Computers durch verschiedene, voneinander unabhängige Kunden; Anm. d. Übers.). Das alles wird dazu führen, daß sich im nächsten Jahrzehnt die zur Verfügung stehenden Computer-Kapazitäten von Jahr zu Jahr verdoppeln werden. Darüber hinaus wird die zweite Computer-Revolution aber auch noch bemerkenswerte Neuerungen bringen, vor allem eine Verschmelzung zweier bisher nebeneinanderher laufender Entwicklungen, was eine starke Auswirkung auf alle Planungsprozesse haben wird. Es sind dies erstens eine bestimmte „Automatisierung" des Computers, durch die viele umständliche Programmierungsarbeiten überflüssig werden und ein direkter Kontakt zwischen dem Computer und dem einzelnen Forscher (ohne Zwischenschaltung von Programmierern) erleichtert wird; dazu kommt zweitens die Erfindung zahlreicher Bildschirmgeräte, die direkt an den Computer angeschlossen werden und es einem Konstrukteur ermöglichen, seine Ideen mit Hilfe des elektronischen Griffels unmittelbar sichtbar auf dem Bildschirm zu skizzieren und, wenn nötig, auch bewegliche Visionen seiner sich entwickelnden Ideen zu entwerfen. Diese beiden Entwicklungen, die schon recht weit fortgeschritten sind, bedeuten den Beginn einer echten Symbiose zwischen Mensch und Maschine, wobei die Intelligenz des Menschen durch die Mitarbeit des Computers tatsächlich und sehr fühlbar verstärkt wird.

Die zweite Umwälzung, die vor sich geht, ist ganz anderer Art; sie ist subtiler und potentiell von noch größerer Bedeutung. Ich beziehe mich auf die Umorientierung, die im Rahmen der Geisteswissenschaften („soft sciences") begonnen hat.

Die traditionellen Methoden der Gesellschaftswissenschaften sind unzureichend für die Erstellung von Prognosen über die Folgen verschiedener alternativer Programme und können daher jenen, die Entscheidungen auf hohem Niveau fällen, keine nutzbringende Hilfe bei der Planung geben. Man beginnt nun damit, diesen Mangel an Hilfeleistung für die (politische) Orientierung wirksam zu überwinden. Die Gesellschaftswissenschaftler haben den nutzlosen Versuch aufgegeben, den Denkstil der physikalischen Wissenschaften nachzuahmen und haben eingesehen, daß die Zeit gekommen ist, in der sie immerhin von der Arbeitsweise der physikalischen Forschung etwas übernehmen können. Sie tun das beispielsweise, indem sie sozialpolitische Probleme durch Teamwork interdisziplinärer Forschergruppen zu behandeln suchen. Sie bewerkstelligen das, indem sie z. B. Methoden der Unternehmensforschung (operational research) aus den Bereichen der industriellen Technik in den der Sozialtechnologie übertragen.

Der potentielle Nutzen, der aus dieser Umorientierung erwachsen kann, ist beträchtlich; er wird vielleicht von gleich großer oder sogar noch größerer Bedeutung sein als die Leistungen der Technik, die sich aus den physikalisch-chemischen Wissenschaften entwickelten. Die Unternehmensforschung ist angesichts von schwierigen Situationen im Zweiten Weltkrieg entstanden; sie hat sich seither weiterentwickelt und ist ein vielverwendetes Instrument in Wirtschaft und Industrie geworden.

Zu den hauptsächlichsten Techniken der Unternehmensforschung, die sich bewährt haben und deren Übertragung in die Sozialtechnologie vielversprechende Perspektiven eröffnet, gehört die Ausarbeitung mathematischer Modelle, Simulationsvorgänge und ein systematisches Herangehen an die Auswertung von Expertengutachten — wobei ich über die zuletzt genannte Methode noch ein paar Worte sagen werde. Die Existenz des Computers ist für alle diese Techniken eine große Hilfe und ermöglicht deren ständige Verfeinerung, und die zweite Computer-Revolution wird die Wirksamkeit dieser Techniken wahrscheinlich auf eine neue Größenordnung heben. Insbesondere wird die Möglichkeit des automatisierten Zutritts zu zentralen Informationsbanken (Datenspeichern) in Verbindung mit angemessenen sozial-ökonomischen Modellen den Humanwissenschaften die gleichen Möglichkeiten einer umfangreichen Datenverarbeitung und Fähigkeit zur Interpretation der erhaltenen Ergebnisse verleihen, welche den Naturwissenschaften jenen Durchbruch ermöglichten, der dann zur Entwicklung der Atombombe führte.

Zu den neuen pragmatischen Vorgangsweisen der Unternehmensanalyse gehört die systematische Auswertung von intuitiven Meinungen einer Gruppe von Experten. Eine der Methoden, die dabei entwickelt wurde und die noch verfeinert werden wird, um eine Übereinstimmung wohlinformierter Meinungen zu erlangen, ist als Delphi-Technik bekannt geworden. Bei dieser Technik wird eine Serie von Fragebogen benützt, die durch Informationen sowie Berichte über das Ergebnis früherer Umfragenrunden zum gleichen Thema erweitert werden. Einige der Fragen, die an die teilnehmenden Experten gerichtet werden, können beispielsweise eine Begründung für eine frühere in Beantwortung einer vorherigen Umfrage abgegebene Meinung verlangen. Eine Sammlung solcher Begründungen kann dann jedem Teilnehmer der Umfrage mit der Aufforderung vorgelegt werden, sich seine Auffassung an Hand des vorgelegten Materials doch noch einmal zu überlegen und allenfalls früher gegebene Einschätzungen zu revidieren. Sowohl die Aufforderung, die eigene Ansicht zu begründen, als auch der nachfolgende Bericht über die Begründungen, die von anderen gegeben wurden, können die Fachleute anregen, zusätzliche Faktoren zu berücksichtigen, die sie vielleicht ursprünglich versehentlich nicht beachtet oder als unbedeutend angesehen und beiseitegelassen hatten.

Die Delphi-Technik geht von der Erkenntnis aus — und darin liegt ihre große Bedeutung —, daß Zukunftsprognosen, auf Grund deren öffentliche Entscheidungen gefällt werden müssen, weitgehend auf rein persönlichen Einschätzungen von Individuen beruhen und nicht auf irgendwelchen erprobten Theorien. Selbst wenn ein mathematisches Modell zur Verfügung steht — wie das beispielsweise bei verschiedenen ökonomischen Problemen der Fall ist —, hängen doch viele der eingegebenen Ausgangsdaten, die Annahmen über den Bereich der Anwendbarkeit des Modells und die Interpretation des Ergebnisses weitgehend vom intuitiv begründeten Handeln eines Individuums ab, das das Modell im Rahmen seiner Fachkenntnisse anwendet. Da es eine echte theoretische Grundlage nicht gibt, und es daher unvermeidlich ist, daß man sich in einem gewissen Ausmaß auf seine persönliche Einschätzung stützen muß, gibt es nur zwei Möglichkeiten: entweder wir warten so lange, bis wir über eine befriedigende Theorie verfügen, die uns gestattet, sozialökonomische und politische Probleme mit der gleichen Sicherheit wie physikalische oder chemische Probleme zu behandeln; oder wir müssen uns in einer zugegebenermaßen unbefriedigenden Situation behelfen, so gut es eben geht, indem wir versuchen, die intuitiven Ansichten maßgeblicher Experten zu sammeln und sie dann so systematisch wie möglich auszuwerten.

Eine erste umfassendere Anwendung der Delphi-Technik auf langfristige Prognosen erfolgte vor drei Jahren (1964) unter den Auspizien der RAND-Corporation (Die RAND-Corporation ist eine ursprünglich von der amerikanischen Luftwaffe eingerichtete „Denkfabrik", die zunächst vor allem Prognosen über Militärtechnik und verwandte Gebiete erstellte; später hat sie ihren Themenkreis auch auf andere Probleme ausgedehnt. Anm. d. Übers.). Einige Auszüge aus dem Ergebnis dieser Prognose werde ich noch behandeln.

Ein anderer Anwendungsbereich, in dem die Delphi-Technik von einigem Nutzen sein kann, sind Situationen, in denen tatsächliche oder simulierte Entscheidungen zu fällen sind. Viele Leser kennen wahrscheinlich verschiedene Formen von Unternehmensspielen. Die Entscheidungen, die bei solchen Übungen gefällt werden müssen, beruhen, ebenso wie in entsprechenden Situationen des wirklichen Lebens, zumeist auf einem intuitiven Urteil. Wann immer es bei solchen Gelegenheiten erwünscht ist, sich auf das Urteil von mehr als einer Person zu verlassen, kann eine gemeinsame Meinung mit Hilfe der Delphi-Technik ermittelt werden.

Es gibt auch noch andere Methoden der Unternehmensforschung, die von den technischen in die gesellschaftlichen Bereiche übertragen werden können; jedenfalls glaube ich, daß die zwei von mir erwähnten — Simulation und systematische Auswertung von Expertenmeinungen — wirksame, wenn auch vorläufig noch grobschlächtige Instrumente zur Erforschung der Zukunft darstellen und uns daher bei der Planung dienlich sein können. Unsere nun vorhandene Bereitschaft, derartige Werkzeuge zu verfeinern und die Möglichkeiten ihrer Anwendung im

Bereich der Gesellschaftswissenschaften zu überprüfen, sowie auch die Computer-Entwicklungen, die bereits vorauszusehen sind, bestärken mich in der Überzeugung, daß wir in ein Zeitalter bemerkenswerten gesellschaftlichen Fortschritts eintreten.

Auch in der Art und Weise, wie die Wissenschaft betrieben wird, können wir in Zukunft beträchtliche Veränderungen erwarten. Das wird einen tiefgreifenden Einfluß auf eine Reihe von traditionellen Verhaltensweisen des Wissenschaftlers haben.

Konferenzen: Die Nützlichkeit von wissenschaftlichen Konferenzen wird seit Jahrzehnten immer geringer; heutzutage, wo die Teilnehmerzahlen bereits in die Tausende gehen, ist die Lage geradezu absurd und lächerlich geworden. Wissenschaftliche Zusammenkünfte müssen auf eine vernünftige Größe beschränkt werden, und man muß Methoden finden, um die Talente und Kenntnisse der Versammelten in konstruktiver Weise auszunützen. Experimente mit neuen Konferenzstilen haben bereits begonnen, und man kann mit Sicherheit voraussagen, daß es insbesondere mit Hilfe von Computern und elektronischen Sichtgeräten möglich sein wird, Konferenz-*Arbeitsstätten* zu schaffen, so daß sich die Rolle des Teilnehmers aus der eines bloßen Zuhörers in die eines aktiven Mitarbeiters verwandeln wird.

Symbiose von Forscher und Computer: Als Ergebnis der vorhin erwähnten zweiten Computer-Revolution wird die Benützung einer Konsole (Anschlußstelle), die nach dem Time-sharing-Prinzip mit einem Computer, einem großen Datenspeicher (Informationsbank) und einem Speicher für mathematische Modelle verbunden ist, zur alltäglichen Routine des Wissenschaftlers gehören. Der Computer wird dadurch gleichsam zum Kollegen des Forschers werden und die Produktivität eines solchen Mensch-Computer-Teams wird wesentlich größer sein als die eines heutigen Wissenschaftlers. (Ich habe vorhin den Zuwachsfaktor zwei als eine äußerst vorsichtige Schätzung erwähnt.)

Interdisziplinäre Teams: Es gibt viele Anzeichen dafür, daß die komplizierten Probleme der Gestaltung unserer künftigen Gesellschaft ihrem Wesen nach multi-disziplinär sind; daß zu ihrer Lösung daher die Zusammenarbeit von Wissenschaftlern und Technikern vieler Fachgebiete erforderlich ist. Bisher wird von einer solchen interdisziplinären Zusammenarbeit allerdings meist nur geredet, vor allem deshalb, weil es noch an wirksamen Methoden fehlt, um ein solches gemeinsames Herangehen an neue Probleme in die Wege zu leiten. Quasiexperimentelle Techniken wie „operational gaming" (geistiges Durchspielen verschiedener Möglichkeiten) und ähnliche Methoden, wie sie in Simulationslaboratorien erprobt werden, scheinen jedoch vielversprechende Aussichten zu eröffnen. Es konnte nachgewiesen werden, daß das Milieu einer solchen Versuchsstätte, in der künftige Entwicklungen erdacht und als Gedankenmodell dargestellt werden, die interdisziplinäre Zusammenarbeit erleichtert; überdies trägt der Kontakt eines Teilnehmers mit Personen, die (auf Grund ihrer anderen Fachkenntnisse) ein Problem von anderen Gesichtspunkten aus sehen, dazu bei, daß er auch selbst eine tiefere Einsicht in die Frage gewinnt und Aspekte erkennen kann, die ihm sonst vielleicht entgangen wären. Auf der Basis der vielversprechenden Anfänge in unseren Tagen wird die organisierte interdisziplinäre Bearbeitung größerer Probleme allgemein werden — insbesondere, wenn das Zusammenwirken der verschiedenen Fachleute — die sich auch an verschiedenen Orten befinden können — durch die Vermittlung eines Computers erfolgen kann, der zugleich allen den Zugang zu einem zentralisierten Datenspeicher ermöglicht.

Hochschulreform: Die Universitäten sind heute nicht imstande, sich an die Spitze dieser Entwicklung zu einer echten interdisziplinären Zusammenarbeit zu stellen; sie können das vor allem deshalb nicht, weil es für die Wissenschaftler keinerlei Ansporn gibt, allzuviel Zeit auf Unternehmungen aufzuwenden, die im Rahmen des eng auf die Fakultäten zugeschnittenen Beförderungssystems nicht anerkannt werden können. Das hat dazu geführt, daß die Pionierarbeit auf dem Gebiet der interdisziplinären Zusammenarbeit der Industrie und (zumindest in den USA; Anm. d. Übers.) von der öffentlichen Hand unterstützten nichtprofitorientierten Organisationen überlassen wurde; es gibt jedoch deutliche Hinweise dafür, daß die Universitäten die notwendigen Reformen in ihrer Struktur und im Lehrplan durchführen werden, die es ihnen ermöglichen werden, eine führende Rolle in dieser Art von interfakultativer Forschung zu spielen.

Publikationen: Die wissenschaftlichen und technischen Publikationen sind ebenso wie die Konferenzen völlig außer Kontrolle geraten; durch ihren bloßen Umfang werden sie unbenutzbar. Es gibt zwei hauptsächliche Motivationen für die Veröffentlichung von Artikeln in Fachzeitschriften: einerseits die akademische Konkurrenzsituation — bei der die Universitäten wiederum die hauptsächlichen, wenn auch nicht die einzigen Schuldtragenden sind (gemeint ist, daß von einem Universitätsprofessor erwartet wird, daß er eine gewisse Zahl von Arbeiten in wissenschaftlichen Fachzeitschriften veröffentlicht. Daher das Schlagwort „Publish or Perish" — „Publiziere oder verschwinde"; Anm. d. Übers.) — und andererseits das wirkliche Bedürfnis, der Gemeinschaft der Wissenschaftler etwas mitzuteilen. Glücklicherweise kann man radikale Veränderungen in der Form der wissenschaftlichen Kommunikation mit Sicherheit erwarten, allerdings wird es vielleicht noch ein Jahrzehnt

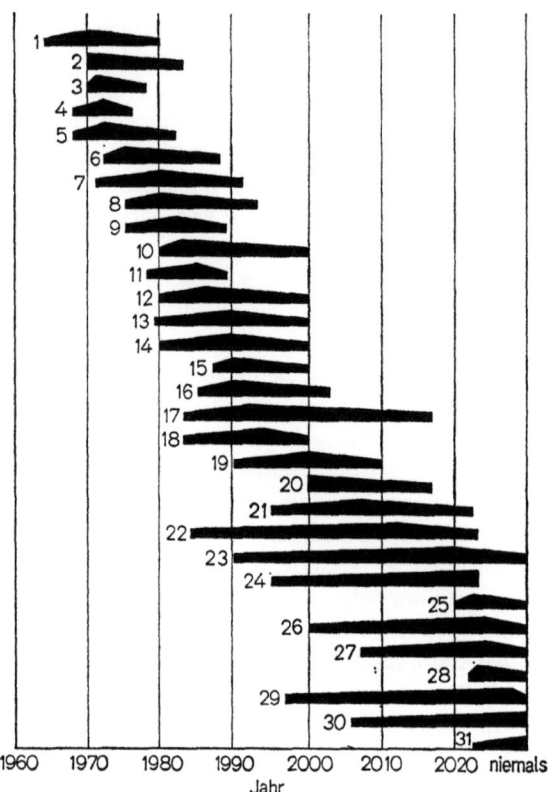

Abb. 7

Größere wissenschaftlich-technische Fortschritte, die nach Ansicht eines Teams von zwanzig Experten in den nächsten Jahrzehnten erwartet werden können. Das Diagramm zeigt das Ergebnis einer von der RAND-Corporation unter Verwendung der Delphi-Technik durchgeführten Umfrage. Der höchste Punkt des Balkens stellt den Mittelwert der Expertenmeinungen dar, die Länge des Balkens gibt die Schätzwerte der „mittleren Hälfte" der Befragten wieder; das heißt, jeweils ein Viertel der Befragten tippte auf Werte vor Beginn des Balkens und jeweils ein anderes Viertel auf Werte jenseits des Balkenendes. (Der Balken ist also um so länger, je mehr die Meinungen der Experten auseinandergingen; Anm. d. Übers.)

1. Wirtschaftlich rentable Entsalzung von Meerwasser möglich
2. Wirksame, einfache und billige Fruchtbarkeitskontrolle
3. Neue Kunststoffe für ultraleichte Konstruktionen
4. Übersetzungsautomaten
5. Ersetzung defekter Organe durch Transplantation oder Prothesen
6. Zuverlässige Wettervorhersagen
7. Zentrale allgemein zugängliche (elektronische) Datenspeicheranlagen (Informationsbanken)
8. Neufassung physikalischer Theorien, die Unklarheiten der Quantentheorie beseitigt und die Theorie der Elementarteilchen vereinfacht

9. Organe aus Kunststoff und elektronischen Bestandteilen können dem Organismus eingepflanzt werden
10. Die Anwendung von nicht narkotisierenden Psychopharmaka, die spezifische Persönlichkeitsveränderungen hervorrufen, ist weit verbreitet und wird von der Gesellschaft akzeptiert
11. Einführung der Laser-Technik in den Bereich der Röntgen- und Gammastrahlen
12. Kontrollierte Kernverschmelzung zur Energiegewinnung (Zähmung der H-Bombe)
13. Schaffung primitiver Formen von künstlichem Leben (zumindest in Form sich selbst verdoppelnder Moleküle)
14. Wirtschaftlich rentabler Bergbau im tiefen Meeresgrund
15. Eine regionale Wetterkontrolle zu annehmbaren Kosten ist möglich
16. Rentable Verfahren zur kommerziellen Herstellung von synthetischem Eiweiß für menschliche Ernährung
17. Der Prozentsatz der Fälle von Geisteskrankheit, die durch physikalische oder chemische Methoden geheilt werden können, hat sich (gegenüber heute) verzehnfacht
18. Allgemeine Immunisierung des Menschen gegen Bakterien- und Viruserkrankungen
19. Möglichkeiten der chemischen Kontrolle einiger Vererbungsschäden durch Umbau der Genstruktur (genetic engineering)
20. Mindestens 20% der Welternährung wird durch Bewirtschaftung der Ozeane („Meerwirtschaft") produziert
21. Biochemische Methoden zur Herbeiführung der Entwicklung von neuen Organen oder Gliedmaßen (Ersatzteile anstelle von Transplantationen oder Prothesen. Anm. d. Übers.)
22. Anwendbarkeit von Drogen zur Erhöhung der Intelligenz
23. Direkte elektronische Verbindung zwischen Gehirn und Computer
24. Chemische Kontrolle der Alternsprozesse erhöht die Lebenserwartung um 50 Jahre
25. Zweiseitige Kommunikation mit Lebewesen auf anderen Himmelskörpern
26. Züchtung und Dressur intelligenter Tiere zur Verrichtung einfacher Arbeiten
27. Möglichkeit der rentablen Herstellung vieler chemischer Elemente aus subatomaren Bausteinen
28. Kontrolle der Schwerkraft durch Modifikation des Schwerefeldes
29. Möglichkeit des Unterrichts durch direkte Informationszufuhr an das Gehirn
30. Langanhaltendes künstliches Koma zur Überbrückung großer Zeitspannen (Zeitreise)
31. Verwendung von Telepathie und übersinnlicher Wahrnehmung (ESP) in der Nachrichtentechnik

dauern, bis es hier einen wirklichen Fortschritt gibt. Schließlich wird jedoch die Mitteilung durch das gedruckte Wort von einer Form der Mitteilung ersetzt werden, bei der die mitzuteilenden Fakten in einem zentralen Datenspeicher aufgezeichnet und für andere Forscher durch hochentwickelte Datenauffindungsmethoden zugänglich gemacht werden.

Allgemeinverständlichkeit der Wissenschaft: Obwohl weiterhin mit einem explosiven Wachstum der wissenschaftlichen Kenntnisse zu rechnen ist und man daher meinen könnte, daß sich die Kluft zwischen Wissenschaftler und Nicht-Wissenschaftler vergrößern wird, wage ich zu behaupten, daß wir spätestens in den achtziger Jahren in eine neue Ära der Allgemeinverständlichkeit der Wissenschaft eintreten werden. Zunächst schon allein deshalb, weil die Wissenschaftler selbst als Voraussetzung für eine interdisziplinäre Zusammenarbeit ein gewisses Maß an Popularisierung dessen benötigen, was ihre Kollegen in anderen Sparten tun. Dieser Prozeß wird durch die Einführung von Computern in den Unterricht und weiterentwickelte Systeme zum Auffinden von gespeicherten Informationen sehr gefördert werden, denn es wird dadurch immer leichter werden, Information über ein Fachgebiet zu erlangen, auf dem man selbst kein Fachmann ist. Sobald solche Hilfsmittel allgemein zugänglich sind und es in vielen Wohnungen Anschlußstellen an das Computernetz mit seinen Datenspeichern gibt, ist damit zu rechnen, daß viele Menschen — angesichts der zu erwartenden Zunahme der Freizeit — die Aneignung von verständlich dargestellter wissenschaftlicher Information als ein neues Hobby betreiben werden. Diese Entwicklung zu einer Verstärkung der Volksbildung wird von der anderen Seite noch durch den vorhin erwähnten Wunsch der Wissenschaftler gefördert werden, sich stärker auf die Öffentlichkeit einzustellen; eine von den Wissenschaftlern angestellte sorgfältige Analyse der verschiedenen Möglichkeiten, mit denen sie die gesellschaftlichen Verhältnisse verbessern wollen, würde wirkungslos bleiben, wenn es nicht eine gut informierte Öffentlichkeit gäbe, die durch demokratische Methoden über die Verwirklichung der verschiedenen von den Wissenschaftlern aufgezeigten Möglichkeiten entscheiden könnte.

Viele künftige Entwicklungen können mit einem hohen Grad von Sicherheit vorausgesagt werden; es ist jedoch nicht so leicht einzuschätzen, *wann* sie eintreten werden. Das Diagramm auf S. 26 gibt einen Teil der Ergebnisse wieder, die in einem unter den Auspizien der RAND-Corporation von T. J. Gordon und mir durchgeführten Versuch erlangt wurden, solche Zeitpunkte vorauszusagen. Die Ergebnisse wurden unter Benützung der Delphi-Technik mit Hilfe einer Gruppe von etwa zwanzig prominenten Experten aus verschiedenen Bereichen der Wissenschaft ermittelt. Das Diagramm zeigt die Mittelwerte ihrer endgültigen Antworten und jenes Intervall, das von der „mittleren Hälfte" der Antworten umspannt wird (den sogenannten interquartilen Bereich). So waren beispielsweise ein Viertel der befragten Experten der Ansicht, daß die künstliche Herstellung von Leben schon vor 1979 gelingen werde, ein zweites Viertel meinte zwischen 1979 und 1989, ein drittes Viertel zwischen 1989 und 2000 und das letzte Viertel meinte, es würde erst nach dem Jahre 2000 — wenn überhaupt — gelingen.

(Die gleichen Experten würden zweifellos bei neuerlicher Befragung heute manche ihrer Einschätzungen zu revidieren wünschen, insbesondere bezüglich solcher Punkte, wo es unterdessen entweder bedeutende Erfolge oder Rückschläge gegeben hat.)

Es ist kaum zu bezweifeln, daß diese Experten drei Bereichen der wissenschaftlichen Entwicklung besondere Bedeutung beigemessen haben: der Biomedizin, der Kybernetik und der Rohstofftechnologie. Zusätzlich können wir noch angesichts der zu erwartenden Umorientierung in den Gesellschaftswissenschaften vorwegnehmen (oder vielleicht sollte ich genauer sagen, wir können hoffen, daß wir vorwegnehmen können), daß die Organisationstheorie sehr an Bedeutung gewinnen wird — wobei ich darunter jene umfassende wissenschaftliche Disziplin verstehe, die sich mit den Wechselbeziehungen menschlicher Handlungen in Entscheidungssituationen beschäftigt. So gesehen ist die Organisationstheorie eine unmittelbare Erweiterung der Spieltheorie, eine Erweiterung, nach der wir mit großer Dringlichkeit streben müssen, um mit den Problemen sozialer Konflikte fertig zu werden, welche mit Hilfe der gegenwärtigen Theorien nicht gelöst werden können. Jede Form der gesellschaftlichen Kontaktnahme, sei es zwischen Einzelpersonen, Geschäftsunternehmungen oder Staaten, kann als „Spiel" angesehen werden, oder besser als eine ständige Serie von Spielen, in denen wir unseren persönlichen Besitzstand oder den unseres Unternehmens oder Staates zu vermehren suchen. Der nächste große Durchbruch in den Gesellschaftswissenschaften, der in seiner Bedeutung mit bevorstehenden Durchbrüchen der Naturwissenschaften wie etwa der künstlichen Schaffung von Leben oder der Zähmung der H-Bombe zur Energiegewinnung zu vergleichen wäre, könnte sehr wohl die Entwicklung einer Organisationstheorie sein, die eine erfolgreiche Regelung von Konflikten zwischen Personen oder Staaten auf einer vernünftigen Basis ermöglicht.

Zusätzliche Literatur

Helmer, O.: The game-theoretic approach to organisation theory. Synthese 15, 2 (1963).
— Social Technology. Mit Beiträgen von Bernice Brown und Theodore Gordon. New York: Basic Books, 1966.

Energie

Ali Bulent Cambel

Brennstoffe und Gesteinsschichten sollten für das jetzige und das folgende Jahrhundert ausreichen, aber andere Energiequellen müssen sicherlich entwickelt werden. Dazu gehören die Verwertung der Sonnenkraft und schließlich vielleicht die Nutzung der potentiellen Energie des Regens oder der kinetischen Energie der Erdrotation und andere ungewöhnlich scheinende Konzepte.

Der Elektrizitätsausfall, welcher im November 1965 30 Mill. Einwohner im Nordosten der Vereinigten Staaten lahmlegte, stellte unsere Abhängigkeit von der Energiezufuhr dramatisch zur Schau. Die Energie ist so allgegenwärtig, daß sie als selbstverständlich hingenommen wird. Aber die Mengen und Arten der vom Menschen beherrschten Energie haben zu allen Zeiten seine Lebensweise und das allgemeine Niveau seiner Leistungen entscheidend beeinflußt. Dem frühesten Menschen stand nur die Energie zur Verfügung, welche seine eigenen Muskeln liefern konnten, etwa ein Zehntel einer Pferdestärke. Er verbrauchte nicht mehr Energie als die 2000—3000 Kalorien, die er täglich zu seiner Ernährung benötigte. Nach der Entdeckung des Feuers und

---

Dr. Ali Bulent Cambel ist Direktor der Science and Technology Division des Institute for Defense Analyses (Washington). Er lehrte an der Northwestern University in Evanston, Illinois, als Walter P. Murphy Distinguished Professor und Chairman of Mechanical Engineering and Astronautical Sciences war und zugleich Direktor des Gas Dynamics Laboratory.

der Zähmung von Tieren und Kultivierung von Pflanzen erreichte sein täglicher Energieverbrauch (einschließlich Brennholz und Nahrung der Haustiere) schätzungsweise 10 000 Kalorien. Als der Mensch gelernt hatte, die Energie von fallendem Wasser, von Kohle, Öl und Gas einzuspannen und auszunutzen, stieg diese Menge gewaltig und erreichte 1965 in den Vereinigten Staaten 192 000 Kalorien pro Tag. Der Lebensstandard ist entsprechend mit dem Energieverbrauch gestiegen, so daß der grundlegende Unterschied der Lebensweise eines heutigen Amerikaners und derjenigen seines Vorfahren in der Steinzeit letztlich auf den gewaltigen Unterschied in ihrem täglichen Energieverbrauch zurückzuführen ist.

Die Vervielfachung der Energiequellen und des Energieverbrauchs hat die großen, städtischen Zivilisationen möglich gemacht, welche in Eurasien und dem amerikanischen Kontinent entstanden sind, und einen entscheidenden Beitrag zu dem starken Anwachsen von Bevölkerung, Produktivität und allgemeinem Wohlstand geliefert. Heute wird in der Kernenergie eine neue Energiequelle erschlossen, die in Verbindung mit Elektronik und Automation eine Epoche ankündigt, die man als die der „schöpferischen Revolution" bezeichnen könnte. Ebenso wie die industrielle Revolution den Menschen von der Abhängigkeit von seiner Muskelkraft befreit hat, so wird die schöpferische Revolution den Menschen von routinemäßigen, sich immer wiederholenden Arbeiten befreien und größeren Spielraum für Vorstellungskraft, Erfindungsreichtum und geistiges Vergnügen schaffen. Diese spätere Revolution wird die Vereinigten Staaten und die ganze Welt genauso tiefgreifend beeinflussen wie es die frühere bereits getan.

Aber die Nutzung und der Verbrauch der Energie durch den Menschen hat eine Vielzahl neuer Probleme aufgeworfen und zahlreiche alte verschärft. Kernenergie kann als verheerende Waffe oder als Erzeuger friedensmäßiger Kräfte in Erscheinung treten. Die Kohle, welche die Eisenbahnen antrieb, mit denen der Westen erschlossen wurde, ist auch für das gegenwärtige physische und wirtschaftliche Verkommen früher blühender Landschaften wie das (inzwischen unergiebig gewordene) Kohlenrevier in der Appalachenregion verantwortlich. Das Benzin verbrennende Automobil, welches Schrittmacher der großen, industriellen Entwicklung in der ersten Hälfte des 20. Jahrhunderts gewesen, legt jetzt eine Hülle von Luftverschmutzung über unsere Städte. Darüber hinaus erschwert die beträchtliche Ungleichheit des Energiemengenangebots, das in verschiedenen Weltteilen zur Verfügung steht, viele Probleme, von denen die Menschheit heute bedrängt ist. Der Durchschnittsbürger in Nordamerika läßt 50mal soviel Energie für sich arbeiten als ein Mensch in Indien, und dies ist wirklich der tiefere Grund für die Teilung der Erde in reiche und arme, entwickelte und unterentwickelte Länder.

Die Wissenschaftler der Welt sind sich klar darüber, wie schwierig und frustrierend es ist, solche Probleme in den Griff zu bekommen. Die Spezialisten werden schnell unsicher, wenn sie einer Lage wie der im Energiewesen gegenüberstehen, bei der so verschiedene Faktoren wie Rohstoffprobleme, Nationalökonomie, Soziologie, Politik, Wissenschaft, Technik, Psychologie und andere Faktoren zugleich und doch auf unterschiedliche Weise zusammenwirken. Der Techniker kann seinen Anteil an dem Problem nicht isoliert von dem des Volkswirtes betrachten, und ebensowenig kann der Wissenschaftler den Verbraucher ignorieren. Kurz: Probleme der Energieversorgung, welche die Grenzen der traditionellen Wissenschaftsfächer, der politischen Strukturen und der Wirtschaftszweige übersteigen, können mit Hilfe einer vieldimensionalen Einstellung in Angriff genommen werden.

Diese Einleitung dient dazu, einige der Gründe dafür aufzuzeigen, weshalb die Energie eine so entscheidende Rolle in der Geschichte der Zivilisation gespielt hat. Daß sie darin fortfahren wird, ist die These dieses Aufsatzes, welcher die Aufmerksamkeit auf die neuen Konzepte, die Forschung und die Technik im Energiebereich lenken will. Ich werde versuchen, mit diesem als Grundlage einige vorsichtige Voraussagen über die Energie in der Zukunft zu machen. Die tatsächlichen Angaben in diesem Aufsatz beruhen weitgehend auf der interministeriellen Untersuchung des Energiewesens, welche Präsident John F. Kennedy im Februar 1963 in die Wege geleitet hat und die unter Präsident Lyndon B. Johnson abgeschlossen worden ist. Präsident Kennedy wies an, „daß eine umfassende Studie der Entwicklung und Nutzung aller unserer Energiequellen gemacht wird, um die wirksamste Verteilung unserer Mittel für Forschungs- und Entwicklungsarbeiten zu bestimmen". Der Präsident berief zum Vorsitzenden des Komitees, das die Studie dirigieren sollte, seinen Wissenschaftsberater Dr. Jerome B. Wiesner (später durch Dr. Donald F. Hornig abgelöst) und zum Stellvertretenden Vorsitzenden Dr. Walter Heller, der damals Vorsitzender des Rates der Wirtschaftsberater war. Diese beiden Berufungen wiesen klar darauf hin, daß Planung der Energieversorgung sowohl wissenschaftlich-technischer wie auch sozialpolitischer-wirtschaftlicher Art ist. Das Leitende Komitee bestand aus den Leitern von 10 Behörden und Dienststellen der Regierung der Vereinigten Staaten. Ich selbst diente als Organisationsdirektor der Studie, welche mit Erarbeitung von 80 Unterlagen anfing, welche hauptsächlich in Regierungsstellen arbeitende Sachverständige erstellten: dadurch wurde das Hindernis der Firmen-

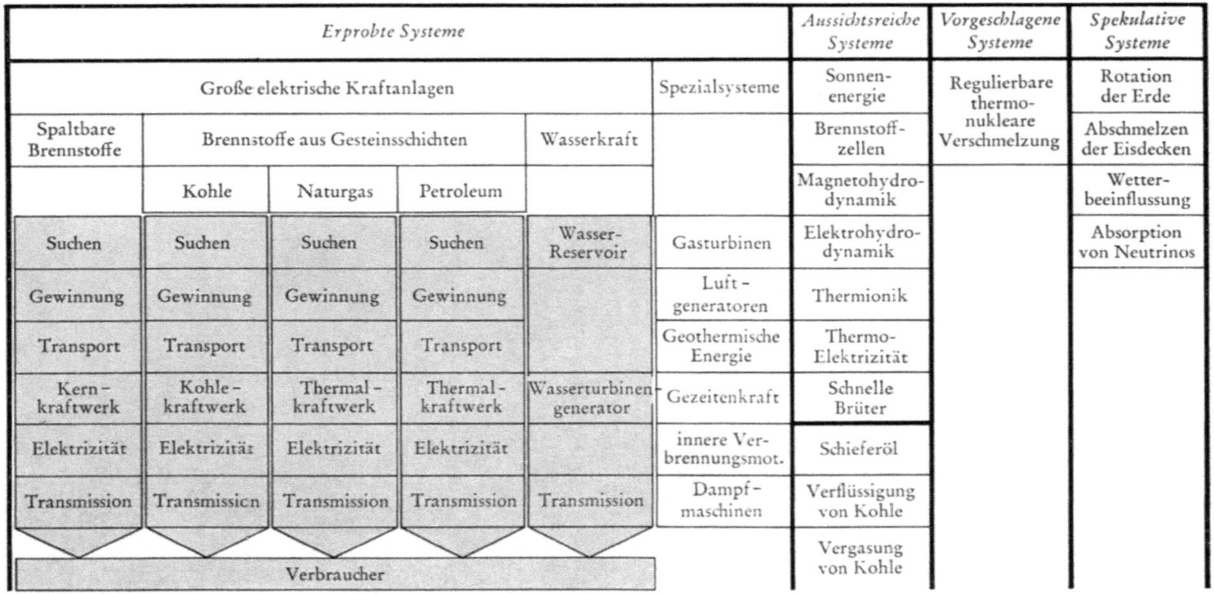

Erprobte Systeme						Aussichtsreiche Systeme	Vorgeschlagene Systeme	Spekulative Systeme
Spaltbare Brennstoffe	Große elektrische Kraftanlagen			Wasserkraft	Spezialsysteme	Sonnenenergie	Regulierbare thermonukleare Verschmelzung	Rotation der Erde
	Brennstoffe aus Gesteinsschichten					Brennstoffzellen		Abschmelzen der Eisdecken
	Kohle	Naturgas	Petroleum			Magnetohydrodynamik		Wetterbeeinflussung
Suchen	Suchen	Suchen	Suchen	Wasser-Reservoir	Gasturbinen	Elektrohydrodynamik		Absorption von Neutrinos
Gewinnung	Gewinnung	Gewinnung	Gewinnung		Luftgeneratoren	Thermionik		
Transport	Transport	Transport	Transport		Geothermische Energie	Thermo-Elektrizität		
Kernkraftwerk	Kohlekraftwerk	Thermalkraftwerk	Thermalkraftwerk	Wasserturbinengenerator	Gezeitenkraft	Schnelle Brüter		
Elektrizität	Elektrizität	Elektrizität	Elektrizität		innere Verbrennungsmot.	Schieferöl		
Transmission	Transmission	Transmission	Transmission	Transmission	Dampfmaschinen	Verflüssigung von Kohle		
						Vergasung von Kohle		
Verbraucher								

Abb. 8
Der Gesamtbereich von Energiesystemen, von heute bestehenden bis zu ganz spekulativen, ist oben verzeichnet. Aussichtsreiche Systeme sind solche, die zwar noch nicht wirtschaftlich benutzt werden, aber bereits experimentell untersucht worden sind. Vorgeschlagene Systeme sind solche, die wissenschaftlich als möglich erkannt, aber noch nicht ausprobiert worden sind. Spekulative Systeme sind solche, die erdacht worden sind, aber noch keine gesicherte wissenschaftliche Grundlage haben

geheimnisse umgangen, das Personal aus der Industrie (bei der Erstellung allgemein zugänglicher Entwicklungsstudien) behindert. Diese Unterlagen wurden von ungefähr 160 Prüfern ausgewertet, die aus Behörden, Industrie, Hochschulen und profitlosen Forschungsorganisationen stammten. Danach wurden 200 Spezialisten, die sich vor allem für ihre Einzelgebiete begeisterten, in 20 Gremien zusammenberufen, um die Unterlagen und die Prüfungsergebnisse zu besprechen. Schließlich versammelten sich 31 Ingenieure, Wissenschaftler und Volkswirte, um einen ersten Entwurf der Gesamtergebnisse auszuarbeiten, der dann von dem Leitenden Komitee überprüft wurde. Daraus wurde der Bericht „Energy R and D and National Progress" (Forschung und Entwicklung im Energiewesen und der Fortschritt der Nation), zu welchem 500 Mitarbeiter beigetragen hatten. Forscher und für Regierungsentscheidungen verantwortliche Persönlichkeiten arbeiteten zusammen, um den Schlußbericht zu erstellen. Auf diese Weise wurden Vorschläge der Techniker durch Volkswirte teilweise abgeändert und ihre gemeinsamen Schlüsse wurden dann von den für politische Entscheidungen Verantwortlichen den einzelnen Spezialbereichen für ihre Aufgaben zugewiesen. Niemand zweifelt daran, daß die Versorgung mit Energie großen sozialwirtschaftlichen Nutzen bringt, aber dessen Ausmaß wird erst eindeutig durch die Tatsache, daß ein hohes Bruttosozialprodukt von großem Energieverbrauch begleitet wird. Trotzdem bestehen darin noch Unterschiede. Zum Beispiel ist in den Vereinigten Staaten in den letzten Jahren der Energieverbrauch pro Dollar des Bruttosozialprodukts gefallen; er betrug 110 000 British Thermal Units pro Dollar im Jahre 1940 gegenüber 90 000 im Jahre 1960 (berechnet im Dollarwert dieses Jahres). Diese Zahlen spiegeln Veränderungen der Zusammensetzung der Industrie-Mischung und außerdem bessere Ausnutzung durch vergrößerte Produktivität wider.

Verschiedene unsichere Punkte vernebeln die Voraussagen über zukünftige Tendenzen im Energieverbrauch. Man sah z. B. am Anfang des Computer-Zeitalters einen gewaltigen Kraftverbrauch für die Luftkühlung von Tausenden von Computer-Röhren voraus; aber der Übergang zu Transistoren senkte diese erwartete Nachfrage beträchtlich. Da aber eine computer-abhängige Gesellschaft grundsätzlich eine städtische Bevölkerung ist, welche stark von einem Überfluß an Elektrizität abhängig ist, kann man mit Sicherheit annehmen, daß die Nachfrage nach Strom weiter steigen wird.

In manchen Hinsichten unterscheidet sich das Energiewesen von anderen Sektoren der Wirtschaft des Landes, z. B. in der Intensität von Kapitalinvestitionen in der dazugehörigen Industrie. Die Petroleumindustrie in den Vereinigten Staaten, in der 75 000 $ pro Arbeitnehmer investiert sind, ist die kostspieligste aller Industrien. Die Bergwerke sind die zweiten dem Range nach. Die 10 Gesellschaften in den Vereinigten Staaten, welche die höchsten Investitionen pro Beschäftigtem aufweisen, gehören zur Energiewirtschaft. Ein anderes Beispiel bezieht sich auf die Ölindustrie, die in hohem Grade vertikal integriert ist und von der Suche nach Quellen bis zum Vertrieb der Produkte reicht, eine Besonderheit, die diese Industrie der Beaufsichtigung durch die Regierung öffnet. Zwar ist vertikale Integration in den Gas- und Kohlenindustrien weniger ausgesprochen, aber sie wird mit zu erwartenden technischen Entwicklungen steigen.

Die Kraftwerke sind dadurch charakterisiert, daß sie Lokalmonopole innehaben. Auf Grund der hohen Kapitalinvestitionen, neben anderen Faktoren, kann man nicht erwarten, daß beispielsweise mehrere Elektrizitätswerke miteinander auf demselben Markt in einem gegebenen Kreis konkurrieren. Der Mangel von Konkurrenz hemmt größere Forschungs- und Entwicklungsvorhaben in diesen Werken. Solche Programme werden statt dessen von den Herstellern der technischen Anlagen und des Zubehörs unternommen. Um diesem Mangel abzuhelfen, müßte zum mindesten in den Vereinigten Staaten die Regierung in die Bresche springen. Sie tut es auch auf paradoxe Weise. Einerseits erläßt sie einschränkende Verordnungen und andererseits fördert sie die Forschung. Ohne die außerordentliche Unterstützung durch die United States Atomic Energy Commission wäre, zum Beispiel, die Kernkraft nicht in so kurzer Zeit wirtschaftlich tragbar geworden, wie es tatsächlich eingetreten ist [1]. Auf dem Gebiet der Energiewirtschaft vereinigen sich offenbar finanzielle Bestimmungen, Steuervorteile, von der Regierung unterstützte Forschung und Entwicklung und Profite zu einem komplizierten Gewebe.

Bei Voraussagen über das Energiewesen ist es ratsam, sowohl soziologische Faktoren als auch das Niveau der Technologen in Betracht zu ziehen. Man darf nicht annehmen, daß die Wissenschaft immer der Technik vorausgeht; wissenschaftlich betrachtet, wissen wir z. B. relativ wenig über die chemische Kinetik der Reaktionen zwischen Kohlenwasserstoffen und Luft, und trotzdem funktionieren Automobilmotoren ganz zufriedenstellend. James Watts Schwierigkeiten bei seinen ersten Dampfmaschinen zeigen, daß technische Entwicklung nicht weniger wichtig ist; worauf er warten mußte, waren nicht die Tabellen der Dampfkraft oder Molliers Diagramm, welches die Enthalpie- und En-

---

[1] Tatsächlich greift der Verfasser hier in Überoptimismus der Entwicklung vor (Anm. d. Hrsg.).

tropiewerte angibt, sondern ein einfaches Werkzeug, nämlich das Bohrwerk von John Wilkinson, mit dem runde, gerade Maschinenzylinder hergestellt werden konnten. Über ein Jahrhundert später wurde die Schleifmaschine für innere Zylinder zum entscheidenden Werkzeug, das die Entwicklung des inneren Verbrennungsmotors möglich machte.

Außerdem wird nicht alles produziert, was wissenschaftlich möglich und sogar technisch herstellbar ist. Obgleich die Kathodenstrahlenröhre etwa auf das Jahr 1870 zurückgeht, hatte sie damals keine Bedeutung, weil ein anderer Aspekt der Elektrizität der Gesellschaft wünschbar schien, nämlich Elektrokraft in der Form von Motoren, Generatoren und Licht. Warum wandte die Gesellschaft damals ihre Aufmerksamkeit auf Motore und Bogenlampen? Hauptsächlich, weil diese für die Industrialisierung in großem Umfang notwendig waren. Es ist klar, daß von all dem, was die Forschung möglich macht, die Technik nur das produziert, was die Gesellschaft verlangt.

Im großen und ganzen sind die Energiequellen der Welt genügend reichhaltig, daß keine Knappheit an Brennstoff während dieses Jahrhunderts und des folgenden zu befürchten ist. Bei Betrachtung längerer Zeiträume muß jedoch zwischen Quellen, die sich erschöpfen und regenerieren unterschieden werden: Kohle oder Benzin sind nach Verbrennung verbraucht, während die Sonnenenergie unerschöpflich ist.

Wir kennen zwar die Brennstoffreserven der Erde nicht genau, aber können begründete Schätzungen darüber machen. Nach heutigen Berechnungen ist der erwartete Energieverbrauch größer, als die schon bekannten, erschlossenen Quellen von flüssigen und gasförmigen Brennstoffen liefern können. Er ist aber viel geringer als die Gesamtheit der noch vermuteten Vorkommen.

Zu den gewaltigen Reserven von Kraftstoffen aus Gesteinsschichten und spaltbarem Material (nach Schätzungen könnte in der Erdkruste vorkommendes Uran und Thorium den Energieverbrauch von $15 \cdot 10^{18}$ British Thermal Units jährlich 3,3 Mrd. Jahre lang speisen) können mehrere Energiequellen hinzugezählt werden, die in der Natur relativ unbegrenzt vorhanden sind, aber paradoxerweise wenig genutzt werden. Das Potential an Wasserkraft („Weißer Kohle") in den Vereinigten Staaten wird zum Beispiel auf ungefähr 134 Mill. kW geschätzt. Die Kraft der Gezeiten auf der Erde, eine kaum benutzte Quelle, wird sogar auf 1100 Mill. kW geschätzt. Eine weitere Kraftquelle, die mit Ausnahme von Holland wenig benutzt wird, ist die Kraft des Windes, die laut einer Schätzung 20 000 Mill. kW beträgt. Temperaturunterschiede in den Weltmeeren und innerhalb der Erde verdienen auch Beachtung, obgleich sie nur von örtlichem Interesse wären. Die ersteren werden auf 1700 Mill. kW geschätzt, und fünf geothermische Stellen in den Vereinigten Staaten könnten allein schon 2,3 Mill. kW oder mehr liefern.

Wenn thermonukleare Kraftwerke jemals Wirklichkeit werden sollten, dann gibt es eine weitere enorme mögliche Energiequelle: die geringen Mengen von Deuterium im Meereswasser könnten den Energieverbrauch für mindestens eine Milliarde Jahre decken, selbst wenn der relativ hohe jährliche Verbrauch von $15 \cdot 10^{18}$ British Thermal Units angenommen wird.

Die größte Quelle sich erneuernder Energie ist wahrscheinlich die Sonne; es wird geschätzt, daß die Sonnenstrahlung einer Leistung von 1355 kW pro Quadratmeter entspricht, wobei Schwankungen von 7% je nach Jahreszeit auf Grund der elliptischen Form der Umlaufbahn der Erde eintreten. Daraus folgt, daß die Erde einen Energiestrahl von ungefähr $17 \cdot 10^{13}$ kW auffängt, wobei allerdings die Atmosphäre einen beträchtlichen Teil verschluckt und die Menge, welche die Erdoberfläche erreicht, verringert. Die auf der Oberfläche der Vereinigten Staaten auftreffende Sonnenenergie ist mindestens 1000mal größer als der Kraftverbrauch an Treibstoffen und Wasserkraft des Landes. Eine andere Schätzung zeigt, daß, wenn 2% der Fläche des Landes zum Auffangen von Sonnenenergie benutzt würde und nur 10% davon in Wärme und Kraft umgesetzt werden könnten, die Sonnenenergie eine fünffache Vergrößerung des Energieverbrauches des Landes erlauben würde.

Trotz des Bestehens aller dieser Energiequellen ist die Frage ihrer Verteilung von Bedeutung und zwar nicht nur, weil die Quellen konserviert werden müssen, sondern auch, weil Energiequellen in einigen Weltteilen weniger kosten als in anderen. Die Bewertung der Energiequellen eines Landes würde zu zeigen haben, ob es zur Energiewirtschaft auch der anderen Länder einen Beitrag leisten kann oder einen solchen erhalten muß. So könnte gerechte „Energieverteilung" einst das Rückgrat des Weltfriedens darstellen.

Energie kann auf verschiedene Weise verwendet werden, wie im Schaubild auf Seite 38 gezeigt wird, auf welchem der Verbrauch verschiedener Zweige für 1960 angegeben ist und in zwei Alternativen für das Jahr 2000 vorausgesagt wird. Die Zahlen für 1960 stammen aus dem maßgeblichen Werk „Resources in America's Future" von H. H. Landsberg, L. L. Fischmann und J. L. Fischer. Sie beschreiben verschiedene Arten des Verbrauchs, wobei die Energie sowohl direkt in der Form von Brennstoff wie indirekt als Elektrizität benutzt wird. Diese unterschiedlichen Möglichkeiten im Verbrauch können extrapoliert werden, um die Lage im Jahre 2000 vorauszusagen. Eine vorausgesagte

Alternative der Art des Energieverbrauchs im Jahre 2000 setzt eine vollelektrische Wirtschaft voraus, in der direkter Verbrauch von Brennstoffen auf einem Mindestmaß gehalten wird und die Energie, wo immer das möglich ist, in der Form der Elektrizität verwendet wird. Auch in dieser vollelektrischen Wirtschaft wird Brennstoff immer noch direkt für den Verkehr benutzt werden, jedenfalls in der Zivilluftfahrt.

Nicht alle Energiequellen sind in gleicher Menge vorhanden. Wenn wir die Gefahr betrachten, daß flüssige und gasförmige Brennstoffe aus

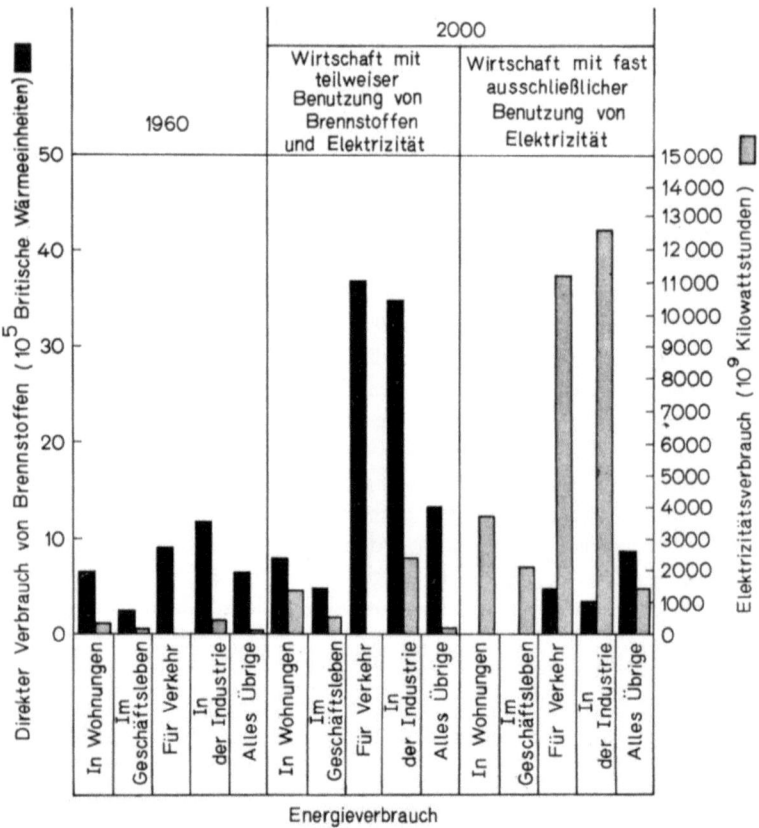

Abb. 9
Das Muster des Energieverbrauchs wechselt gemäß wirtschaftlichen und soziologischen Faktoren. Das Muster der Vereinigten Staaten im Jahre 1960, wo teils Brennstoff und teils Elektrizität benutzt wurde, ist auf das Jahr 2000 extrapoliert worden und ferner eine Voraussage mit der Annahme gemacht worden, daß ausschließlich Elektrizität benutzt wird. Die hellen Balken zeigen Elektrizitätsverbrauch, die schwarzen den direkten Verbrauch von Brennstoffen an

Gesteinsschichten knapp werden, lohnt es sich zu prüfen, welche Optionen im Energiewesen überhaupt bestehen. Diese Möglichkeiten können in die Kategorien „erprobt", „aussichtsreich", „vorgeschlagen" und „spekulativ" eingeteilt werden. Erprobte Systeme sind bereits technisch und wirtschaftlich eingeführt. Aussichtsreiche Systeme werden zwar noch nicht kommerziell verwendet, sind aber experimentell untersucht worden. Vorgeschlagene Systeme sind wissenschaftlich als möglich erkannt, aber noch nicht einmal im Laboratorium geprüft worden. Spekulative Systeme sind solche, die erdacht worden sind, aber für welche es noch keine gesicherte wissenschaftliche Grundlage gibt.

Optionen können auf Grund einer solchen Übersicht der Energiequellen entwickelt werden. Wenn man zum Beispiel annimmt, daß ein billiges Verfahren zur Vergasung der Kohle gefunden wird, das zu stärkerer Verwendung von Kohle und niedrigeren Preisen von Gas führen würde, und wenn man außerdem annimmt, daß eine wirtschaftlich brauchbare Brennstoffzelle für Kohlenwasserstoffgase erfunden wird, dann kann man sich die Herstellung von Elektrizität im Hause durch einzelne Brennstoffzellen vorstellen. So wäre es möglich (wenn zugegebenermaßen auch nicht wahrscheinlich), daß die Besitzer ihre Häuser vom Elektrizitätsnetz abtrennen, einfach „verpacktes Gas" kaufen und damit ihre eigene Elektrizität herstellen, die durch die Leitungen im ganzen Haus verteilt wird.

Man kann sich aber auch eine Alternativ-Situation vorstellen, in der kohlebrennende Kraftwerke besonders hochbesteuert werden, um Luftverschmutzung zu verhindern, die Landschaft zu verschönern und den Abtransport von Kohlenabfällen durch Lastwagen zu stoppen. Es sei ferner angenommen, daß kryogenisch gekühlte Stromleitungen technisch möglich werden, daß nukleare Brennstoffe billiger werden und daß mit Kernkraft betriebene Kraftwerke Steuervergünstigungen erhalten, dann kann man sich eine Wirtschaft vorstellen, die ausschließlich Elektrizität benutzt.

Eine Kosten/Nutzen-Analyse ist eine vernünftige Vorbereitung für jedes Forschungs- und Entwicklungsprogramm. Die Berücksichtigung der finanziellen Seite ist jedoch nicht ausreichend, weil eine Firma oder eine Nation die dringenden Bedürfnisse und die vorhandenen Mittel einer Gesellschaft in Betracht ziehen müssen. So könnte die Erforschung und Entwicklung einer Art von Krafterzeugung finanziell profitabler sein als die einer anderen Art, und dennoch könnte die Art mit dem geringeren finanziellen Gewinn schließlich den Vorzug erhalten. Es ist zum Beispiel wahrscheinlich, daß, falls sich die Vereinigten Staaten streng an finanzielle Kriterien gehalten hätten, sie gegen Investitionen in Kernenergie für zivile Zwecke entschieden hätten. Die soziale Weisheit dieser Investitionen ist jetzt schon offenbar [2]. Manchmal kann man weder die Kosten noch die Vorteile im voraus genau bestimmen. Deshalb müssen die für Entscheidungen verantwortlichen Stellen sowohl die kompetentesten Technologen des Energiefachs als auch Sozialwissenschaftler zu Rate ziehen, so daß eine gültige Schätzung der Betriebskosten erbracht und ein klares Bild des Gesamtnutzens gewonnen werden kann.

Ein dramatisches Beispiel unerwarteter Nutzeffekte besteht in der Kopplung von Kernenergie und Entsalzung von Wasser: Kernkraftwerke erweisen sich als besonders wirtschaftlich, wenn sie sehr groß sind, und Entsalzung erfordert enorme Mengen von Wärmekraft. So glückliche Ergänzungen können nicht immer vorausgesagt werden; folglich kann der endgültige Nutzen eines neuen Energiesystems nur gewürdigt werden, wenn die Arbeiten daran bis zum Stadium der Herstellung von Prototypen gediehen sind, so daß eine einigermaßen wirklichkeitsnahe wirtschaftliche Analyse unternommen werden kann. Unter den Energiesystemen, die zur Zeit als aussichtsreich gelten, ist diese Empfehlung wohl am ehesten auf magneto-hydrodynamische (MHD) Kraftgewinnung anzuwenden.

Die Entwicklungskosten von Energiesystemen können enorm sein — z. B. kostete es ungefähr 1250 Mill. $, die Kenntnisse der Kernwaffensysteme für Anwendung in zivilen Kernkraftwerken aufzubereiten. Es ist offensichtlich, daß Firmen der Industrie nicht leicht solche Beträge aufbringen können. Es stellt sich einem sofort die Frage: wann sollte die Regierung die finanzielle Verantwortung für Investitionen in neue Richtungen der Energie-Erzeugung übernehmen? Die Antwort wird von drei Grundbedingungen bestimmt, die daran schuld sind, daß private Firmen von solchen Investitionen Abstand nehmen: die Risiken können zu groß sein; die Ergebnisse der Entwicklung könnten so sein, daß diese der Firma nicht erlauben würden, die Unkosten wieder einzubringen; der Nutzen aus der Entwicklung könnte zu fern in der Zukunft liegen.

In der folgenden Tabelle sind die wichtigeren Ausgangspunkte für mögliche Entwicklungen auf dem Energiesektor verzeichnet. Die Spalten sind mit der Absicht etwas willkürlich gewählt, um die Angaben nach Grundfächern zu gruppieren; die Zeilen zeigen die Aspekte des Energiewesens, auf welche diese Fächer sich beziehen können. Diese Tabelle besagt nicht, daß ein bestimmtes Entwicklungsvorhaben unter-

---

[2] Das ist in Wahrheit sehr umstritten, da die möglichen langfristigen, sozialen Nachteile der Urankraftwerke von anderen Experten als zu hoch angesehen werden (Anm. d. Hrsg.).

nehmen werden sollte und daß es ipso facto vorteilhaft ist, sondern eher, daß die durch Punkte gekennzeichneten Felder technische Verbesserungen enthalten könnten.

Eine interessante Schlußfolgerung, die aus der Tabelle entnommen werden kann, ist diese, daß fast alle Teile des Energiewesens durch verbesserte Konstruktion von Geräten Nutzen ziehen würden — ein von den Ingenieurschulen sehr vernachlässigtes Gebiet. Die Tabelle zeigt auch, daß Forschung und Entwicklung im Energiesektor so organisiert werden können, daß damit auf einmal einer Anzahl von Interessen gedient wird. Zum Beispiel könnte eine Gruppe, welche die Eigenschaften von Materialien erforscht, den Industrien zur Gewinnung von Kohle, Petroleum, Gas, Schieferöl und Uran nützlich sein. Ähnlicherweise sind Leitungsphänomene für innere Verbrennungsmotoren, thermoelektrische und thermionische Energiewandler, Gasturbinen, die Technik der Brennstoffzellen, Wandler der Sonnenenergie und MHD-Generatoren interessant. Diese Art der Vielseitigkeit sollte besonders diejenigen Völker, Industrien und Hochschulen interessieren, welche ihre finanziellen Aufwendungen für Forschung und Entwicklung im Energiefach niedrig halten oder deren Produktivität möglichst steigern wollen.

Der „Niederschlag" von Forschung und Entwicklung im militärischen und Raumfahrtsektor ist dem zivilen Energiewesen sicherlich zweckdienlich. Die der Kernspaltungsbombe zugrundeliegende Forschung führte zu Kraftwerken mit Kernenergieantrieb. Die Forschung für die Wasserstoffbombe trug gewaltig zu unserem Verständnis von Plasmaphysik und Magnetohydrodynamik bei. Experimentelle MHD-Kraftgeneratoren stehen im Zusammenhang mit Entwicklungen von kryogenisch gekühlten Elektromagneten, weil solche Generatoren keine beweglichen Teile besitzen und eine Reihe billiger Kraftstoffe verwenden. Eine weitere Anwendung von Plasmaphysik und Magnetohydrodynamik ist in den nächsten paar Jahrzehnten zu erwarten: Generatoren mit Energie aus regulierbaren thermonuklearen Verschmelzungsprozessen. Als Niederschlag aus der Raumforschung zeigen sich Fortschritte wie die in der Thermoelektrizität an, welche in Konstruktionen von lautlosen und wenig Kraft verbrauchenden thermoelektrischen Kühlschränken und Klimaanlagen angewendet werden könnten. Solche Entwicklungen könnten dazu führen, daß man Klimaanlagen in alte Anstaltsgebäude einbauen kann ohne zusätzlich größere Kraftanlagen zu benötigen.

Kraftversorgungssysteme der Militär- und Raumfahrtgebiete bilden einen wichtigen Teil im Gesamtbild des Energiewesens. Da allerdings die Energiewandler für diese Anwendungen so konstruiert sind, daß sie maximale Kraft in minimalem Raum liefern (also hohe Energiedichte

ANWENDUNG		Oberflächenphänomene	Elektrochemie	Kinetik	Chemie und Physik von Materialien	Physik der Flüssigkeiten	Kryogenik und Supraleitfähigkeit	Mechanische Eigenschaften von Materialien	Systemanalyse	Transportphänomene	Konstruktion von Geräten	Sicherheit und Einflüsse auf die Umgebung	Geologie und Geophysik
Suchen	Kohle										•		•
	Petroleum										•		•
	Naturgas										•		•
	Schieferöl										•		•
	Uran	•									•		•
Gewinnung	Kohle			•	•			•		•	•	•	•
	Petroleum	•		•	•	•		•	•	•	•	•	•
	Naturgas				•	•		•		•	•	•	•
	Schieferöl	•		•	•	•		•		•	•	•	•
	Uran							•		•	•	•	•
Verarbeitung und Raffinieren	Kohle				•					•	•		
	Petroleum	•		•	•	•			•	•	•		
	Naturgas	•								•	•		
	Schieferöl	•		•	•	•			•	•	•	•	
	Uran						•			•	•		
Transport	Kohle	•						•	•	•	•		
	Petroleum	•	•					•	•	•	•		
	Naturgas	•	•				•	•	•	•	•		
	Elektrizität			•				•	•		•	•	
Speichern	Kohle			•							•		
	Petroleum		•					•			•		•
	Naturgas		•				•	•			•	•	
	Hydraulisch	•			•				•		•		
	Elektrizität		•						•		•		
Chemische Umwandlung	Kohle zu Petroleum	•	•	•	•	•					•	•	
	Kohle zu Gas	•	•	•	•	•					•	•	
	Petroleum zu Gas	•	•	•	•	•					•	•	
	Kernbrennstoffe			•	•						•		
Energieumwandlung	Kessel- oder Reaktorturbinengenerator		•						•	•	•	•	•
	Wasserturbinengenerator					•			•				
	Diesel- od Otto-Generator			•							•	•	
	Gasturbinengenerator			•				•			•	•	
	thermoelektrisch	•		•	•		•				•	•	
	thermionisch	•			•	•		•			•	•	
	Brennzellen	•	•					•			•	•	
	Sonnenzellen	•			•						•	•	
	magnetohydrodynamisch	•		•		•	•	•	•	•	•	•	

Abb. 10

besitzen), weichen sie wesentlich von feststehenden Krafterzeugungsanlagen ab, welche Elektrizität für den zivilen Sektor liefern. Ein Vergleich von Energiedichten bei chemischen Umwandlungsprozessen, der von Prof. A. K. Oppenheim in der Universität von Kalifornien stammt, zeigt, daß die Dampfmaschine eine Energiedichte von einem Kilowatt pro Liter hat, während der innere Verbrennungsmotor eine fast hundertmal größere besitzt. Strahltriebwerke haben eine Energiedichte von ungefähr 1000 kW pro Liter, und Wasserstoff/Sauerstoff-Raketen sind bei gleicher Brennkammergröße 100mal so kraftvoll. Der nächste Schritt der Technik chemischer Verbrennungen könnte auf Forschungen über Gasexplosionen beruhen, bei welchen Laboratoriumsexperimente anzeigen, daß Energiedichten bis zu 1 Mill. kW erreichbar sind.

Die jetzt viel benutzten chemischen Raketen haben ein hohes Verhältnis von Schubkraft zu Gewicht, aber einen niedrigen spezifischen Impuls. Am anderen Ende des Spektrums liegen Antriebssysteme, die Plasmen als Arbeitsmaterial benutzen; diese besitzen ein relativ niedriges Verhältnis von Schubkraft zu Gewicht, aber einen hohen spezifischen Impuls. Deshalb sind sie für Antrieb in großen Höhen oder tief im Weltraum besonders geeignet. Von größtem Interesse wären Systeme mit hoher spezifischer Kraft, die bisher noch nicht ersonnen sind.

Ein ernstes Problem der zivilen Energieversorgung besteht in der Verschmutzung der Luft und Flüsse durch die Abwässer stationärer Kraftwerke und durch Benzin oder Paraffin verbrennende Fahrzeuge. Es wird viel Forschung betrieben, um die Verbrennung der Auspuffgase von Transportfahrzeugen zu fördern, aber die endgültige Lösung wird in der Verwendung elektrisch angetriebener Fahrzeuge liegen. Diese könnten verbesserte Batterien oder Brennzellen benutzen oder sie könnten ihre elektrische Energie von Oberleitungen oder durch passende Übertragung elektromagnetischer Energie erhalten. Elektrisch angetriebene Automobile sind zwar vielversprechend, haben aber auch beträchtliche Nachteile. Sie sind schwerer, haben schlechtere Beschleunigung, Stärke und Reichweite und sind teurer. Deshalb ist es notwendig, Batterien mit hoher Energiedichte zu entwickeln, welche schnell aufgeladen oder ausgetauscht werden können. Es gibt auch gewichtige psychologische und wirtschaftliche Probleme dabei. Zum Beispiel müssen die

---

Abb. 10
Die Ausgangspunkte für bedeutendere Entwicklungsvorhaben auf dem Energiegebiet, die zu technischen Fortschritten führen könnten, sind durch Punkte angezeigt. Die Tabelle zeigt, daß verbesserte Konstruktion von Geräten in fast jeder Beziehung auf dem Energiesektor nützlich sein würde, und die Forschung über die Grenzen einzelner Interessen hinweg so organisiert werden kann, daß Wirksamkeit und Austauschbarkeit gehoben werden

Fahrer neue Fahrweisen lernen, und ganz andere Sorten von Tankstellen müssen errichtet werden. Es sei hinzugefügt, daß elektrische Wagen nicht nur die Luftverschmutzung verringern, sondern auch die Störung durch Straßenlärm.

Einige höchst spekulative Entwicklungen im Energiegebiet sind vorstellbar. Mit Entwicklung geeigneter Methoden für das technische „Management" könnten enorme Mengen atmosphärischer Energie eingefangen werden. Die bereits erwähnte Sonnenstrahlung, welche die Erde trifft, wird schließlich absorbiert oder in die Atmosphäre zerstreut. Ein typischer Orkan braucht eine Energiemenge von 30 000 Mill. kW. Die dauernde Verdampfung des Wassers auf der Erdoberfläche verbraucht etwa 35 Mill. kW Energie; wenn Wasserdampf in einem Tank von der Größe eines Würfels mit Seitenlänge von einem Kilometer kondensiert würde, und wenn dieser Tank einen Kilometer über dem Meeresspiegel läge, könnte der Ausfluß des Wassers 2400 Mill. kW/h erzeugen. 435 000 km^3 Regen fällt schätzungsweise jährlich auf die Erde. Wenn diese Menge in einem Tank in Meereshöhe von einem Kilometer gesammelt wäre, könnten damit 100 000 Mill. kW/h erzeugt werden.

Die Umdrehung von Himmelskörpern mit Magnetfeldern erzeugt ein elektrisches Potential, das gewöhnlich gleichpolige oder einpolige Induktion genannt wird. Der Planet Erde, der alle 24 Std eine volle Umdrehung macht, führt ein Magnetfeld von ungefähr 0,1 Gauß mit sich. Dies entspricht der kinetischen Rotationsenergie von ungefähr $245 \cdot 10^{24}$ British Thermal Units, eine wirklich phantastische Menge. Wenn wir die Erde als den Rotor eines natürlichen Generators ansehen, bei dem die Pole positiv und der Äquator negativ sind, gibt es ein Potentialgefälle von 100 000 V. Gewaltige Energiemengen könnten daraus gewonnen werden, wenn ein technisch durchführbares Verfahren erfunden werden könnte.

Eine weitere spekulative Entwicklung läge in der Krafterzeugung aus Neutrinos. Man nimmt an, daß ein beträchtlicher Neutrinofluß die Erde erreicht, der von derselben Größenordnung ist wie der Fluß der Sonnenenergie. Weil Neutrinos und Materie nur geringfügig aufeinander wirken, durchsticht ein solcher Energiefluß die Wolkendecke und stünde außerdem Tag und Nacht zur Verfügung. Es muß allerdings betont werden, daß sich bisher keine praktische Methode anbahnt, um Neutrinos einzufangen. Man kann eine Reihe weiterer spekulativer Ideen zum Auffangen und Nutzen von Energie ausspinnen, aber diese gehören alle heutzutage ins Gebiet der Science-fiction-Romane.

Im Hinblick auf die vielen und mannigfaltigen Probleme auf dem Gebiet der zivilen Energieversorgung können einige bestimmte Schlußfolgerungen für die Zukunft gezogen werden. Kohlenschätze gibt es im Überfluß, aber gasförmige und flüssige Brennstoffe sind ziemlich knapp, und sie werden vermutlich Anfang des nächsten Jahrhunderts teurer werden. Deswegen werden in der nächsten Zeit Schieferölvorkommen ausgebeutet werden. Trotzdem werden solche Voraussagen durch solche Möglichkeiten wie den Ersatz von Kraftstoffen durch einander, eine voll-elektrische Wirtschaft und Verflüssigung und Vergasung von Kohle eingeschränkt. Wieweit Kernbrennstoffe ausreichen werden, wird von den Typen von Kraftwerken abhängen, die konstruiert und erbaut werden; man wird sicherlich Brutreaktoren entwickeln müssen.

Wesentliche technische Verbesserungen werden in den bereits erprobten Energiesystemen gemacht werden. Zum Beispiel werden Verbesserungen im Hitzegrad bei Dampfmaschinenanlagen und innere Verbrennungsmotoren mit geschichteten Füllungen erreicht werden. Große wissenschaftliche und technische Fortschritte werden in allen Arten von direkter Energiewandlung gemacht werden, wie MHD, Brennzellen, Thermoelektrizität und Thermionik. Luft- und Wasserverschmutzung und Lärm, welche von Erzeugung und Benutzung von Energie herrühren, werden durch Zusammenwirken von technischen Verbesserungen mit gesetzlichen Schritten verringert werden, und Anlagen mit Kernantrieb für Wasserentsalzung werden entwickelt werden. Die Elektrizitätsverteilung wird sich verbessern, und zwar auf Grund von fortschrittlichen Errungenschaften, wie kryogenisch gekühlten Kabeln und Übertragungstechnik mit übergroßer Spannung. Auf dem Gebiet der Speicherung von Elektrizität sind wesentliche technische Durchbrüche zu erwarten. Zum Schluß kann vorausgesagt werden, daß die öffentlichen Energieversorgungsbetriebe in stärkerem Maße Methoden der Optimierung mit Hilfe von Computern, Systemanalysen und Operations Research bei der Konstruktion neuer Anlagen und zum Finden der profitabelsten Kombinationen für den Stromaustausch zwischen verschiedenen Anlagen verwenden werden.

Während man solche optimistische Voraussagen macht, darf man eine den Energieindustrien gestellte schwere Aufgabe nicht vergessen, die gelöst werden muß: das mangelnde Interesse begabter, junger Ingenieure mit höheren akademischen Qualifikationen an Karrieren im Energiefach. Dies verlangt die Neuorientierung gewisser Ausbildungspläne und Zusammenarbeit von Unternehmern, öffentlichen Betrieben, Regierungsstellen und Hochschulen. Diese Lage ist typisch für viele, sie legt nahe, daß jedes Land eine dynamische Organisation haben sollte, deren Aufgabe es wäre, sich dieses lebenswichtigen Gebietes anzunehmen.

Wie aus dieser Erörterung zu entnehmen, sind Energie und Gesellschaft eng miteinander verkettet. Folglich können viele Probleme durch richtiges Forschen und Handeln von beiden Seiten her gelöst werden, wie es auch schon in einigen Fällen geschieht. Jedes Land braucht verschiedene Energiequellen und eine breite Auswahl von Energiesystemen, um seine vielfältigen Bedürfnisse befriedigen zu können. Die Grundlage dazu besteht aus einem wohl abgewogenen Programm von wissenschaftlicher Forschung, technischer Entwicklung und Ingenieurskonstruktionen, welches den sozialwirtschaftlichen Zielen voll Rechnung trägt; das ist am besten zu erreichen, wenn Regierung, Industrie und Hochschule gemeinsam im Zusammenklang vieler Disziplinen tätig werden.

Automation

Hasan Ozbekhan

Mit sinkenden Kosten und steigenden Rechengeschwindigkeiten werden Computer neue Anwendungsbereiche finden, selbst auf Gebieten wie denen von Verhandlungen und Marktförderung. Das könnte die Gesellschaft zwingen, neue ethische Verhaltensregeln zu akzeptieren und die bestehenden Formen des Wissens so tiefgreifend ändern wie die Forschungen Darwins.

Da die „Automation" eines der im Mittelpunkt stehenden Ereignisse unseres Zeitalters ist, wurde im vergangenen Jahrzehnt viel darüber spekuliert, wie sie sich in weiteren 10 oder 20 Jahren gestalten und auf die Gesellschaft und den Einzelnen auswirken werde. Manche dieser Spekulationen werden durch Angst, andere wieder durch Neugier angeregt. Schließlich gibt es solche, in denen versucht wird, eine Grundlage für Planen und Handeln zu gewinnen. Die Ergebnisse, zu denen sie gelangen, unterscheiden sich in Einzelheiten je nach dem ursprünglichen Beweggrund. Alle scheinen aber darin übereinzustimmen, daß die Automation ein alles durchdringendes, gesellschaftliches Phänomen ist, und ihr Einfluß auf die Welt nach 1975 beträchtlich sein wird.

Hasan Ozbekhan ist Direktor für Planung der King Corporation in Kalifornien und für deren Gesamtplanung verantwortlich. Vorher arbeitete er in gleicher leitender Stellung bei der Systems Development Corporation. Er drückt seine Anerkennung für die Mithilfe bei Vorbereitung dieses Aufsatzes aus, die Einar Stefferud, Mitglied der Planungsdirektion der SDC, ihm gewährt hat.

Nur wenige dieser Voraussagen dringen dahin vor, die Kräfte klarzulegen, welche heute im Gebiet der Automation wirksam sind, und zu untersuchen, ob die vorgebrachten Schlußfolgerungen tatsächlich durch diese Kräfte begründet sind. In diesem Aufsatz verfolge ich das Ziel, den derzeitigen Begriff der Automation zu umreißen, aus diesem Begriff einige Vorstellungen darüber abzuleiten, welche Anwendungsgebiete besonders hervortreten und welche wichtigen Ergebnisse zu erwarten sind, und diese Gebiete im Hinblick auf die heutige technische Entwicklung zu betrachten. Letztlich möchte ich den Einfluß untersuchen, welchen die Automation in der fernen Zukunft auf die Gesellschaft ausüben wird.

Das kennzeichnende Merkmal der Automation besteht darin, daß der Mensch Maschinen steuert, welche ihrerseits andere Maschinen steuern. Im Anfangsstadium konnte man diese Steuerung als vier bei der Fabrikation üblichen Arbeitsgängen entsprechend bezeichnen: Handhabung von Werkstoffen, routinemäßige Entscheidungen bei Regulierung von Maschinen, Einstellen der Maschinen und einfache Datenverarbeitung.

Damit eine Maschine diese Arbeitsgänge übernehmen kann, müssen sie als ein vollständiger Prozeß verstanden werden, als ein lückenloses Ganzes, das eine vorausbestimmte innere Ordnung oder Logik enthält und Einrichtungen zur Selbstregulierung, oder Rückkopplung, besitzt. Auf Grund dieser Forderungen erweist sich die Automation als ein „System", welches mit Hilfe des Begriffes der Prozeß-Steuerung dargestellt werden kann. Heute entwickelt sich die Prozeß-Steuerung in zwei Richtungen — „Prozeß-Mechanisierung" und „Situations-Interpretation" — welche seit Ende der vierziger Jahre durch den Mehrzweck-Computer mit intern gespeichertem Programm gemeinsam bearbeitet werden können. Prozeß-Mechanisierung und Situations-Interpretation sind also die zwei allgemeinen Funktionen, welche die Aufgaben und Ziele bezeichnen, auf die wir jetzt hinstreben. Die erstere ist die ältere und besser bekannte Funktion, aber die Situations-Interpretation braucht eine kurze Erklärung. Sie bezieht sich auf die Verbindung zwischen Umgebung und Computer. Die Interpretation muß über diese Verbindung gehen, wenn der Computer richtig auf seine äußere Umgebung reagieren soll.

Einfache Computer-Programme können offensichtlich nur ein sehr unvollständiges Bild der Gesamtheit der Umgebung auffassen und das auch nur in der Form der Verschlüsselung durch Binärzahlen — die einzige Informationsart, welche die Maschine direkt aufnehmen kann. Aber ein differenzierteres Programm kann ein vollständigeres Bild interpretieren. Damit wird eine neue Grenze jenseits der ersten erreicht. Jedenfalls werden die Grenzen durch die Sprachen, in denen die Programme geschrieben werden, verkörpert. Situations-Interpretation bedeutet dann Überquerung von Grenzen, um dem Computer Information zuzuleiten, die sich immer stärker dessen innerer Darstellungsart annähert. Dies kann mit Hilfe einer Reihe von Programmen bewerkstelligt werden, welche die Information wie eine Kaskade weiterleiten, wobei sie sich immer mehr der Form nähert, in der sie schließlich von der Maschine interpretiert werden kann.

So können wir durch Hintereinanderschalten von Programmen die Fähigkeit des Computers fördern, Situationen über immer kompliziertere Grenzen hinweg zu interpretieren. Daraus leitet sich das Konzept von Programmsprachen höherer Ebenen ab. Interpretation über kompliziertere Grenzen hinweg braucht größere Rechengeschwindigkeiten, um die Kompliziertheit der interpretierenden Programme zu bewältigen. Größere Kompliziertheit schafft einfach mehr Arbeit. Größere Geschwindigkeit erlaubt folglich, komplizierte Arbeitsgänge in erträglicher Zeit auszuführen. Für die Vorstellung ist es gleichgültig, ob eine bestimmte Grenze dadurch erreicht wird, daß eine Reihe von Programmen hintereinandergeschaltet ist, oder dadurch, daß ein einziges sehr kompliziertes Programm direkt von der Maschine interpretiert werden kann. Der entscheidende Punkt ist, daß in der Zukunft äußerst kompliziertes, interpretatives Verhalten entwickelt und sinnvoll eingebaut werden kann.

Ebenso wie die Maschine ein Programm interpretiert und dieses Programm ein anderes interpretieren kann, interpretiert der Mensch seine Situation, wobei die „Situation" seine Wahrnehmung der Umgebung ist. Wenn die Interpretationsfähigkeit des Computers erweitert wird, so wird die Grenze vielfältiger; sie wird eher implicite als explicite verstanden. Die „Sprache" der Situationsdarstellung wird weniger gut verstanden und die „Situation" nähert sich der Kompliziertheit der Gesamtwelt des Menschen.

Das Ziel bei den beschriebenen Systemen liegt darin, die Interpretationsgeschwindigkeit zu vergrößern, indem sowohl die technische Entwicklung weitergetrieben wird — durch Erzeugung schnellerer Schaltungen — als auch Programmsprachen weiterentwickelt werden, so daß die Maschine besser ausgenützt werden kann. Diese Entwicklungen sind notwendig, um Bereiche noch größerer Schwierigkeiten zu meistern. So entfaltet sich die Grundfunktion der Prozeß-Steuerung auf Grund von zwei allgemeinen Funktionen, welche beide durch die Doppelkräfte höherer Geschwindigkeit und niedrigerer Kosten angetrieben werden.

Der umfassende Vorstoß dieser Entwicklung hat eine Anzahl neuer Funktionen geschaffen, die nun ihrerseits die hauptsächlichen Gebiete zu erwartender Anwendungen umreißen. Im Schaubild auf den folgenden Seiten sind Funktionen und mögliche Anwendungen dargestellt, wobei die folgenden Punkte aufgezeigt werden sollen: die funktionale Entwicklung, auf welcher die Automation in der Gegenwart beruht; die Hauptanwendungsgebiete, die entstehen; die hauptsächlichen, zu erwartenden Resultate; die Zeitspannen, in denen diese Vorhaben nach allgemeiner Erwartung zur Reife kommen werden. Die letzte Spalte des Schaubildes enthält Kommentare, welche die entsprechenden Voraussagen kritisch bewerten.

Die hauptsächlich wirksamen Kräfte, welche diesem vorausschauenden Überblick zugrunde liegen, sind in verschiedenen Anteilen wirtschaftlicher, technischer und gesellschaftlicher Art. Ich werde diese Kräfte in sechs Kernsätzen beschreiben, welche die Entwicklungen umfassen, die sowohl bei der Maschinen-Ausrüstung wie bei den Benutzungssystemen im Gange sind. Auf diesen Entwicklungen beruhen die Voraussagen, deren Gültigkeit erhärtet werden kann.

1. Im Jahre 1975 wird die Maschinen-Ausrüstung der Computer („hardware") im Vergleich mit heute um mindestens eine Größenordnung, und wahrscheinlich um zwei oder mehr, billiger geworden sein, während die Kosten der Entwicklung und Erstellung der Benutzungssysteme („software") sehr viel langsamer absinken werden.

Dies ist eine grundlegende, ökonomische Erwartung. Nach neuen Untersuchungen werden die Kosten der Speicherung im Kernspeicher pro Binärziffer auf 2,5% der gegenwärtigen fallen und Speicherung auf Magnetbändern wird um drei bis fünf Größenordnungen billiger werden. Gleichzeitig können die Kosten der Erstellung der Benutzungssysteme, die so stark von der Nachwuchsrate der menschlichen Programmierer abhängt, nur so schnell fallen, wie neue Hilfsmittel (hauptsächlich Programmiersprachen höherer Ordnungen) entwickelt werden. Auf Grund dieser Tendenz wird die Verteilung der Kosten zwischen Maschinenausrüstung und Benutzungssystemen, die heute etwa bei

---

Tabelle 1

Die Tabelle der Anwendungen zeigt, wie Computer mit ihren Benutzungssystemen neue Probleme in Angriff nehmen können (linke Spalte), die zu neuen Anwendungsgebieten (zweite Spalte) und zu weitgreifenden Ergebnissen (dritte Spalte) führen werden. Das Flußdiagramm oberhalb der Tabelle illustriert, wie Vergrößerung der Geschwindigkeit und Senkung der Kosten zu verbesserter Leistung in Prozeß-Mechanisierung und Situations-Interpretation führen, also in den beiden Richtungen, in welche sich die Prozeß-Regelung, die Grundfunktion der Computer, entwickelt

Tabelle 1

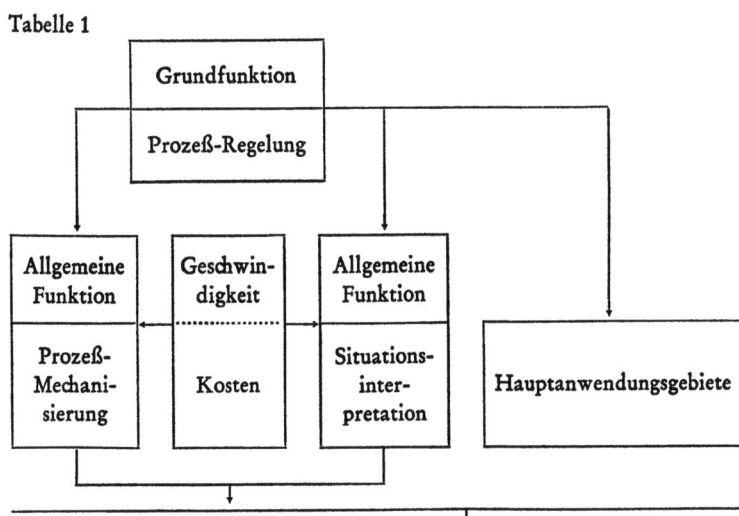

DYNAMISCHE ANPASSUNGSFÄHIGKEIT	
Speicherorganisation mit Selbstanpassung	PLANUNG (I)
Anordnung von Daten	FABRIKATION (I)
Erstellung von Datengrundstock	LERNEN/LEHREN (I)
Erzeugung und Entwicklung von Klassifikationen	WAREN-AUSTAUSCH (I)
Entwicklung von Strukturen	VERHANDLUNGEN
Klassifikation	
Identifizierung von Faktoren	
Identifizierung von Beziehungen	
ÜBERSETZUNG ÜBER GRENZEN HINWEG	DATEN-VERARBEITUNG
Herstellung von Wechselbeziehungen	FABRIKATION (II)
Berührung verschiedener Bereiche	LERNEN/LEHREN (II)
Verbindung von Netzen	WAREN-AUSTAUSCH (II)
Datenübertragung	NACHRICHTEN-VERKEHR (I)
Fernzugriff	
Echtzeitläufe	TRANSPORT (I)
Fernsteuerung	PLANUNG (II)
Schaltungen	
Interpretation	
ZUTEILUNG	
Gemeinsambenutzung von Anlagen	EINSATZPLANUNG VON PRODUKTIONS-MITTELN (I)
gleichzeitige Benutzung	
Verteilung der Rechenzeit unter verschiedene Benutzer	TRANSPORT (II)
Anlagenkoppelung	NACHRICHTEN-VERKEHR (II)
Echtzeitläufe	
Benutzungspläne (Zeitplanorganisation)	
Ablaufsteuerung	

Tabelle 1 (Fortsetzung)

AUSWAHL	
Suchen	EINSATZPLANUNG
Gradientenverfahren	VON PRODUKTIONS-
Mini-Max-Verfahren	MITTELN (II)
Wiederauffinden	BIBLIOTHEKEN
Messung der Relevanz	
Auffinden des Zusammenhangs	LERNEN/LEHREN (III)
Zusammenfassungen machen	WAREN-
Auszüge machen	AUSTAUSCH (III)
Entscheidungen treffen	
Entscheidungen durch die Maschine	
Routinen	
Wertentscheidungen	
heuristische Wahl	
SIMULATION	
Analytische Modelle	PLANUNG (III)
Künstliche Darstellung der Wirklichkeit	TRANSPORT (III)
Systembewertung	NACHRICHTEN-
Systemverbesserung	VERKEHR (III)
Voraussagen von Systemabläufen	

Erwartete Hauptergebnisse	Wahrscheinliche Zeit	Wahrscheinliche Hindernisse
PLANUNG		
Lösen langfristiger Probleme auf allen Anwendungsgebieten (I)	1980—2000	
Hilfsmittel zum Erfassen und Verstehen der Umgebung (II)		Probleme der Darstellung von inhaltlichem Sinn in Formen, die mechanisch interpretiert werden können
Prüfung der Erreichbarkeit langfristiger Ziele (III)	1975—1980	
FABRIKATION		
Ersatz der Steuerung mit Hilfe der Sinneswahrnehmung des Arbeiters durch genauere elektro-mechanische Geräte (I)	1966—	
Selbstregulierende Überwachung der Lagerhaltung, Produktion und Organisation (I)	1975—1980	
Mehr- oder Allzweckwerkzeuge, welche gebietsweit (später weltweit) zusammengekoppelt sind (II)	unwahrscheinlich	hohe Transportkosten; fallende Kosten der einzelnen Arbeitsprozesse
Roboter — für Produktion und Dienstleistungen (I)	1970—1985	
WARENAUSTAUSCH		
Allgemeine Erleichterung von Transaktionen und ihrer Handhabung durch Verwendung neuer Werteinheiten (I)	1990—2000	
Kreditsysteme, Bezahlung von Rechnungen, Einkauf, internationale Geschäftstransaktionen, besonders auf kommerzieller Ebene (II)	1975—1980	
Automatisierter Kauf mit Hilfe von angeschlossenen Geräten in den Wohnungen der Verbraucher und durch Tastendruck bedienbaren Telefonsystemen (III)	1975—1980	Kosten der Warenlieferungen; Kosten des Nachrichtenverkehrs im Gegensatz zu mehr Freizeit

Tabelle 1 (Fortsetzung)

Erwartete Hauptergebnisse	Wahrscheinliche Zeit	Wahrscheinliche Hindernisse
VERHANDLUNGEN		mechanischer Auszug von bedeutungsvollem Inhalt aus Information ohne schematische Struktur
Verhandeln: Automatisierung des Suchens nach Bedeutungsinhalten und des Herausfindens der wirklichen Streitpunkte	1975—1985	
Identifizierung der wirklichen Punkte und Konflikte	1975—1985	
DATENVERARBEITUNG		öffentliches Computernetz unwahrscheinlich, weil die Kosten der Datenverarbeitung viel schneller als die Fernmeldekosten fallen werden; ferner gesellschaftliche Probleme des Schutzes der Privatheit des Lebens
Alle Anwendungsgebiete	1980—1995	
Öffentliches Computer- und Informationsnetz — zusammengekoppelte Datenbanken, Automatisierung der Datenbearbeitung in Büros und Behörden	1970—1975	
Automatisierung diagnostischer Leistungen (medizinischer, sozialer, technischer und anderer Art)	1980—1990	
LERNEN/LEHREN		Zentren für die ganze Welt oder große Gebiete sind unwahrscheinlich, weil die Fernmeldekosten im Vergleich mit den Arbeitskosten der Zentren hoch sein werden
Gebietweite und/oder weltweite Lehrzentren mit Zugang durch Anschlußgeräte in den Wohnungen (II)	1985—	
Wesentliche Entwicklung der Lehrpläne (III)	1975—1980	
Allgemeiner Lehrbetrieb mit Hilfe von Computer (I und III)	1970—1975	
Zusammenwirken von Mensch und Computer (I, II und III)	1985—	Probleme der Darstellungsweise
Fortentwicklung des Wissens (I)	1985—	
NACHRICHTENVERKEHR		
Fernübertragung von Nachrichten aller Art (I)	Gegenwart	Aufbau eines rein digitalen Nachrichtenübertragungsnetzes
Öffentliches Netz für Nachrichtenvermittlung mit hoher Geschwindigkeit (II)	1990—	
Versuche und Prüfungen von Netzwerken ohne direkten Anschluß (III)	1960—1975	
EINSATZPLANUNG VON PRODUKTIONSMITTELN		
Komplexe Systeme der Ablaufplanung (I)	1970—1980	
Entscheidungen über optimale Nutzung von Produktionsmitteln (II)	1980—2000	
TRANSPORT		
Schneller Massentransport (I)	1975—1985	schnelles Rangieren von festen Körpern
Luftverkehrsregelung (II)	1970—1980	
Entwicklung der integrierten Lösung von Verehrsproblemen (III)	1975—1980	
BIBLIOTHEKEN		
Zugriff und Ausdruck von Kopien im Haus	1985	Kosten der Fernübertragung im Vergleich mit Druckkosten
Auszüge aus und Reproduktion von Texten	1975—1980	
Beantwortung von Anfragen	1975—1980	mechanische Interpretation des Sinnes der Anfragen
Automatische Herstellung von Bibliographien	1970—1975	

50/50 liegt, im Jahre 1975 ungefähr 30/70 sein. (Vor zehn Jahren lag sie bei 70/30.)

2. Die Maschinen-Ausrüstung der Computer wird in jeder Hinsicht viel leistungsfähiger werden als in der Gegenwart der Fall ist: absolut betrachtet und relativ zu der Größe der Maschinen, zu ihren Kosten und zu der Fähigkeit der System-Entwerfer im Gebrauch ihrer Möglichkeiten.

Da die Leistungsfähigkeit der Maschinen-Ausrüstung nicht durch eine einzelne Maßzahl gekennzeichnet werden kann, müssen zumindest vier Aspekte in Betracht gezogen werden. Erstens wird bis 1975 eine radikale Verkleinerung der Bauteile durch neue Entwicklungen von dünnen Filmen und Molekularschaltungen erwartet, wodurch ziemlich leistungsfähige Maschinen in gewöhnlichen Büros bequem untergebracht werden können. Zweitens werden die Betriebsgeschwindigkeiten wachsen, und zwar wird Additionszeit um drei oder mehr Größenordnungen kleiner werden, Zugriffszeit zum Zentralspeicher auf etwa 6% der heutigen fallen und die Geschwindigkeit in den Leitungen beinahe elektronische Werte erreichen.

Drittens werden wesentliche Verbesserungen des Massenspeicherns von Daten erwartet: Magnetbänder mit Speicherdichte von 6000 Binärziffern pro Zentimeter; große Plattenspeicher mit Möglichkeit, mehrere Platten gleichzeitig zu lesen oder zu beschreiben; billige Magnetkarten, die Millionen von Binärziffern speichern können; photographische Speichermedien mit mehr als 150 000 Binärziffern pro Quadratzentimeter. Dadurch werden Speicher mit Fassungsvermögen von 1000 Mill. Binärzeichen im Jahre 1975 vermutlich wirtschaftlich interessant sein. Die Übertragung großer Datenmengen zwischen internen und externen Speichern wird mit hoher Geschwindigkeit auf Grund der sehr großen Speicher, der geringen Kosten und der hohen Schaltgeschwindigkeit möglich sein.

Letztlich wird die Verfügbarkeit billiger Schaltelemente den Maschinenherstellern erlauben, in den Datenverarbeitungsmaschinen wesentlich mehr Parallelismus einzuführen und mit beträchtlicher Redundanz Schaltungen und Bauteile einzubauen, wodurch die Zuverlässigkeit der kompletten Systeme stark gehoben werden kann. Der Nutzeffekt größerer Maschinenleistung hängt selbstverständlich von den Anwendungen ab. Zum Beispiel werden Simulationen und Experimente mit Modellen viel weniger Rechenzeit beanspruchen und gleichzeitig eine viel größere Anzahl von Variablen und Komplikationen einschließen können, als es heute möglich ist. Große Leistungskraft der Maschine bei niedrigeren Kosten wird es auch für weniger anspruchsvolle Benutzer wirtschaftlich machen, direkt mit einem Computer in Verbindung zu stehen.

3. Die Computer-Konstruktionen werden vielgestaltiger sein und das Baukastenprinzip enthalten, wodurch man viel größere Flexibilität in der Anordnung und Aufstellung von Rechenanlagen gewinnt.

Eine der wichtigen Folgen der beiden ersten Tendenzen besteht darin, daß die Maschinenhersteller eine viel größere Freiheit im Auslegen der Konfiguration der Computer haben. Dies wird tiefgreifende Wirkungen auf die Benutzungssysteme haben. Die Hersteller werden auch eine große Auswahl von Speichergrößen und Rechengeschwindigkeiten mit einer breiten Preisspanne anbieten können. Es werden jetzt Systeme mit kombinierten Rechenanlagen entwickelt, die aus einer Zahl einzelner Computer bestehen, von denen jeder ein unabhängiges Programm laufen lassen kann, die aber so miteinander verbunden sind, daß sie auch gemeinsam arbeiten können. Sie werden bei Anwendungen nützlich sein, die gelegentlich größere Einrichtungen brauchen als eine einzelne Maschine aufweist, oder in Fällen, in denen die übliche Arbeitsweise einzelne, getrennte Speicheranlagen erfordert. Obgleich ein wachsender Anteil der Arbeit, ein System kombinierter Rechenanlagen funktionsfähig zu halten, von der Maschinen-Ausrüstung geleistet werden wird, so ergeben sich doch bei den Benutzungssystemen ernste Schwierigkeiten, jedenfalls zumindest in den kommenden fünf Jahren.

4. Für die Verbindung von Mensch und Maschine werden 1975 leistungsfähige, anpassungsfähige und nicht teure Maschinen-Ausrüstungen und Benutzungstechniken zur Verfügung stehen.

Teils als Folge der bereits genannten Tendenzen und teils als Folge der wachsenden Erwartungen, die auf den Computer gesetzt werden, wollen viele neue Gruppen von Benutzern, die meist keine Programmierer sind, direkt mit einem Computer „on-line" verbunden sein. Dies wird mit Hilfe von Eingabegeräten, die optische Zeichen lesen können, und Anschlußgeräten, die bei den Benutzern stehen, möglich werden; ferner durch Eingabegeräte, die schneller und weniger normierten Druck lesen können, wobei sie viele Druckarten aufnehmen und mit einer Geschwindigkeit von 10 000 Zeichen pro Sekunde zuverlässig lesen; durch billige und flexible Bedienungsgeräte mit Tasten und durch individuelle Anschlüsse mit Bildschirmen, wobei eventuell auch Lichtstifte und Graphiken zur Eingabe benutzt werden können, durch Schnelldrucker, die mit Hilfe von Kathodenstrahlenröhren 3000 Zeilen pro Minute oder darüber zu erträglichem Preis ausdrucken können; durch an Computer angeschlossene Vervielfältigungssysteme, so daß nach

Bedarf mehrfache Exemplare ausgedruckt werden; durch Bildschirmdarstellungen mit größerer Trennschärfe, stärkerem Licht, kleineren Geräten und viel größerer Flexibilität.

Dementsprechend geht die Entwicklung von Benutzungssystemen in die Richtung, den Bedarf nach engerem Zusammenwirken von Mensch und Maschine durch flexiblere und leistungsfähigere Programmierungssprachen höherer Ordnungen und durch eine Vielzahl von Sprachen für Sonderzwecke zu befriedigen. Diese werden den Nichtprogrammierern erlauben, mit verschiedenen Bestandteilen von Rechenanlagen und sogar mit verschiedenen Computern mit Hilfe von Sprachen zusammenzuarbeiten, die dem Benutzer am geläufigsten sind.

5. Die Technik der Zeitverteilung („time sharing") wird sich dahin entwickeln, daß mehrere oder viele Computer mit (oder ohne) Einrichtungen für Rechenzeitverteilung miteinander durch das öffentliche Fernverbindungsnetz verbunden sind.

Der Ausbau von Computernetzen ist heute technisch möglich, aber er wird durch wirtschaftliche und verwaltungsmäßige Rücksichten aufgehalten. Jedoch darf man annehmen, daß bis 1975 „öffentliche Informationsnetze" verwirklicht werden, weil die Maschinenkosten fallen und der Bedarf nach sehr umfangreichen Informationshorten in zentralen Stellen besteht, die man von jedem entfernten Punkt aus benutzen kann.

6. Die Kosten der Datenverarbeitung werden im Vergleich mit den Kosten der Datenübermittlung durch das öffentliche Netz stark fallen.

Das öffentliche Informationsnetz wird aus einer Zahl gemeinsamer Informationshorte bestehen, die Teile eines verbreiteten Netzes von Rechenanlagen und Informationsspeichern sind. Die Gesamtkosten der Datenverarbeitung im Vergleich mit den Kosten der Übermittlungskanäle lassen es als ausgeschlossen erscheinen, daß eine einzige öffentliche Computer-Zentrale entsteht, deren Einrichtungen über Fernsprechleitungen benutzt werden. Einige Rechenanlagen werden sicherlich gemeinsam benutzt werden, aber die Benutzer werden 1975 im allgemeinen aus dem Ortsverkehrsbereich stammen. Es wird sich nur lohnen, entfernt liegende Informationsspeicher zu benutzen, wenn die gewünschten Informationen schnell vergänglicher Art sind.

Die sechs aufgeführten Entwicklungen sind für die Anfertigung des Schaubildes auf den Seiten 58—59 verwendet worden, welches die möglichen Fortschritte aufzeigt. Deshalb ist es interessant, dieses Schaubild mit demjenigen auf Seite 26 zu vergleichen, das Olaf Helmer mit Hilfe der Delphi-Technik angefertigt hat (siehe seinen Aufsatz auf

Seite 17). Diese Technik beruht darauf, übereinstimmende Meinungen eines Gremiums von Sachverständigen zu erhalten, im Gegensatz zu logischer Extrapolation, auf welche sich meine Voraussage gründet. Wie man sehen kann, sind viele Faktoren beiden Schaubildern gemeinsam, und beide geben nützliche, wenn auch grundsätzlich verschiedene, Hilfsmittel zur Untersuchung der Zukunft der Automation ab.

Vielleicht von noch größerem Interesse sind die Unterschiede zwischen den beiden Voraussagen. Helmers Voraussage stellt in einem gewissen Sinne eine Vermutung dar, während meine Voraussage darauf zielt, Beweise zu bringen. Mit Berücksichtigung möglicher Schwierigkeiten (siehe rechte Spalte) könnte man den Delphi-Prozeß noch einmal durchlaufen lassen, um verbesserte Resultate zu erhalten. Es ist selbstverständlich unmöglich zu behaupten, daß alles, was vorausgesagt wird, auch tatsächlich eintreten wird. Eine allgemeine Voraussage dieser Art kann jedoch dadurch von Nutzen sein, daß sie die Reichweite und die Grenzen des Möglichen voraussagt. Die von mir betrachteten Kräfte und die von ihnen geschaffenen Möglichkeiten zeigen eine solche Ausweitung des Bereichs der Automation an, daß Einflüsse zu erwarten sind, welche einige Teile der Gesellschaftsstruktur ändern können. Und wir dürfen nicht außer acht lassen, daß eine Anpassung an diese Wandlungen recht schwierig sein könnte, weil das Tempo des Wechsels heute größer ist als es früher war.

Von allen Fragen, die aufgeworfen werden, stehen drei im Brennpunkt des öffentlichen Interesses: wird die Automation „alles beherrschen"; wird weitgehende Automation das zerstören, was wir gewöhnlich als die „Privatsphäre des Einzelnen" bezeichnen; und letztlich, wird weitgehende Automation schwere Arbeitslosigkeit mit sich bringen?

Die erste Frage entsteht aus einem allgemeinen Angstgefühl und ist folglich schlecht formuliert. Sie will im Grunde das äußerst komplizierte Phänomen der „Verschiebung" des Menschen gegenüber seinem bisherigen Weltbild ausdrücken. Jeder größere Wechsel von Inhalt und Gestaltung des Wissens bewirkt eine solche philosophische Verschiebung. Wir müssen uns vor Augen führen, daß die vollen Auswirkungen der Automation, wie wir sie jetzt zu verstehen beginnen, eine Verschiebung mit sich bringen könnten, die mit der Umwälzung durch Darwin verglichen werden kann.

Die Frage der Privatsphäre ist auch von Wichtigkeit. Sie ist gewissermaßen eine Wiederholung der vorhergenannten Sorge in bezug auf Verschiebung innerhalb der politischen Struktur: sie fragt, ob Kräfte in bestehenden Machtpositionen mit Hilfe von Automation „alles übernehmen" werden. Im Grunde handelt es sich um Archiv-Technik, nämlich um die verbilligten Kosten der Führung von Personal-

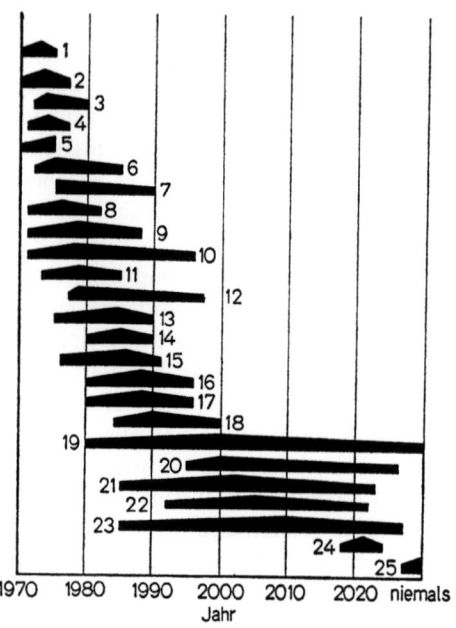

Abb. 11
Der technische Fortschritt in der Automation ist von Forschern der RAND Corporation auf Grund von Voraussagen eines Gremiums von Sachverständigen mit Benutzung der Delphi-Methode untersucht worden. Die Länge jedes Balkens zeigt die verschiedenen Schätzungen der „mittleren Hälfte" des Gremiums an. Ein Viertel der geschätzten Daten — das „untere Quartil" — lagen vor Beginn des Balkens und ein Viertel — das „obere Quartil" — hinter dem Ende des Balkens. Jeder Balken hat eine Spitze, welche das mittlere der geschätzten Daten — den „Median" — bezeichnet

1. Verzehnfachung der Kapitalinvestitionen für Computer, die für automatisierte Produktionssteuerung eingesetzt werden
2. Luftverkehrsregelung — dauernde und voraussagende Überwachung aller Flugzeuge
3. Direktverbindung von Läden und Banken, um Kundenkredit zu prüfen und die Käufe zu verbuchen
4. Weitverbreitete Verwendung einfacher Lehrmaschinen
5. Automation von Büroarbeit und -diensten, die 25% des jetzigen Personals einsparen wird
6. Bildung wird zur anerkannten Freizeitbeschäftigung
7. Weitverbreitete Verwendung viel leistender Lehrmaschinen
8. Automatische Bibliotheken, welche nachschlagen und ausdrucken
9. Automatisches Nachschlagen juristischer Information
10. Automatische Übersetzung von Sprachen — richtige Grammatik
11. Automatisierter Großstadtverkehr
12. Weitverbreitete Verwendung automatisierter Entscheidungen bei Planungen auf Direktorebene
13. Elektronische Prothesen (Radar für Blinde, künstliche Glieder mit gesteuerten Mechanismen)
14. Automatische Auswertung medizinischer Symptome

15. Errichtung von Produktionsstätten für Computer mit Motivation durch „Erziehung"
16. Weitverbreitete Benutzung von Roboter-Diensten
17. Weitverbreitete Verwendung von Computern für Steuererhebungen
18. Existenz einer Maschine, die gewöhnliche Intelligenztests „versteht" und dabei über 150 Punkte erreicht
19. Entwicklung einer Universalsprache vom automatisierten Nachrichtenverkehr
20. Automatisiertes Wählen im Sinne von Gesetzgebung mit Hilfe von automatisierten Referenden
21. Automatisierte Autostraßen und Automobile mit automatischer Lenkung
22. Durch Fernsteuerung im Hause gedruckte Zeitungen und Zeitschriften
23. Direktes elektro-mechanisches Zusammenwirken von Mensch und Maschine
24. Internationale Verträge, welche der Weltbevölkerung bestimmte wirtschaftliche Minima garantieren, als Ergebnis der hohen Produktion auf Grund von Automation
25. Zentralisierte Überwachung durch Abhören von Fernmeldeverbindungen (möglicherweise durch Stichproben)

akten, wie sie sich bei Zentralisierung solcher Informationen in großen Datenspeichern der Behörden ergeben. Damit würde die Möglichkeit geschaffen, daß Angaben, die heute als privat angesehen werden (wie Einkommen, Ausgaben, Werdegang und Berufsleben des Einzelnen), öffentlich „gespeichert" werden und folglich den Behörden in stärkerem Maße zur Verfügung stehen, als wir heute zu dulden bereit sind.

Dies stellt uns auf technischer Ebene interessante Aufgaben: erstens wie Privatleben und -sicherheit garantiert werden können und zweitens wie die notwendigen Einrichtungen zur Identifizierung so gestaltet werden können, daß der Zugriff auf diejenigen beschränkt wird, welche ein Recht auf die Informationen haben, und auch dann nur zu Zeiten und Gelegenheiten, wo sie diese Informationen wirklich brauchen. Auf diesem Gebiet ist kein besonderer technischer Fortschritt erzielt worden und zwar hauptsächlich deswegen, weil erst gesellschaftliche Normen geschaffen und klargelegt werden müssen, ehe technische Probleme gelöst werden können. Die Arbeit in Richtung einer solchen Klärung hat kaum begonnen. Wir wissen noch nicht, welche Eigenheiten der Privatheit gesellschaftlichen Wert besitzen und erhalten bleiben müssen. Wir können noch nicht genau unterscheiden, welche Art von Angaben dem Zugriff unbedingt entzogen werden müssen und welche Art nicht so streng geschützt werden braucht. Wir verstehen die komplizierten rechtlichen, juristischen und letztlich verfassungsmäßigen Belange nicht vollständig, welche damit im Zusammenhang stehen.

Das dritte Problem — das der Beschäftigung oder Arbeitslosigkeit — hatte als erstes die Aufmerksamkeit der Sachverständigen erregt, sobald kybernetische Regelung in der Fabrikation als klare Möglichkeit auftauchte. Die klassische Analyse dieses Problems stammt von

Professor Herbert Simon aus dem Jahre 1965 und ist in seinem Buch „The Shape of Automation" dargestellt. Seiner Schlußfolgerung, daß die Automation nicht zu schwerer Arbeitslosigkeit führen wird, ist durch nichts ernstlich widersprochen worden, das seither geschehen ist. Ebensowenig hat bislang die Automation (jedenfalls in den Vereinigten Staaten) zu erstaunlicher Steigerung der Produktivität geführt, außer vielleicht in der Landwirtschaft.

Einiges Unbehagen bleibt jedoch bestehen, wahrscheinlich weil wir fühlen, daß die Automation bis heute noch nicht den vollen, erwarteten Schwung erreicht hat. Wenn das dann, vermutlich nach 1975, eintritt, wird ihr Einfluß auf Art und Gestalt der menschlichen Arbeit steigend bemerkbar werden. Zweifelsohne werden schließlich die bestehenden Grundlagen des Wirtschaftssystems unter diesem Einfluß neu durchdacht werden müssen, und als Folge wird eine Umstrukturierung oder Neuauffassung unserer gesellschaftlichen Bedingungen, wie Herstellung, Verbrauch, Einkommensverteilung, Arbeit und Freizeit, stattfinden müssen. Wenn wir weit genug in die Zukunft schauen, wird klar, daß die herkömmliche Verbindung zwischen Arbeit und Einkommen, auf welcher unser jetziges System beruht, bei Anwendung von Automation im großen Maßstabe nicht aufrecht erhalten werden kann. In einer Wirtschaft mit hoher und automatischer Produktivität kann die Einkommensverteilung selbstverständlich nicht unseren heutigen Marktkräften überlassen werden, so daß nun gesellschaftliche Kriterien für deren Regelung erfunden werden müssen. Dies führt zu einer wichtigen und tiefgreifenden Voraussage: damit die Automation zur Reife kommen und voll in die menschliche Welt integriert werden kann, ist ein völlig neues System der Ethik notwendig, das dem Einzelnen erlaubt, sich den vielfältigen Verschiebungen anzupassen, denen er bald begegnen wird.

Das Fernmeldewesen

John R. Pierce

Vernünftige Planung ist für jedes Unternehmen im Fernmeldegebiet unentbehrlich, jedoch sind langfristige Voraussagen bekanntlich schwer zu machen. Der Verfasser, der eine führende Stellung in der Forschung der Bell Telephone Laboratories einnimmt, umreißt hier seine eigene Einstellung zur Zukunft, welche an „technologische Bereitschaft" gebunden ist.

Kein vernünftiger Mensch würde heutzutage die Führung einer Regierung, eines Geschäftes oder seines eigenen Lebens ohne zweckmäßiges Planen in Angriff nehmen. Vorausschau und Planung sind notwendige und zugleich wertvolle Bestandteile unseres Lebens geworden.

Dennoch zeigt die Geschichte, daß Planung mit Fehlern behaftet ist. Die heutige Welt und ihre Probleme sind Ergebnisse von Entdeckung und Erfindung. Unser Leben unterscheidet sich von dem Leben vor einem Jahrhundert auf Grund des energischen und erfolgreichen Vorantreibens radikaler und wahrscheinlich unvorhersehbarer Fortschritte in der wissenschaftlich betriebenen Landwirtschaft, die einen großen Teil der Bevölkerung von der Arbeit auf dem Felde befreit hat, und auf Grund der ebenso energischen Ausnützung von Erfindungen und Neuerungen wie dem Automobil, dem Flugzeug, Elektrizitätskraft, Telefon und Fernsehen. Wie hätten Menschen vor einem Jahrhundert für die

---

Dr. John R. Pierce ist Executive Director, Research, Communications Sciences Division der Bell Telephone Laboratories mit Verantwortung für Forschungsgebiete wie Radio, Elektronik, Akustik und sichtbare Darstellung, Mathematik und Psychologie.

heutige Welt vorausplanen können? Es gehörte mehr als Planung dazu, um den Zustand zu schaffen, in welchem wir uns befinden.

So hängt das, was ich behandeln und veranschaulichen möchte, nur teilweise von der Bedeutung und Fehlerhaftigkeit der Planung ab. Noch stärker möchte ich die Wichtigkeit der technologischen Vorbereitung betonen. Darunter verstehe ich ein fähiges Management und das Vorhandensein von Einrichtungen für Forschung, Entwicklung und Herstellung, welche nicht nur ermöglichen, Neues und Wünschenswertes in unsere Gesellschaft einzuführen, sondern auch schnell und wirksam auf die Einführung solcher Neuigkeiten zu reagieren. Auf diese Weise können schnelle Neugestaltung und schnelles Wachstum zu einem Preise gefördert werden, der für Gesellschaft und Industrie tragbar ist.

Eine vollständig geplante Gesellschaft wäre sicher möglich, indem man entweder alle Innovationen ausschließt oder diese dem Tempo rationaler Planung anpaßt. Unsere Gesellschaft mit all ihrer Fehlerhaftigkeit ist eher das Ergebnis einer Bereitschaft zu Entdeckungen und Neuerungen als das Resultat von Planung. Trotz der vielen Fehler unserer Gesellschaft gibt es wenig Grund zu glauben, daß sie fortgeschrittener wäre, wenn man die Zukunft eher planend als forschend und erfindend gestaltet hätte.

Bei einem Rückblick scheint regelmäßiges Wachstum die Planung zu empfehlen. So wird in uns beinahe der Glauben geweckt, daß man mit Hilfe von Extrapolationen planen könne. Wenn wir z. B. auf logarithmischem Papier das Anwachsen der Bevölkerung, der Anzahl der Telefonapparate oder des Bruttovolkseinkommens aufzeichnen, erhalten wir meistens fast gerade Linien. So ein Schaubild zeigt, daß es Irrsinn wäre, nicht die technischen Mittel und das Kapital bereitzustellen, die nötig sind, um den herkömmlichen Telefondienst entsprechend der angezeigten Wachstumsrate zu erweitern. Wenn genügend Kapital oder ausreichende Produktionsmittel fehlen, würde dies unbefriedigte Nachfrage nach Telefonanschlüssen zur Folge haben. Damit würde zwangsläufig der Fortschritt verlangsamt, weil die Leute zum Teil auf andere Verständigungsmittel zurückgreifen müßten.

Wenn wir das Wachstum während eines längeren Zeitabschnittes und in den Einzelheiten genauer betrachten, zeigen sich Abweichungen von der exponentiellen Zuwachsrate. Zum Beispiel zeigte die Anzahl der Telefone in den Vereinigten Staaten nach dem Jahre 1931 eine entschiedene Abnahme, was der Depression zugeschrieben werden kann. Es gab auch eine kleinere Abweichung um 1945, die im Zusammenhang mit dem Zweiten Weltkrieg stehen muß. Beim Planen muß

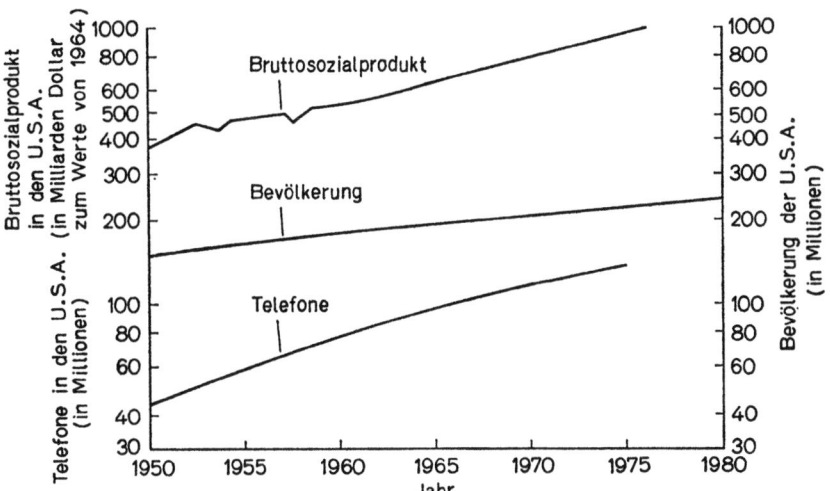

Abb. 12
Wenn die Steigerungen des Bruttosozialproduktes, der Bevölkerung und der Anzahl der Telefone auf halblogarithmischem Koordinatenpapier gegenüber dem Zeitablauf aufgezeichnet werden, zeigt sich ihr exponentielles Anwachsen durch fast gerade Linien. Darauf beruhende Extrapolationen geben Hinweise auf die Haupttendenzen, verdecken aber kleinere Abweichungen

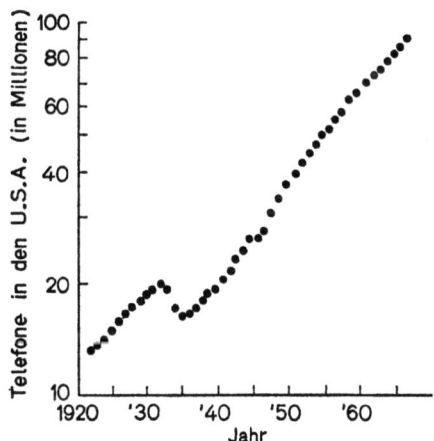

Abb. 13
Kleinere Abweichungen im Anwachsen der Anzahl der Telefone in den Vereinigten Staaten ergaben sich im Anschluß an die Jahre 1931 und 1945. Das erste stand im Zusammenhang mit der Wirtschaftskrise, das zweite mit dem Zweiten Weltkrieg. Es ist selbstverständlich äußerst schwer, solche Fluktuationen vorauszusagen, die auf wirtschaftlichen Umständen und politischen Umwälzungen beruhen

man folglich, so gut es geht, wirtschaftliche Umstände und größere politische Umwälzungen mit in Betracht ziehen.

Das allmähliche Anwachsen der Anzahl der Telefone ist die Auswirkung vieler Faktoren und vieler Verwendungsarten. Zum Beispiel stieg die Zahl der Telefongespräche nach Übersee in der letzten Zeit jährlich um etwa 17%. Inlandsferngespräche haben in derselben Zeit jährlich um etwa 14% zugenommen. Aber der gesamte Telefonverkehr wies im Jahre 1962 eine plötzliche, wenn auch kleine, Zunahme auf (siehe Abb. 14 auf S. 65). Dieser Sprung von 1962 war die Folge der Einführung des Telefondienstes zu Einheitstarif in Großgebieten (WATS = wide area telephone service) und des mit Wählscheibe betriebenen Fernschreibdienstes über Telefonleitungen (DTWX = dialled teletypewriter service). Diese Dienste haben offenbar eine Zunahme der Gespräche bisheriger Art gebracht, aber sie scheinen die Zuwachsrate nicht merklich verändert zu haben. Sie haben nur eine geringe Vermehrung des gesamten Fernmeldeverkehrs gebracht, wahrscheinlich deshalb, weil sie nur die Verwendung einer bereits bestehenden Fernmeldeart ausweiten. Viel tiefergreifende Wirkungen treten bei Ausbreitung eines neuartigen Dienstes, z. B. des Fernsehens, auf.

Das Wachstum des Fernsehen spiegelt sich in der Zunahme der Leitungen wider, welche der öffentliche Fernmeldedienst zur Verfügung stellt. Die Kilometerzahl der für Fernsehübertragungen benutzten Leitungen stieg von fast Null im Jahre 1947 bis annähernd zur Sättigung im Jahre 1954, wonach sie zu einer jährlichen Zuwachsrate von 10 bis 15% zurückkehrte. Die anfängliche Wachstumsperiode entspricht dem Anwachsen des durch Rundfunk verbreiteten Fernsehens. Was sollen wir von der geringen Zunahme seit 1954 halten?

Diese Zunahme ist in einem Sinne illusorisch, weil sie hauptsächlich aus Leitungen besteht, die nur während kurzer Zeitspannen benutzt werden. Sie entspringt weniger dem Anwachsen des Rundfunk-Fernsehens als der kurzfristigen Benutzung von Telefonleitungen zur Übertragung besonderer Ereignisse. Sollen wir nun glauben, daß die Zunahme von nun an gering sein wird? Im Gegenteil, wir könnten einen plötzlichen Auftrieb im Wachstum gewärtigen. Mehrere Umstände könnten das veranlassen. Einer wäre vermehrte Verwendung des Fernsehens für industrielle Zwecke und für den Lehrbetrieb in Hochschulen und Schulen. Eine andere Möglichkeit wäre die Ausweitung des Rundfunk-Fernsehens durch Programme von öffentlichem Interesse, die auf neuartigem Weg finanziert werden könnten. Drittens könnten Fernsehprogramme über Ultrakurzwellenleitungen gesendet werden, die jetzt in Betrieb kommen. Eine vierte Möglichkeit der Zunahme wird durch die Ausbreitung des Fernsehens über Gemeinschaftsantennen erschlossen, welche in vielen Gebieten die Verwendung einer größeren Anzahl von Kanälen erlaubt als das Rundfunk-Fernsehen, da beim letzteren die Zuweisung von störungsfreien Kanälen deren Anzahl vielerorts beschränkt.

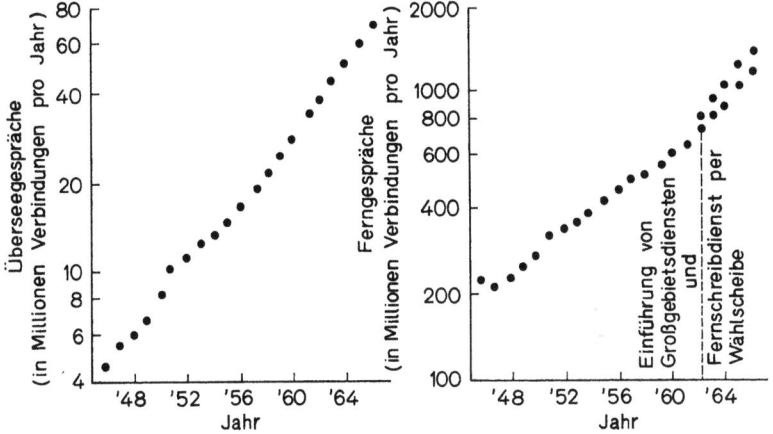

Abb. 14
Der Telefonverkehr in den Vereinigten Staaten ist seit Ende des Zweiten Weltkrieges exponentiell angewachsen. Überseegespräche (links) haben jährlich um 17%, alle Ferngespräche um 14% zugenommen. Die oberen Punkte nach 1962 im rechten Diagramm zeigen die Wirkungen des Telefondienstes zu Einheitstarif in Großgebieten und des mit Wählscheibe betriebenen Fernschreibdienstes über Telefonleitungen. Die unteren Punkte zeigen nur die bisherigen Dienste an. Die neuen Dienste scheinen einen Zusatz zur Benutzung von Telefonen gebracht zu haben, ohne aber die Zuwachsrate zu verändern

Die Stetigkeit im Anwachsen des Telefonwesens hat ebensoviel mit technischer Bereitschaft zu tun wie mit Planung. 1939 wurde das erste System mit Koaxialkabeln kommerziell in Betrieb genommen, welches das Anfangsglied des amerikanischen öffentlichen Fernmeldenetzes mit für das Fernsehen ausreichender Bandweite ist. Die Entwicklung dieses Systems war durch die Anforderungen des Telefondienstes durchaus gerechtfertigt, aber ich bin davon überzeugt, daß vorausschauende Menschen in führenden Stellungen dessen Anwendbarkeit für das Fernsehen erkannt hatten. Tatsächlich konnte es nicht nur angewendet werden, vielmehr ermöglichte es im Zeitraum bis 1950 außerdem Verbindungen von Fernsehstationen miteinander, bis dann Breitband-Mikrowellensysteme erstmalig in das öffentliche Netz eingeführt wurden.

Wiederum war die Entwicklung des TD-2-Mikrowellensystems durch den Telegrafenverkehr gerechtfertigt. Heute werden etwa 60% der bezahlten Fernverbindungen von Mikrowellensystemen bewerkstelligt. Nichtsdestoweniger war vorausgesehen worden, daß dieses System dazu brauchbar ist, den Bedarf des Fernsehens an Zwischenverbindungen und Netzen zu befriedigen. Dafür ist es besonders geeignet, weil die Einrichtungskosten eines Mikrowellensystems geringer sind als die eines Kabelsystems und weil der Einbau weniger kompliziert ist.

Während Klugheit die Menschen in die Lage versetzt hat vorauszusehen, daß ein Koaxialkabelsystem und ein Mikrowellen-Radiorelaissystem für das Fernsehen nützlich und sogar wesentlich sein würde, so glaube ich nicht, daß Klugheit oder alles Planen der Welt jemandem erlaubt hätte anzugeben, bei welchem Stand sich die Zahl der Fernsehkanäle einigermaßen stabilisieren würde und welche Zuwachsrate hernach bestehen würde. Das, was für die erfolgreiche Entwicklung von Zwischenverbindungen und Netzen für das Fernsehen notwendig war, bestand in ausreichenden technischen Mitteln, um einen vorhergesehenen Bedarf decken zu können, in ausreichendem Kapital, um den Bedarf dann decken zu können, als er eingetreten war, und in genügend schnellem technologischem Reagieren in der Fabrikation und Installation.

Wenn wir noch weiter hinter die Kulissen schauen, finden wir, daß allerlei erstaunlich schnelle Änderungen im exponentiellen Wachstum des Fernmeldewesens eingebettet sind. Zum Beispiel wurde ein bestimmtes Trägersystem, das einen äußerst nützlichen Teil von Telefonanlagen bildet, 1950 erst als eine wertvolle Neuerung angesehen. 1960 war seine Jahresproduktion entgegen den Erwartungen sehr groß, und im Jahre 1965 war das System schon auf dem besten Wege zum Erlöschen.

Ein so schneller technischer Wandel hat nicht nur kurzfristigen Einfluß auf die Fernmeldeanlagen; er hat einen langfristigen Einfluß auf das Wachstum des Fernsprechwesens. Wachsender Verkehr verlangte Vermehrung der Telefondienste. Die neuen und immer neueren Hilfsmittel, die benutzt wurden um weitere Telefonverbindungen zu schaffen — Kabel, Trägersysteme auf Kabel, Koaxialkabel mit schnell wachsender Kapazität und Mikrowellenradio mit schnell wachsender Kapazität — verbilligten die Telefonverbindungen. Dies wiederum vergrößerte die Nachfrage nach Ferngesprächen und erlaubte weitere Kostensenkung auf Grund der Wirtschaftlichkeit großen Umsatzes. Und der Fortschritt, der für die Erweiterung des Telefondienstes verantwortlich war, brachte die Systeme für Breitbandübertragung hervor, welche Fernsehübertragung und schnelle Datenübertragung möglich gemacht haben.

Selbst wenn die exponentiellen Zuwachsraten für bestehende Dienste träge sind im Vergleich mit derjenigen Rate, mit welcher technische Neuerungen die innere Gestaltung der Fernmeldeanlagen verändern, können sich doch tiefgreifende Konsequenzen für unsere Gesellschaft daraus ergeben, daß diese Zuwachsraten bestehen und Vergrößerungen der Anlagen verlangen. Wir leben in einer vom Menschen geformten Welt, in welcher unsere Umwelt zunehmend das Erzeugnis von Wissenschaft und Technik wird. Wenn ein Gebiet der Wissenschaft oder Technik dem Menschen nützlich und wirtschaftlich dient, insofern wird es sich ausbreiten, wie wir es bei der Entwicklung des Flugreiseverkehrs, des Autoverkehrs, von Fernsehen und Telefon beobachtet haben. Wenn ein Gebiet der Technik in seinem Bemühen, dem Menschen gute Dienste zu leisten, versagt, entweder mangels Planung oder mangels Bereitschaft dazu, Kapital, Forschung, Entwicklung und Herstellung in ausreichenden Massen zur Verfügung zu stellen, dann wird dieses Gebiet unseres Lebens in Verruf und Verfall geraten; unsere Gesellschaft wird einen anderen Weg beschreiten.

Ich möchte mich jetzt der Frage der technologischen Bereitschaft zuwenden, welche, wie ich glaube, auf die Art des uns aufgegebenen Planens und in den Platz, den das Fernmeldewesen als Teil des menschlichen Lebens der Zukunft einnehmen wird, zurückwirken muß. Es ist wichtig, hier zwei ganz verschiedene Bereiche von Nachrichtenübermittlung zu betrachten: die Massensendung, wofür das Fernsehen ein typisches Beispiel ist, und die Einzelverbindung, wofür das Telefongespräch typisch ist.

Wenn sich die technologische Bereitschaft hebt, entsteht eine eindeutige Tendenz, einerseits Massensendungen dadurch persönlicher zu gestalten, daß sie immer kleinere und noch kleinere Ausschnitte der Menge versorgt, anderseits die Einzelverbindung durch Koppelung zwischen stets größer werdenden Gruppen zu verallgemeinern. Diese Tendenz stellt eine Herausforderung an beide Bereiche dar. Trotzdem ist die Stilverschiedenheit zwischen Massensendung und Einzelverbindung noch groß.

Es ist auch wichtig, eine Reihe von technischen Neuerungen zu betrachten, die bereits oder bald zur Verfügung stehen, aber bisher weder vollgültige Anwendung in den Bereichen der Massensendung noch der Einzelverbindung gefunden haben. Zu diesen Neuerungen gehören erstaunliche Erweiterungen in der Festkörpertechnik, die mit dem Transistor begonnen hat, und besonders Neuerungen von zwei Arten — Erweiterung des Nutzungsbereiches auf höhere Frequenzen und die Herstellung vieler elektronischer Bauelemente, die, auf einem Siliziumsplitter miteinander verbunden, einen Schaltkreis bilden, und dies zu Kosten und mit der Zuverlässigkeit eines einzigen Transistors.

Die Neuerungen schließen auch die Möglichkeit ein, Hunderte von Fernsehkanälen und Hunderttausende von Telefonkanälen mittels Millimeterwellenübertragung durch Hohlleiter zu schaffen, ferner die Erweiterung der Radiosendungen mittels Mikrowellen auf Frequenzbereiche oberhalb von 10 GHz (Wellenlängen unterhalb von 3 cm), die Ausdehnung vom Mikrowellenradio auf Sendungen über Satelliten, und letztlich die Möglichkeit, den einheitlich ausgerichteten Laser-Strahl zur Schaffung von Verbindungskanälen großer Kapazität zu verwenden. Welchen Einfluß werden diese technischen Fortschritte wohl auf die Gesellschaft ausüben?

Als erstes wollen wir die Massensendung betrachten. Ein Fortschritt, den technische Verbesserungen in diesen Bereich bringen werden, liegt in etwas vergrößerter Vielseitigkeit. In der Nähe einiger großer Städte wie New York oder Los Angeles gibt es etwa ein Dutzend Fernsehkanäle, und das bringt die Auswahlmöglichkeit mit sich. Aber es bestehen nicht genügend viele Fernsehkanäle, um in jeder amerikanischen

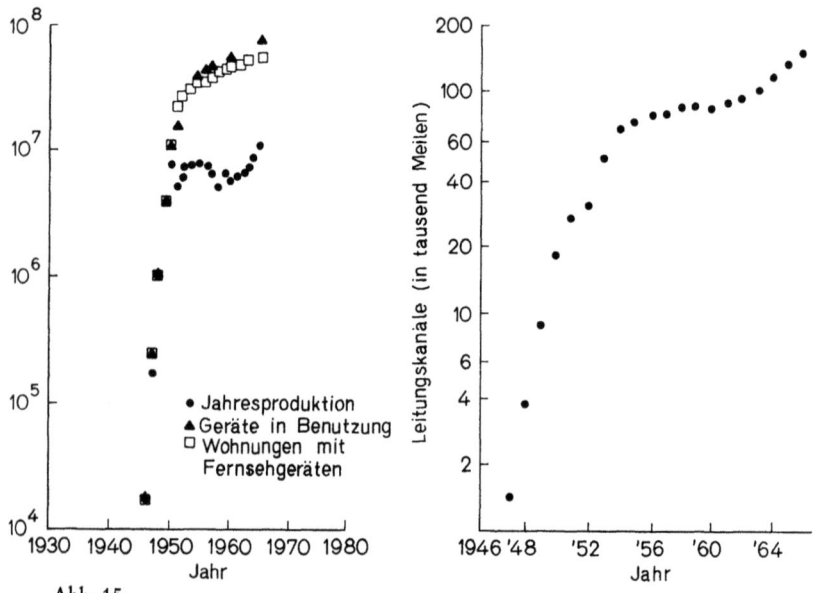

Abb. 15

Die Zunahme des Fernsehens in den Vereinigten Staaten folgte nicht dem exponentiellen Gesetz; besonders die Jahresproduktion von Fernsehgeräten zeigte nach einer Periode sehr schnellen Wachstums eine Reihe von Schwankungen. Das Wachstum im Fernsehen spiegelt sich in der Anzahl der verfügbaren Leitungs-Kanäle. Die langsame Wachstumsrate seit 1954 wird jedoch kaum von Dauer sein. Ein neuer Wachstumsruck ist durch stärkere Verwendung von Fernsehen in Industrie und Schule, durch Einführung von Ultrahochfrequenzkanälen, durch partizipatorische Sendungen über Öffentlichkeitsfragen und durch Gemeinschaftsantennen zu erwarten

Stadt ein Dutzend zur Verfügung zu haben. Und wenn man sie hätte, würde das sowieso zu gegenseitigen Störungen führen.

Einige Amerikaner hatten unverhofft eine sehr gute Idee ohne sie anfangs recht zu begreifen. Sie entsprang dem Umstand, daß Städte in Tälern und hinter Hügeln keine Fernsehprogramme empfangen können. Örtliche Stationen fingen an, große Antennen auf die Spitzen nahegelegener Hügel zu setzen, die empfangenen Fernsehsignale zu verstärken und durch Kabel in die Städte zu leiten. Manchmal mieteten sie die Leitungen für die Verteilung vom Fernmeldenetz, manchmal legten sie sie selbst. Sie fanden heraus, daß Leute bereit sind, einige Dollar monatlich für guten klaren Empfang von Fernsehsendungen nahegelegener Sender zu zahlen [1]. Und damit verdienten solche Unternehmen für Fernsehen mit Gemeinschaftsantennen Geld (CATV = Community Antenna Television).

Auf diese Weise entstand CATV. Es ging aber weiter. Die mit CATV arbeitenden Leute fanden, daß mit großen Antennen auch Fernsehsendungen von entfernten Sendern empfangen werden können, und sie waren somit in der Lage, den Kunden Programme aus verschiedenen Städten zu liefern. Und weil die CATV-Kabel etwa ein Dutzend Programme führen können — in der Zukunft auch noch mehr — blieben gelegentlich einige Kanäle ungenutzt. Diese sind eigentlich schon von den anderen Kanälen mitbezahlt und so konnte man sie billig für Programme der Umgegend benutzen, die nur von örtlicher Bedeutung sind, z. B. für Lokalnachrichten und die Wettervorhersage.

Ich halte die Verbreitung von Sendungen über Drahtleitungen für die einzig richtige Weise um eine Vielzahl von Programmen in kleine, ebenso wie in große Städte zu leiten. Und damit können billige Kanäle für Ortsgebrauch wie für die nationalen Netze geschaffen werden. Die einzige andere vorhersehbare Alternative für die Schaffung größerer Vielseitigkeit liegt in der Verwendung von Nachrichtensatelliten. Das könnte einen tiefgreifenden Einfluß in den Entwicklungsländern haben, wo es wenige oder gar keine Fernsehstationen und -netze gibt. Aber ich erwarte davon keine umwälzende Wirkung in hochentwickelten Gebieten wie Nordamerika oder Westeuropa.

Zusätzliche CATV-Kanäle könnten weitere Vorteile bringen. Ein Kanal könnte über Nacht alle Zeitungen des Landes ins Haus liefern, wenn dort Geräte zum Aufzeichnen vorhanden wären. Das ist heute noch nicht durchführbar. Papier wäre ein ungeeignetes Mittel dafür, aber möglicherweise könnten Zeitungen auf Mikrofilm oder Magnetband aufgenommen werden. Sie könnten dann auf einem Bildschirm wie dem des Fernsehgeräts wiedergegeben werden, oder das Empfangs-

---
[1] In den USA sind Funk- und Fernsehsendungen gebührenfrei.

gerät könnte so eingestellt werden, daß es nur die gewünschten Zeitungen festhält. Solche Verfahren brauchen noch beträchtliche Weiterentwicklung um wirtschaftlich zu werden. Sie erfordern Erfindungen, Neuerungen und technologische Bereitschaft.

Bislang habe ich nur von elektrischen Massensendungen gesprochen — von elektrisch geleiteten Sendungen von Wenigen an Viele. Ich erwarte, daß diese sich durch Verbreitung über Drahtleitungen vermehren und möglicherweise Speichermittel wie Papier oder Magnetbänder einbeziehen werden. Aber wie steht es mit anderen Arten von Nachrichtensendungen?

Eine um sich greifende Entwicklung ist der Nachrichtenverkehr im geschlossenen Kreise mittels Privatleitungen. Dazu gehört das Fernsehen zur Überwachung industrieller Arbeitsabläufe wie z. B. des Verlegens von Kabeln auf dem Meeresgrunde. Es schließt auch Fernsehverbindungen zwischen Klassenzimmern oder Räumen in Krankenhäusern ein. Es wird an Bedeutung gewinnen, aber auf die Dauer keinen so großen Einfluß haben wie es beim Telefon und dem Fernsehapparat im Wohnzimmer der Fall gewesen ist. Von zunehmender Wichtigkeit jedoch werden firmeneigene Nachrichtennetze sein, die häufig aus vom öffentlichen Netz gemieteten Leitungen und Schalteinrichtungen bestehen dürften.

Wesentliche Verbesserungen wird die Technik der integrierten Schaltungen ermöglichen. Diese werden bereits im Laboratorium, aber noch nicht im Hause oder Büro benutzt. Wenn sie jedoch einmal in weit größeren Mengen im Handel zur Verfügung stehen, dann wird man so komplizierte Geräte wie kleine elektronische Rechner im Telefonapparat, im Auto und selbst in der Tasche unterbringen können. Sie werden nicht teuer sein, wenig Energie verbrauchen, jahrzehntelang halten, und wenn sie einmal kaputt sind, wird man sie wegwerfen statt sie zu reparieren.

Welche Fortschritte stellen solche Geräte in Aussicht? Wenn genügend viele Radiofrequenzen bereit stehen, könnte es dazu kommen, daß man in jedem Auto und vielleicht sogar in der Tasche ein Telefon hat. Aber auch das Telefon wird über seine bisherigen Funktionen hinauswachsen, sei es im Büro, im Haus oder im Auto. Eine besondere Leistung werden Telefonleitungen immer stärker vollbringen, nämlich uns mit elektronischen Rechenanlagen zu verbinden.

Diese Tendenz zeigt sich jetzt schon. Ein Büroangestellter kann den Stand von Flugbuchungen oder Bankkonten durch direkte Anfrage an eine Rechenanlage feststellen. Und wenn er nach einem Börsenkurs fragt, kann es sein, daß der Rechner telefonisch mit Stimmwiedergabe antwortet. Der Angestellte befragt den Rechner, indem er dieselben

„Berührungston"-Griffe benutzt, die er beim Wählen einer Telefonnummer benutzt. Die Impulse, die von einer Wählscheibe ausgehen, führen nur bis zur Telefonzentrale, aber die „Berührungston"-Signale können über eine andere Leitung so geführt werden, daß sie einen elektronischen Rechner bedienen.

Diese Verwendungsart von Rechenanlagen wird sicherlich weiter um sich greifen, und zwar anfangs auf das Geschäftsleben und schließlich auch auf das Heim. Anstatt zu versuchen, beschränkte Auskunft von einer Person zu erhalten — z. B. von einem Hotelportier oder Fremdenführer — werden wir einfach durch Abfrage eines Rechners Meldungen über Hotelunterkunft, Wettervorhersage für jedes gewünschte Gebiet, Restaurants, Sportgelegenheiten und viele andere Punkte erhalten können.

Einiges davon könnte mit Hilfe der „Berührungston"-Griffe und Antwort mit Stimmwiedergabe bewerkstelligt werden. Aber anderes verlangt eine volle Tastatur und sichtbare Darstellung von Schriftsatz. Die Mikroelektronik stellt deren Beschaffung zu tragbaren Kosten in Aussicht. Sie werden im Geschäftsleben und endlich auch im Heim Verwendung finden.

Mit einer solchen Ausrüstung hätte man Zugriff zu Büchern und allen Arten von anderen Aufzeichnungen in einem Umfang und mit einer Leichtigkeit, welche die Benutzung gewöhnlicher Bibliotheken und Enzyklopädien übertreffen würden. Im Geschäftsleben könnte noch viel mehr damit geleistet werden. Der von einer Sekretärin mit der Maschine geschriebene Text könnte gespeichert und ausgedruckt werden, so daß sie einige Verbesserungen machen kann und die Reinschrift ausgedruckt erhält, ohne das ganze noch einmal abschreiben zu müssen. In Schulen könnten Schüler im Austausch mit einem Lehrprogramm der Rechenanlage stehen, wie es jetzt schon in einigen Universitäten gemacht wird. In der Zukunft werden solche Programme in das Haus geliefert.

Für alle diese Zwecke werden einfache Bedienungsgeräte benutzt, welche die Mikroelektronik in weitem Umfang bereitstellen wird. Sie wird aber auch das Telefon mit Fernsehen einrichten. Das Bell System in den Vereinigten Staaten arbeitet in dieser Richtung mit einem „Schau-während-du-sprichst"-Dienst unter der Bezeichnung PICTUREPHONE. Ich habe ein Gerät frühen Musters in meinem Büro. Es verbindet mich mit etwa 30 Leuten in Murray Hill, New Jersey, wo ich arbeite, und in Holmdel in ungefähr 50 km Entfernung. Dieser Dienst wird in den Handel kommen, wenn die Entwicklungsprobleme gelöst sind.

Für alle Fernseh-Telefonsysteme sind integrierte Schaltungen und ferner Verbindungsglieder sehr großer Kapazität unbedingt notwendig.

Abb. 16
Zukünftige Fernmeldesysteme werden vermutlich direkte Verbindung mit Computeranlagen und Fernsehen über Telefonnetze enthalten. Das obere Bild zeigt ein Sichtgerät, das Elliott-Automation für Anschluß an Computer konstruiert hat. Ähnliche Geräte werden regelmäßig verwendet werden, um sofortige Auskunft über Hotelreservierungen, Touristenpläne und sogar weltweite Wetterberichte zu erhalten. Das Empfangsgerät PICTUREPHONE (unteres Bild) wurde von Bell Telephones entwickelt und wird handelsmäßig in den Verkehr kommen, wenn die Konstruktionsprobleme gelöst sind und Leitungen mit genügend hoher Kapazität zur Verfügung stehen, um die Kosten solcher Dienste zu senken

Ein PICTUREPHONE-Gespräch braucht in jeder Richtung etwa soviel Verbindungskapazität wie 100 Telefongespräche. Um diesen Dienst billig zu liefern, brauchen wir billigere Arten von Sendung elektrischer Signale in breiten Frequenzbändern.

Wir haben Verfahren in Aussicht, die dies bewerkstelligen können. Instrumente aus Festkörperelementen mit hohen Arbeitsgeschwindigkeiten und integrierte Schaltkreise ermöglichen das wirtschaftliche Verschlüsseln von Signalen als Folgen von An- und Abschaltimpulsen durch Pulskodemodulation. Solche Impulse können über eine Vielzahl von Trägern, einschließlich Koaxialkabeln, gesendet werden.

Außerdem haben Fortschritte in der Festkörperphysik auch höhere Radiofrequenzen für wirtschaftliche Verwendung aufgeschlossen — Frequenzen oberhalb von 10 GHz (10^{10} c/s). Ferner könnten bei Benutzung von Millimeterwellen Tausende von Fernseh-Telefonleitungen durch eine Röhre oder einen Hohlleiter von 5 cm Größe beliefert werden. Im Falle von Sendungen über Satelliten, worin die American Telephone and Telegraph Company mit dem *Telstar* bahnbrechend war, weisen Fortschritte bei Raumfahrtantrieben und in der Elektronik darauf hin, daß es möglich ist, einen Nachrichtensatelliten von einer Tonne Gewicht in eine Umlaufbahn zu bringen, welcher verschiedene Telefonämter im Lande mit Hunderten und später mit Tausenden von Fernseh-Telefonleitungen verbindet.

Wenn der Verkehr genügend groß ist, werden diese Fortschritte Fernmeldeverbindungen mit größerer Bandbreite ermöglichen, womit Fernseh-Telefonübertragungen billiger werden — und auch das Telefon und Datenübertragung verbilligt werden. Der Weg zur Wirtschaftlichkeit in der elektrischen Übermittlung liegt in der Technik, eine viel größere Zahl von Signalen über ein einzelnes System zu senden. So erwarte ich bei der Einzelverbindung kompliziertere und stärker vielseitige Bedienungsapparate und wirtschaftlichere Verbindungsleitungen. Und diese werden mit schnelleren und stärker vielseitigen elektronischen Schaltsystemen gekoppelt sein, was wiederum durch die integrierten Schaltungen möglich geworden ist.

Ein billiges, öffentliches Fernmeldenetz könnte über den Telefondienst hinausgehen und allen unseren Bedürfnissen und Sinnen dienen — dem Sehvermögen und vielleicht dem Tastsinn ebenso wie dem Gehör. Es wird uns in die Lage versetzen, aus Entfernung Rechenanlagen zu steuern und Maschinen zu regulieren. Und sicherlich werden Gruppen von Menschen wirksam Besprechungen abhalten können, ohne dazu reisen zu müssen, wobei sie Stimme, Daten, Schaubilder und Wandtafeln benutzen — alle diejenigen Mittel, welche wir bei Besprechung von Person zu Person benutzen.

Das Telefon, das Automobil, das Fernsehen und die Elektrizität haben eine gleichmäßig hohe Stufe des menschlichen Lebens in allen entwickelten Ländern geschaffen. Wir brauchen nicht mehr im Zentrum einer Stadt zu wohnen, um bequem zu leben. Aber wir reisen immer noch mit dem Flugzeug, um Leute zu treffen, um bestimmte Einrichtungen zu benutzen oder um an besonderen Veranstaltungen teilzunehmen. Ich glaube, daß uns verbesserte Fernverbindungen in der Zukunft ermöglichen, viel lästiges Reisen zu vermeiden. Wir können leben, wo es uns beliebt, wir können zu unserem Vergnügen reisen und sind bei der Arbeit mit der Außenwelt verbunden.

Wie werden wir diese Welt der Zukunft erreichen? Planung wird notwendig sein, aber Planung ist nicht leicht. Es ist schwer zu sagen, wann die phantastische Wachstumsrate beginnen wird, welche für die wirkungsvolle Einführung eines neuen Dienstes bezeichnend ist, und es ist schwer zu sagen, wann und auf welcher Höhe sich die anfängliche Wachstumsrate einspielen wird. Noch mehr als kluges Planen brauchen wir die Bereitschaft der finanziellen und technologischen Mittel, um neue Arten von Fernmeldungen zu schaffen und um der Nachfrage nach ihnen anpassungsfähig zu begegnen. Wir müssen so tüchtig und vernünftig planen, wie wir können, aber wir sollten auch für unvermeidbare ungeplante Abweichungen und unerwartete Gelegenheiten bereit sein.

Weltraumforschung

Robert C. Seamans Jr.

Obgleich alle Methoden des Vorausschauens zur Unterstützung eines größeren Raumforschungsprogramms nötig sind, besteht die grundlegende Methode der NASA in der normativen Vorausschau, wobei das spätere Ziel zum Ausgangspunkt genommen wird.

Die Raumforschung hat sich schnell entwickelt und umfaßt jetzt die am weitesten fortgeschrittenen Gebiete des Ingenieurwesens und der Technik, der Physiologie, der Biologie, derjenigen Wissenschaften, die den Menschen in seiner Beziehung zu dynamischen Systemen und Maschinen behandeln, wie der Umweltforschung, der Verhaltensforschung, der Fernmeldetechnik, der Astronomie, der Geologie, der Meteorologie, und ferner der neuen Hilfsmittel und Verfahren zur Leitung großangelegter Vorhaben, der Politik und internationalen Diplomatie, der Wirtschaftspolitik und Finanz, der Industrieunternehmen fast aller Art und letztlich der Gesellschaftswissenschaften in größerer Breite. Die Aufgabe, so viele Facetten menschlichen Bestrebens zu wirtschaftlich lebensfähigen, fest gefügten und schnell arbeitenden Programmen zusammenzusetzen, verlangt mannigfaltige Entscheidungen großer Tragweite; dennoch müssen größere Entscheidungen in vielen Fällen getroffen werden, ehe noch alle in Betracht kommenden Faktoren völlig bekannt

---

Dr. Robert C. Seamans Jr. war Stellvertretender Direktor der US National Aeronautics and Space Administration (NASA) und damit jahrelang für die Generalleitung aller Vorhaben der NASA verantwortlich. Seit 1941 ist er auf den Gebieten der Aeronautik und des Raketenwesens tätig und hatte im Massachusetts Institute of Technology Stellen als Dozent und im Projekt-Management inne.

sind. Außerdem müssen Kontrollen eingeführt werden, um den weiteren Fortschritt, der diesen Entscheidungen folgt, zu überwachen.

Wenn der Mensch zum Beispiel genau feststellen will, aus welcher Art von Stoffen die Mondoberfläche besteht, ist es naheliegend, dorthin gelangen zu wollen. Das erfordert die Konstruktion und Herstellung eines Gerätes für Mondlandungen (*lunar module,* wie es NASA nennt), welches Landefüße besitzt, die genau auf die Oberfläche, auf der es landen soll, zugeschnitten sind. Erst seit den ersten Mondlandungen können die Konstrukteure von Raumfahrzeugen in allen Einzelheiten wissen, wie die Mondoberfläche wirklich beschaffen ist und wie das Landegerät und die Füße zukünftiger Mondfahrzeuge konstruiert sein sollen. Der ganze Tätigkeitsbereich der NASA enthält reichlich solche Fälle, in denen eine Arbeit erst getan werden muß, um herauszufinden, wie sie eigentlich getan werden sollte. Im Falle der Mondlandefüße, ebenso wie in vielen anderen Fällen, kann das Risiko durch vorhergehende Erkundungsflüge verringert werden. Im besonderen wurde die unbemannte *Surveyor*-Sonde, die für weiche Landungen eingerichtet ist, auf den Mond geschickt, um Erfahrungen über die bis dahin unbekannte Umwelt der Mondoberfläche zu gewinnen. Ohne menschliches Leben in Gefahr bringen zu müssen, konnten die wissenschaftlichen Annahmen, die bei der Konstruktion des *Surveyor* verwendet worden waren, im Verlauf von bisher zwei Missionen erhärtet werden, womit die Gültigkeit der Konstruktionsnormen bestätigt wurde, welche dann bei der Konstruktion von bemannten Systemen angewendet werden konnten [1].

Die technologische Voraussage ist ein unentbehrliches Werkzeug, welches innerhalb der NASA in fast jeder erdenklichen Weise angewendet wird. Es ist besonders wichtig für NASAs Auftragnehmer in der Industrie, deren es in dem einzelnen *Apollo*-Programm allein über 20 000 gibt. Was jedoch auf das Programm der NASA einwirkt, ist

---

[1] Von größtem Wert war ferner die teilweise Bergung einer auf dem Mond gelandeten Surveyor-Sonde durch Conrads und Bean anläßlich der zweiten Mondlandung (Anm. d. Hrsg.).

Abb. 17
Bemannte Raumflüge bilden einen schwierigen Teilaspekt der Raumfahrt, wobei jedes neue Vermögen auf einer besonders umfangreichen Grundlage von bereits Erreichtem beruht. Selbst den sub-orbitalen Mercury-Flügen im Jahre 1961 gingen zahlreiche Erprobungsflüge der unbemannten Kapseln voraus, und die Trägerraketen für Mercury- und Gemini-Flüge basieren auf vollständig entwickelten militärischen Raketen. Die bemannten Raumflüge, welche die Vereinigten Staaten für die nächsten Jahrzehnte geplant haben, werden die erprobten Apollo-Kapseln benutzen und durch Meßergebnisse von Sonden, die zu den Planeten und tiefer in den Weltraum gesandt werden, unterstützt; Modifikationen sollen auf ein Mindestmaß beschränkt werden

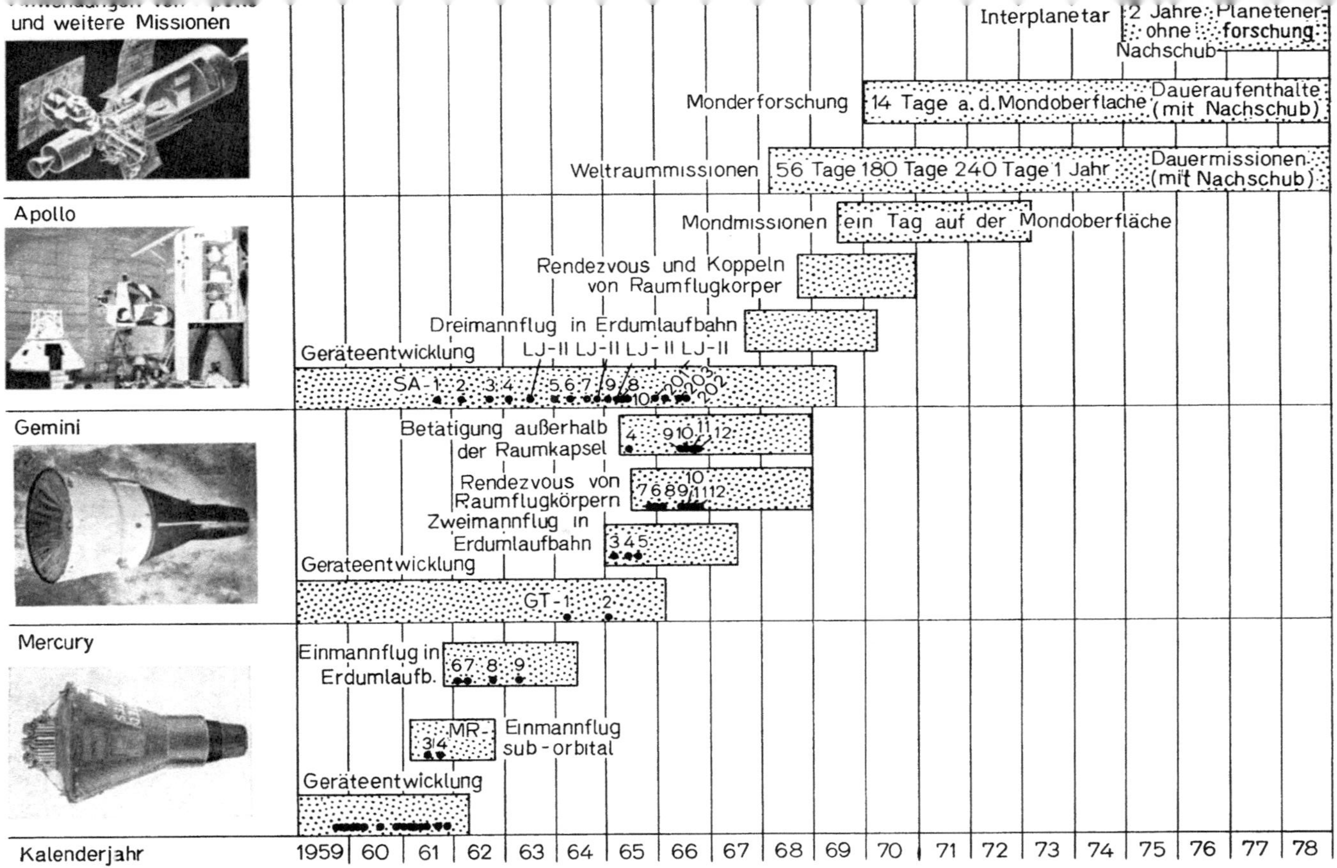

und weitere Missionen
Interplanetar
2 Jahre ohne Nachschub
Planetenerforschung
Monderforschung
14 Tage a. d. Mondoberflache
Daueraufenthalte (mit Nachschub)
Weltraummissionen
56 Tage 180 Tage 240 Tage 1 Jahr
Dauermissionen (mit Nachschub)
Apollo
Mondmissionen
ein Tag auf der Mondoberfläche
Rendezvous und Koppeln von Raumflugkorper
Dreimannflug in Erdumlaufbahn
Geräteentwicklung
LJ-II LJ-II LJ-II LJ-II
SA-1 2 3 4 5 6 7 9 8 10
201 203 202
Gemini
Betatigung außerhalb der Raumkapsel
4 9 10 11 12
Rendezvous von Raumflugkörpern
7 6 8 9 10 11 12
Zweimannflug in Erdumlaufbahn
3 4 5
Gerateentwicklung
GT-1 2
Mercury
Einmannflug in Erdumlaufb.
6 7 8 9
MR-3 4
Einmannflug sub-orbital
Geräteentwicklung
Kalenderjahr
1959 60 61 62 63 64 65 66 67 68 69 70 71 72 73 74 75 76 77 78

Abb. 17

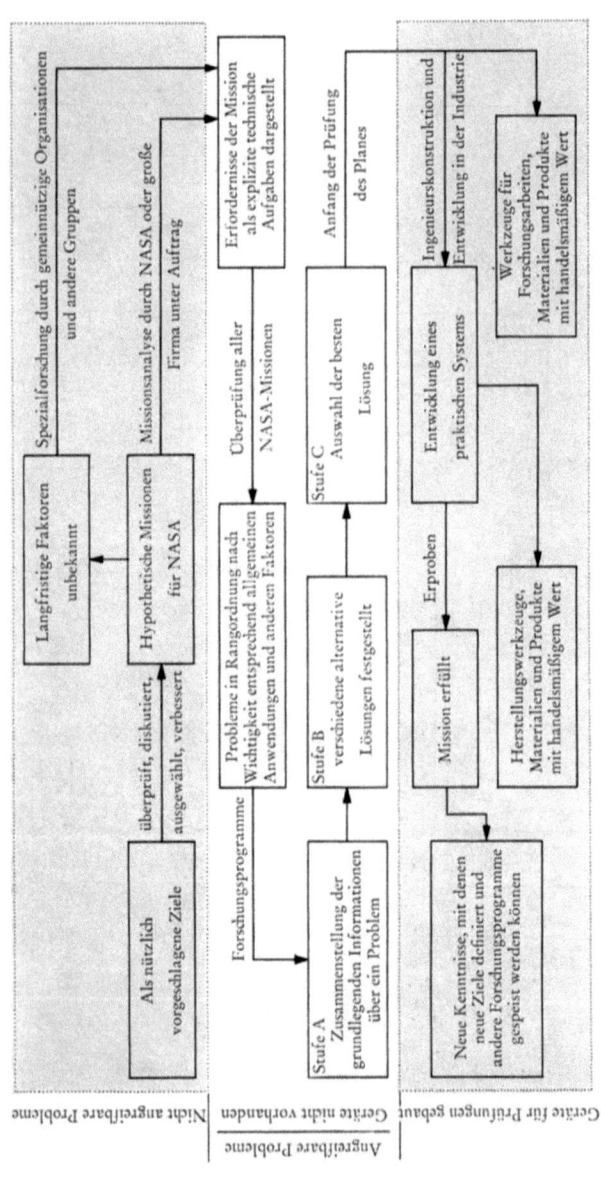

Abb. 18
Die Programme der NASA folgen ungefähr dieser chronologischen Stufenfolge. Viele verschiedene Ziele werden für jede Mission vorgeschlagen, welche tatsächlich unternommen wird, und viele technische Probleme müssen für jede neue Art von Missionen die Projektstufen *A*, *B* und *C* durchlaufen

häufig durch ein umgekehrtes Vorgehen charakterisiert als man es gewöhnlich bei der Vorausschau erwartet. Der Ausgangspunkt in solchen Fällen ist nämlich die zukünftige Mission, welche von der obersten Leitung der NASA ausführlich besprochen und genehmigt werden muß, ehe sie zu einem mit Geldmitteln ausgestatteten Programm werden kann. Danach muß das Programm konsequent überdacht werden, indem man es nun vom künftigen gesteckten Ziel her rückwärts zur Gegenwart durcharbeitet, um alle bekannten und wahrscheinlichen Schwierigkeiten aufzufinden. Die Herausarbeitung dieser Probleme bildet nun die Grundlage der umfassenden Forschungs-Programme in den Laboratorien. Diese Probleme werden dann so scharf definiert, daß sie immer konzentrierter angegriffen werden können. Schließlich sind vor Beginn der Missionen eine Reihe von technisch möglichen Ingenieurskonstruktionen und von Eignungsprüfungen auszuführen.

In den Vereinigten Staaten ist die Art, mit der große nationale Programme in Angriff genommen werden, elastisch. Das erste Ziel ist es, festzustellen, ob die Grundidee überhaupt ausführbar ist, inwiefern sie den Bedürfnissen der Gesellschaft entspricht und welcher Wichtigkeitsgrad ihr zukommt. Die Anregungen können von überall kommen. Zum Beispiel hatte das „Vorläufige Programm der Nachrichtensatelliten für Verteidigungszwecke" (das nicht zur NASA gehört) seinen Ursprung in dem Bedürfnis von Regierungsorganen, jederzeit mit den Chefs wichtiger ziviler oder militärischer Dienststellen in jedem Teil der Welt telefonieren zu können. Andere Programme entstehen auf Grund von Vorschlägen, die aus der Öffentlichkeit kommen. Welchen Ursprungs auch immer, sie unterliegen der Prüfung durch den *National Aeronautics and Space Council*, durch den Wissenschaftsbeirat des Präsidenten, durch Sondergremien, durch Dauerausschüsse oder für den Fall berufene Beratergruppen des Parlaments, durch der Regierung untergeordnete Stellen (wie z. B. NASA) und durch die Industrie. Viele Sachverständige, aus Industrie, Universitäten und anderen Stätten ausgewählt, arbeiten eng mit Beamten zusammen, um die langfristigen Ziele der Nation bestimmen zu helfen. Sie bilden einen breiten Ausschnitt aus dem geistigen Leben der Nation und suchen nach Zielen, welche den größten Nutzen für den gegebenen Aufwand versprechen.
Zum Beispiel hat das Studium der elektromagnetischen Ausstrahlungen der Erde gezeigt, daß fast jede Besonderheit in Fels, Boden und Vegetation eine einzigartige „Signatur" im Spektrum aufweist; selbst Veränderungen der chemischen Beschaffenheit ähnlicher Arten von Vegetation können erkannt werden. Man kann sich zahlreiche Anwendungen solcher „Signaturen" vorstellen. Zum Beispiel kann auf Grund von

Farbabweichungen auf infra-roten photographischen Bildern der Zustand der Bäume in einem Wald bestimmt werden, d. h. ob sie gesund, krank oder abgestorben sind. Der privaten oder staatlichen Forstwirtschaft steht nun ein neues Werkzeug zur Verfügung, um mit Hilfe solcher Fernüberwachung durch Flugzeuge Krankheiten zu entdecken und ihre verheerende Ausbreitung über weite Gebiete zu verhindern. Aber noch größere nationale und internationale Einsparungen könnten vielleicht erzielt werden, wenn solche infra-roten Bilder von Raumflugkörpern aus aufgenommen würden, die den ganzen Erdball übersehen. Einer solchen Grundidee können viele weitere Vorhaben entspringen. Erstens werden die „Signaturen" von belangvollen (häufig sogar lebenswichtigen) Rohmaterialien weiter erforscht und präzisiert, um derart den Katalog der Signaturen zu erweitern und sie auf ihre Einzelartigkeit hin zu prüfen; ferner müssen Geräte zum Erfassen und Festhalten solcher Signaturen entwickelt werden. Zweitens werden Studien für neue Raumfahrtmissionen unternommen, um herauszufinden, ob es technisch möglich und wünschenswert sei, vielleicht eigens eine Raumplattform zu entwickeln, mit deren Hilfe eines oder mehrere Geräte, die Signaturen aufnehmen, erprobt werden können.

Viele Dienststellen der Regierung der Vereinigten Staaten würden an einem nationalen Programm beteiligt sein, das etwa der Weiterentwicklung der obengenannten Idee entspringen würde. Ideen wie diese werden nun durch Unterbreitung des Vorschlages an möglichst viele Sachbearbeiter in einschlägigen Regierungsstellen, an kenntnisreiche und befähigte Gruppen in Universitäten und an Forschungsabteilungen der Industrie gesichtet. Indem man Ideen vielen Köpfen vorlegt, wird einerseits ein wenig aussichtsreiches Projekt verhindert, welches sonst vielleicht gebilligt worden wäre und wird andererseits die Aufmerksamkeit auf unbeachtete Konsequenzen gelenkt, die sonst unbemerkt geblieben wären. Wer, beispielsweise, hätte ahnen können, daß Farbabweichungen im photographischen Bilde eines Waldes zu einem Raumfahrtprogramm führen würden?

Wenn ein Vorschlag einmal als möglicherweise wünschenswertes Ziel im nationalen Raumprogramm angesehen worden ist, dann sind die

---

Abb. 19

Vielseitigkeit in der Anwendung ist eines der ersten und wichtigsten Kriterien für jedes neue technische Problem und jede auftretende Schwierigkeit, denen NASA gegenübersteht. Wenn eine bestimmte Aufgabe mit jedem neuen Programm immer wieder auftritt, dann wird sie als vielseitig angesehen, und vergrößerte Anstrengungen werden gemacht, um sie zu bewältigen. In den Spalten sind die sieben zukünftigen Arten von Raumfahrtmissionen aufgeführt, und jede Art wird in sechs Hinsichten betrachtet, um die Vielseitigkeit der Aufgaben aufzuzeigen. Zum Beispiel ist der mit Kernkraft angetriebene Raketenmotor Nerva für fünf von sieben Missionen notwendig

	Raumstationen	Fortgeschrittene bemannte Mondflüge	Bemannte Flüge zu Planeten	Direkter Rundfunk mit Bild- oder Stimmübertragung	Voyager-Sonden für Planetenforschung	Fortgeschrittene Planetensonden	Sonnensonden	Symbol	Bedeutung
Antrieb für den Start	O	O	O	O	O	O	O	O	Startrakete vom Typ Saturn
Antrieb im Raum	●	●	●					●	Technik in Nachfolge des Saturn-Systems, fortgeschrittene kryogenische Triebwerke und große Motoren
	◉	◉	◉			◉	◉	◉	Mit Kernkraft angetriebener Motor Nerva
Lebenserhaltung	✕	✕	✕					✕	Zwei-Gas-Systeme ohne Wiedererneuerung
	✶	✶	✶					✶	Wiedererneuerung sowohl von Wasser wie auch von Sauerstoff
Kraftversorgung					☐	☐	☐	☐	Weniger als 2 kW, Sonnenzellen und thermo-elektrische Isotopen-Systeme
	◤	◤	◤	◤				◤	2—10 kW, Sonnengarnituren und Isotopen-Brayton-Turbinenmaschinen
	■	■	■	■				■	10—50 kW, Sonnengarnituren, thermo-elektrische Reaktoren (10—25 kW) oder Rankine-Reaktoren (22—50 kW)
Wiedereintritt in die Atmosphäre	△	△	△					△	Apollo-Technik, ballistische Flugbahn
	▲	▲	▲					▲	Manöver mit Bremskörpern, fortgeschrittener Hitzeschutz
			◁		◁			◁	Leichtgebaute Körper für dünne (Mars-)Atmosphäre
Optik mit großer Trennschärfe	■		■			■		■	Neue Technik von feinen Punkten für Teleskope und Fernübertragung

Abb. 19

Einzelheiten genauer zu prüfen. NASA hat eine Methode eingeführt, bei der alle geplanten Missionen durch vier formale Stufen hindurchgehen müssen, um zur Reife zu gelangen. Die erste Stufe (Stufe *A*) besteht in fortgeschrittenem Studium der Mission *(advanced mission study)*. Sie hat die folgenden Zwecke: Untersuchung und Bestimmung derjenigen Wege zur Mission, deren weitere Ausarbeitung sich lohnt; Feststellung der Probleme für die Entwicklung, welche bald gelöst werden müssen, um die praktische Ausführbarkeit der Mission sicherzustellen; Ausarbeitung von auf Informationen fußenden Vorstellungen bezüglich der Erwünschtheit der Mission und der Konsequenzen im Falle ihrer Durchführung. Wenn die Ziele der Mission auch dann noch weiterer Förderung wert erscheinen und ein oder mehrere Wege dazu praktisch möglich erscheinen, ohne weittragende Entwicklungsprobleme ungelöst zu lassen, dann ist die Weiterführung in eine weitere Stufe gerechtfertigt. Stufe *B* besteht im Herausfinden möglicher Lösungen durch Erstellung vorläufiger Konstruktionsentwürfe. In Stufe *C* wird die beste Lösung ausgewählt und das Konzept durch praktische Versuche geprüft. Wenn der Prototyp für richtig befunden worden ist, gilt das Entwicklungsstadium als abgeschlossen und die letzte Stufe *D* wird erreicht, die der ingenieurmäßigen Herstellung und Inbetriebnahme.

NASA unternimmt mehr fortgeschrittene Studien von Missionen als überhaupt in die nächsten vorgeschriebenen Stufen weiterverfolgt werden können, um in der Lage zu sein, verschiedene mögliche Ziele klärend zu untersuchen und diese aufgehellten Ziele vergleichen zu können, ehe eine die Nation verpflichtende Festlegung auf eine bestimmte Mission angestrebt wird. Die Ergebnisse erfolgreicher und erfolgloser Missionsstudien fördern auch eine große Mannigfaltigkeit von Forschungsproblemen zutage, die als Ausgangspunkt für Forschungsvorhaben in den Laboratorien der NASA dienen. Manchmal wirft eine in Betracht gezogene Mission nur wenige und unbedeutende Probleme auf. Andere Missionen dagegen können infolge großer Schwierigkeiten nicht verwirklicht werden. So sind zum Beispiel viele Vorschläge gemacht worden, die zum Ziele haben, die Fertigkeit des Menschen sich im Raum zu bewegen zum Nutzen von Wissenschaft und Technik einzusetzen. Aber die meisten solcher Vorschläge würden Missionen von langer Zeitdauer erfordern. Um solche Unternehmungen wirtschaftlich günstig zu gestalten, benötigt man Systeme zur Schaffung langfristiger lebenserhaltender Bedingungen an Stelle solcher Systeme, die von Nachbelieferungen durch häufige Abschüsse abhängig wären. Deshalb nimmt die Forschung nach Lebenserhaltungssystemen einen hohen Vorrang im Forschungsprogramm der NASA-Laboratorien ein. Außerdem kann ein

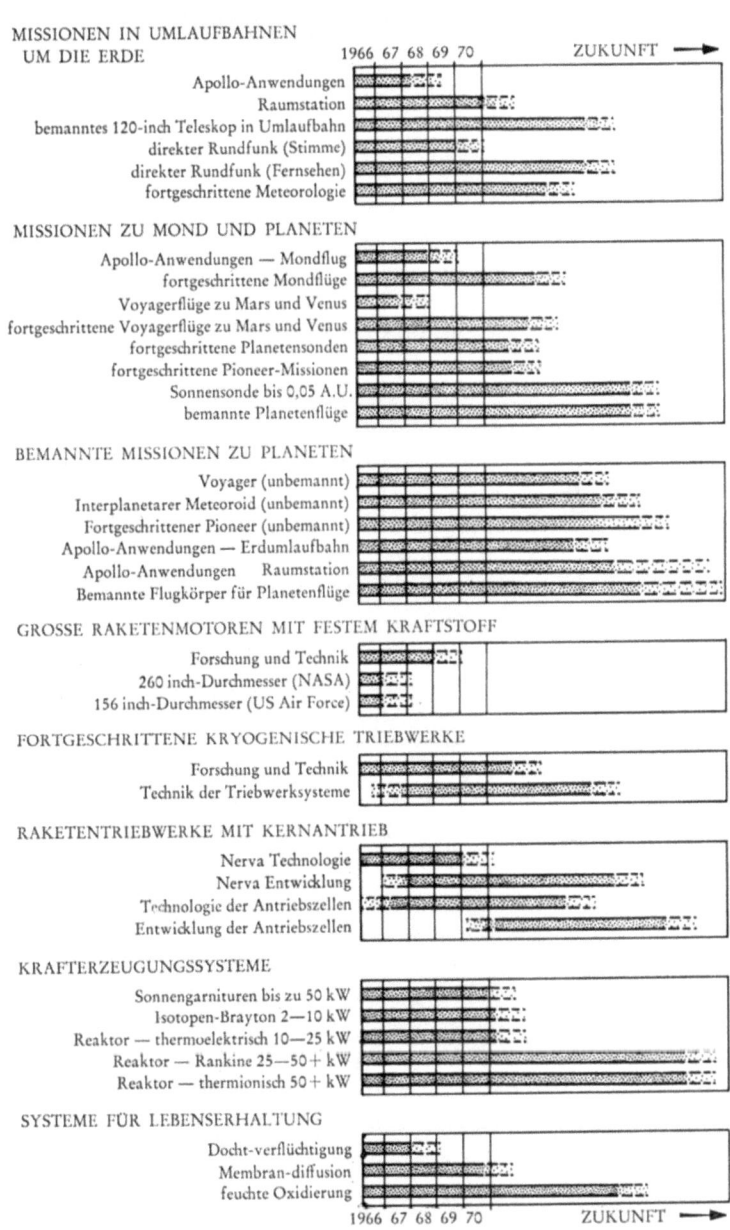

Abb. 20

Zukünftige Programme werden zu den verschiedenen Zeitpunkten möglich werden, die durch Verblassen der punktierten Balken auf den acht kleinen Diagrammen gekennzeichnet sind. Das erste Diagramm zeigt zum Beispiel, daß Forschung und Entwicklung, welche für das Programm der Apollo-Anwendungen nötig sind, im Jahre 1968 abgeschlossen werden, während diejenigen für das große Teleskop in einer Umlaufbahn um die Erde (mit Optik begrenzter Beugung) weit in das kommende Jahrzehnt reichen werden solches, einmal entwickeltes Lebenserhaltungssystem den Weg zur Ermöglichung kühnerer Missionen, wie der bemannten Erforschung von Planeten, eröffnen.

Lösungen dieser Forschungsprobleme werden in den Forschungsstätten der NASA, in Universitäten oder durch Aufträge an die Industrie gesucht. Größere Aufgaben der Geräteentwicklung, wie z. B. des Systems zur langfristigen Erhaltung des Lebens, werden fast immer der Industrie überantwortet. Wenn die Probleme gelöst sind oder grundlegende Forschungsergebnisse aus anderen Quellen gemeldet werden, dann werden neue Leistungsfähigkeiten angenommen und der Zyklus beginnt von neuem (etwa so, wie es in dem vorher erwähnten Beispiel des infra-roten Filmes angedeutet wurde).

Selbst mit diesen Methoden, Ideen zu entwickeln und auszutauschen und Lösungswege durch die folgenden Konstruktions- und Versuchsstufen zu verbessern, können spekulative Elemente in vielen Fällen nicht ausgeschaltet werden. Das klassische Beispiel ist das Bestreben, etwaiges außerirdisches Leben festzustellen und zu untersuchen. Trotz tiefgreifender Studien und ausführlicher Versuche auf der Erde können Vermutungen in der Anlage solcher Experimente nicht vermieden werden. Ihr ganzer Sinn beruht auf der Annahme, daß solches Leben existiert oder daß, falls es nicht existiert, die Umstände, welche es verhindern, hochinteressant sind. Wie solche Lebenserscheinungen aussehen könnten, kann heutzutage natürlich auch nur vermutet werden.

In den acht Jahren seitdem NASA aus dem *National Advisory Committee for Aeronautics* (NACA) hervorgegangen ist, stieg das Personal von 9000 auf 34 000 Personen und der Jahreshaushalt von 200 Mill. auf über 5000 Mill. $ an. NASA hat in der Vergangenheit versucht, allgemeine Vorhersagen für die Zukunft zu machen und darauf ihre Tätigkeit für das folgende Jahrzehnt zu planen. Immer dann, wenn alle Teile der Vorhersage fertiggestellt, gebunden und veröffentlicht waren, stellte sich das Dokument als teilweise überholt heraus, weil die Grenzen der Wissenschaft und Technik sich schnell ausweiten. Der klassische Zeitpunkt für einen solchen Fehler wäre 1956 gewesen, denn eine damalige Vorhersage hätte sich bei den von Luftfahrzeugen aufgeworfenen Problemen aufgehalten und die Weltraumforschung fast

---

Abb. 21
Die Ziele künftiger Raumforschungsmissionen der NASA sind in diesen vier Diagrammen grafisch angezeigt; die oberen drei haben logarithmische Skalen auf den senkrechten Achsen. Es ist klar, daß die geforderten Leistungen künftiger Missionen innerhalb des breiten Bereichs der in der Zukunft zu erwartenden Ausführungen liegen müssen. Die zweite, dritte und vierte grafische Darstellung bestätigt, daß dies der Fall ist, da die dunkel getönten Flächen innerhalb der helleren liegen, welche angeben, was erreicht werden kann

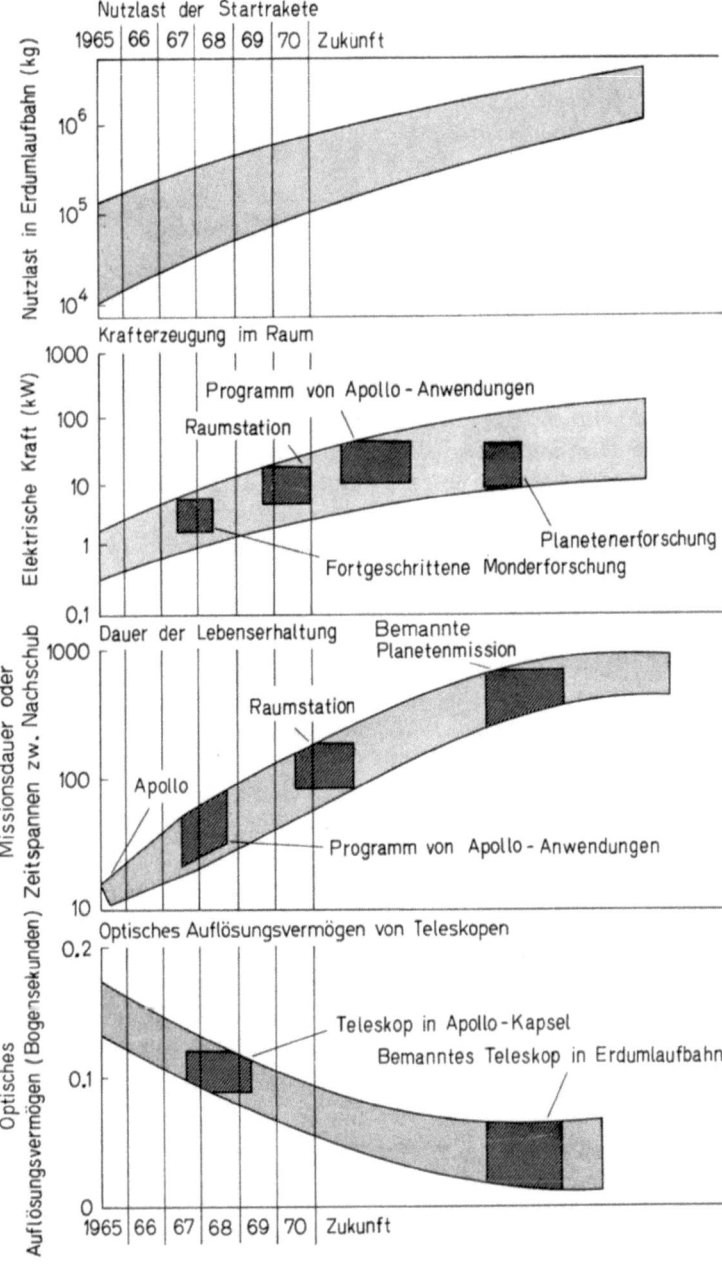

Abb. 21

völlig vernachlässigt, welche heute nach landläufiger Ansicht das einzige Arbeitsgebiet der NASA darstellt. (In Wirklichkeit ist der Umfang der Arbeiten der NASA auf dem Gebiete der Luftfahrt von derselben Größenordnung wie derjenige der NACA im Jahre 1956. NASAs stärkere Betätigung in der Raumfahrt heutzutage führt dazu, die beträchtlichen Forschungsprogramme für die Luftfahrt vor der Öffentlichkeit in den Hintergrund zu schieben.) Eine so starke Veränderung des Schwerpunkts wird vermutlich kein zweites Mal auftreten, aber im voraus erscheinen zehn Jahre als eine lange Zeitspanne, da doch Minute für Minute neue Entdeckungen gemacht werden.

Als NASA gegründet wurde, waren viele der Raumfahrtmissionen, die sie inzwischen ausgeführt hat, bereits technisch möglich. Aber die wichtigste Einzelfunktion, welche der NASA anvertraut ist, liegt in ihrer Wirkung als beschleunigendem Katalysator, der die gesamte technologische Leistungsfähigkeit der Vereinigten Staaten hebt, und sie erfüllt diese Funktion, indem sie Raumfahrtmissionen plant, die zwar technisch ausführbar sind, aber die menschliche Findigkeit aufs äußerste anspannen werden, wenn sie zu endgültigem Erfolg führen sollen. Eine Reise zum Mond oder zu einem Planeten versprach niemals einen sofortigen Nutzen im üblichen kommerziellen Sinne. Der wissenschaftliche Wert solcher Flüge wird selbstredend verstanden, aber vielleicht ebenso wichtig ist der sichtbare Beweis, daß eine bestimmte technische Leistungsfähigkeit erreicht werden konnte. Als Präsident Kennedy am 25. Mai 1961 das *Apollo*-Programm verkündete, war er wohl nur teilweise von dem damals besonders dringenden Bedürfnis geleitet, die technischen Fähigkeiten und das politische Bild der Vereinigten Staaten in der Welt durch Raumfahrt zu verbessern. Ein anderer wichtiger Grund lag in seiner Kenntnis, daß ein solches Programm die größte Herausforderung der Technik darstellte, die der Mensch jemals angenommen hat, und daß es die Bemühungen von etwa einer halben Million Männern und Frauen in allen Teilen der Nation, auf die Erstellung von Systemen hindirigieren würde, mit deren Hilfe alle bemannten Raumfahrtmissionen, welche die Vereinigten Staaten im folgenden Jahrzehnt als notwendig erachten könnten, dann ausgeführt werden könnten. Ohne ein einziges klar umrissenes Ziel wäre es unmöglich, eine solche Anlage zu schaffen und ebenso unmöglich, die Unterstützung durch das Volk und das Parlament zu sichern.

Obgleich das Projekt des bemannten Mondfluges mit Landung und Rückkehr von NASA bereits vor der Ankündigung durch den Präsidenten untersucht worden war und danach dann angenommen wurde, daß sie innerhalb von $8^{1}/_{2}$ Jahren praktisch ausführbar sein würde, war sie doch unter Benutzung von im Jahre 1961 zur Verfügung stehenden

Geräten eigentlich völlig unmöglich. Die meisten größeren Missionen der NASA überstiegen zur Zeit ihrer Ankündigung das bestehende Können, aber die Zeit- und Finanzierungspläne waren immer so angelegt, daß man die technische Ausführbarkeit zu dem Zeitpunkt, zu dem sie fliegen sollten, als vorhanden erwarten konnte. Es ist in keiner Weise zu einem „Blitzprogramm" gekommen, bei welchem für jedes ungelöste Problem gleichzeitig an vielerlei Lösungen im Höchsttempo gearbeitet wird. Selbst das vorrangige *Apollo*-Programm hing niemals von einem noch unbekannten technischen Durchbruch ab. Das Mondlandegerät des *Apollo* war zum Beispiel darauf angelegt, elektrische Kraft aus Brennstoffzellen zu gewinnen, aber es war auch so konstruiert, daß Batterien benutzt werden konnten, falls die Brennstoffzellen nicht rechtzeitig entwickelt werden sollten.

Gleichzeitig stellt das *Apollo*-Programm den größten technischen Sprung nach vorne dar, den die Menschheit jemals in einem Satz versucht hat. Die Liste der für die Aufgabe notwendigen Fertigkeiten, welche 1961 noch nicht vorhanden waren, belief sich auf Hunderte. Eine der größten ist die Erhaltung der Mannschaft fern von der Erde für mindestens zehn Tage. Jeder Teil der Geräte für den Mondflug muß mit absoluter Zuverlässigkeit ein bis zwei Wochen lang funktionieren. Raketenantriebe sind geschaffen worden, die einzeln eine Schubkraft von 700 000 kg besitzen und in Bündeln eingesetzt werden, während ein noch größerer Fortschritt in der Vervollkommnung des fortgeschrittenen kryogenischen Triebwerks liegt, welches flüssigen Wasserstoff in Einheiten von 100 000 kg Gewicht verbrennt. Zwar waren höchst genaue Lenksysteme für Interkontinentalraketen bereits entwickelt, aber ganz neu waren die Verwendbarkeit des Menschen innerhalb geschlossener Regelsysteme, die Benutzung von Trägheitslenkungssystemen für eine Zeitspanne von zehn Tagen, der Einsatz eines Digitalrechners innerhalb des Flugkörpers und ein auf wenige Bogensekunden genauer Sextant. Die Mission sah bekanntlich Treffmanöver auf der Umlaufbahn und Kopplung während der Umlaufbahn um den Mond vor. Die Eintrittsgeschwindigkeit bei Rückkehr zur Erde war mit 11 000 m pro Sekunde um die Hälfte höher als jene Höchstgeschwindigkeit, welche im Jahre 1961 mit kleinen Versuchskörpern erreicht worden war. Durchaus nicht das geringste Problem bestand darin, daß es 1961 keine erprobten Methoden gab, um die Arbeit von 20 000 verschiedenen Firmen auf ein Ziel hinzuleiten und sich ständig auf der Höhe von Millionen neuer Informationen zu halten, die täglich im Zusammenhang mit diesem Projekt bei der NASA zusammenliefen.

Der Begriff des „technischen Einfrierens" ist für jedes größere Programm dieser Art entscheidend. Es ist klar, daß man eine Ingenieurskonstruktion endlos weiter verbessern und verfeinern kann, aber wenn eine Mission im Jahre 1969 geflogen werden soll, muß die technische Ausrüstung schon 1965 oder 1966 genau bekannt sein, damit man sie in Versuchen vollständig überprüfen kann. Im Falle des *Apollo* gab es eigentlich keinen technisch zwingenden Grund, weshalb ein bemannter Flug zum Mond und zurück im Jahre 1969 vollbracht werden mußte [2]. Aber wenn nun einmal ein solcher Terminplan aufgestellt ist, muß aus wirtschaftlichen Gründen jede Anstrengung gemacht werden, ihn einzuhalten: jede Verzögerung in so einem Programm ist äußerst kostspielig, nachdem alle beteiligten Elemente voll in Bewegung gesetzt worden sind. Planetare Missionen verlangen gewöhnlich viel enger umschriebene Termine, weil die physikalischen Gegebenheiten die Häufigkeit der Gelegenheiten für Flüge zu Planeten einschränken und weil der Energiebedarf sich von einer solchen Gelegenheit zur nächsten ändert. Es ist etwa so, als ob man auf ein sich bewegendes Fahrzeug springen will, das nur zu bestimmten Zeiten vorbeikommt und das manchmal schneller, manchmal langsamer fährt.

Nach Abschluß des *Apollo*-Programms ergeben sich mehrere natürliche Hauptrichtungen für den weiteren Fortschritt. Manche von diesen betreffen direkte Anwendungen für die Erde, wie Herstellung von Landkarten und Geodäsie, verschiedene Arten von Untersuchungen der Bodenschätze der Erde, astronomische und andere wissenschaftliche Beobachtungen und die Übertragung von Sprech- und Fernsehsendungen aller Art. Die meisten dieser Missionen werden Satelliten in Umlaufbahnen um die Erde verwenden und wenig grundlegend Neues in der Technik brauchen. Einige werden Unternehmen sein, die geschäftlichen Profit bringen; das Fernmeldewesen ist offenbar das Feld, welches die reichste Ernte verspricht, aber viele Gebiete werden der ganzen Menschheit Nutzen bringen.

Die nächsten, größeren Aufgaben sind Reisen nach anderen Teilen des Sonnensystems. Seit 1961 sind relativ einfache „Sonden" auf mehrere lange Flüge um die Sonne herum und zu Mars und Venus geschickt worden. Die Bahn ist nun frei für ausführlichere und stärker leistungsfähige Missionen unter dem Namen *Voyager*. Das Bewilligungsgesetz für die NASA sieht keine Geldmittel für *Voyager* vor, die erlauben würden, die sich im Jahre 1973 ergebende Gelegenheit zu einem Abschuß zu nutzen. Jedoch haben ausführliche Pläne und Vorkonstruktionen, die von Gruppen der Regierung, der Industrie und der Universitäten angefertigt worden sind, einen Rahmen für *Voyager*-Missionen

---

[2] In dieser Bemerkung wird die Kritik vieler NASA-Funktionäre an dem aus politischen Prestigegründen so früh angesetzten Termin angedeutet (Anm. d. Hrsg.).

für 1975 oder spätere Abschußgelegenheiten geschaffen. Tatsächlich hat die *National Academy of Sciences* die Planetenerforschung als „das am lohnendste wissenschaftliche Ziel des Zeitraums 1970—85" empfohlen. Ihre Studiengruppe für Außerirdische Biologie (Exobiologie) beschreibt die biologische Erforschung des Mars als „ein wissenschaftliches Unternehmen von größter Gültigkeit und Bedeutung...", welches die höchste Vorrangstufe unter allen wissenschaftlichen Zielen „im Weltraum rechtfertigt".

Der Mensch hat immer mehr über die Planeten in Erfahrung bringen wollen und besonders über unsere nächsten Nachbarn, den Mars und die Venus. Er will nicht nur wissen, woraus sie bestehen, wie sie entstanden sind und welche Art von Wetter dort herrscht, sondern es drängt ihn danach, mehr über dortiges Leben zu erfahren. Gibt es das auf diesen Planeten? Und wenn nicht, gab es dort jemals in der Vergangenheit Leben oder könnte es sich in der Zukunft dort halten? Man erhofft von den *Voyager*-Missionen, Antworten auf alle diese Fragen zu erhalten. Dieses Programm fing im Jahre 1962 mit der ersten Phase an. Seitdem ist diese Mission weiter ausgearbeitet worden, und der jetzige Plan sieht die Benutzung einer *Saturn-V*-Rakete vor, welche bei dem *Apollo*-Programm ausprobiert wurde, um damit zweifache *Voyager*-Systeme abzuschießen, von denen jedes einen Körper für eine Umlaufbahn und einen zweiten für eine Landung enthält. Das Abschießen eines Paares von Planetenfahrzeugen bildet fast die bestmögliche Ausnützung der Leistungen der *Saturn V* und erlaubt erhöhte orbitale Beobachtungen, die Erforschung zweier planetarer Landestellen und eine höhere Erfolgswahrscheinlichkeit der Mission.

In den ersten Jahren nach 1960 nahm man an, daß die Atmosphäre des Mars einen Druck von etwa 85 mbar auf der Oberfläche des Planeten habe und der *Voyager* wurde so konstruiert, daß sich die Landekapsel zehn Tage im voraus löst und auf die Oberfläche niedergleitet, wobei die letzte Bremsung durch Fallschirme bewerkstelligt wird. Keine Menge technologischer Voraussagen hätte die Methode bis zum Jahre 1964 verbessern können, als die Sonde *Mariner IV* den Planeten erreichte. Als *Mariner IV* hinter dem Mars herumbog, wurden Daten über die Marsatmosphäre dadurch gewonnen, daß die Brechung der von ihm ausgesendeten Signale gemessen wurde, während die Sonde hinter dem Planeten verschwand und dann wieder zum Vorschein kam, und die Daten zeigten, daß die Atmosphäre viel dünner ist. Auf Grund der Daten vom *Mariner IV* und von Beobachtungen mit astronomischen Teleskopen von der Erde aus wird der Oberflächendruck jetzt als 5—10 mbar berechnet, und dies hat eine große Revidierung des Modells der *Voyager*-Kapseln für Eintritt und Landung mit sich gebracht. Beide

Raumflugkörper werden in eine elliptische Umlaufbahn um den Mars gebracht, wo sie während einer Zeitdauer von bis zu zwei Jahren funktionieren könnten. Nachdem ausreichend gute Aufnahmen von Landestellen erhalten worden sind, werden die beiden Landekapseln von den umkreisenden Flugkörpern abgelöst und treten in die Atmosphäre mit einer Geschwindigkeit von weniger als 5000 m/sec ein, im Gegensatz zu 7000 m/sec nach dem ursprünglichen Plan. Diese niedrigere Geschwindigkeit macht eine genauere Kontrolle und eine viel flachere Flugbahn möglich. Trotz der dünnen Atmosphäre wird fast die ganze Energie des landenden Flugkörpers durch aerodynamischen Reibungswiderstand abgefangen, und die Fluggeschwindigkeit wird auf knapp 300 m/sec verringert, wonach die letzte Senkung des Körpers auf die Oberfläche mit rückwärtswirkenden Raketen beginnt.

Die Technik des Niedergehens des *Voyager* bringt neue Entwicklungen mit sich, weil die Probleme nicht denjenigen ähneln, welche für den Eintritt in die relativ dichte Atmosphäre der Erde bereits gelöst sind. Weder die Zusammensetzung der Atmosphäre des Mars noch die Temperatur auf seiner Oberfläche sind bekannt, und so hat man eine Reihe verschiedener Fälle in Betracht gezogen, nämlich zehn mögliche Atmosphären mit verschiedenen Proportionen von Kohlendioxyd, Stickstoff und Argon, Oberflächentemperaturen von $-73°$ bis $+2\,°C$ und Druck an der Oberfläche von 5—20 mbar. Eine weitere Schwierigkeit ergibt sich daraus, daß die Marsatmosphäre als windig gilt, und es werden Höchstgeschwindigkeiten des Windes von 70—140 m/sec in Betracht gezogen. Im Jahre 1969 sandte ein *Mariner* verbesserte Daten über die Atmosphäre und andere Aspekte des Planeten.

Ein anderer Gesichtspunkt des *Voyager*-Programms, das in dieser Hinsicht bahnbrechend ist, bezieht sich auf Sterilisation. Um außerirdisches Leben ohne Beeinträchtigung feststellen zu können, hält sich NASA nicht für berechtigt, irdische Organismen auf die Planeten zu befördern. Verunreinigung des Mars wäre viel ernster als die bereits stattgefundene von Teilen des Mondes, und NASA wurde 1962 verpflichtet, alle zukünftigen Kapseln für Landung auf Planeten zu sterilisieren. Die praktischste Methode dafür ist, jeden Bestandteil der Kapsel auf eine Temperatur zu erhitzen, bei welcher irdische Organismen absterben, und die Aggregate danach steril aufzubewahren, bis sie die Erdatmosphäre verlassen haben.

Im Jahre 1962 wurden in Einzelheiten gehende Voraussagen über alle Bauteile und Materialien gemacht, welche für Verwendung in Landekörpern in Frage kommen; der Zweck war, ein langfristiges Programm in die Wege zu leiten, nach welchem nur Bauteile für geeignet befunden werden, deren Zuverlässigkeit trotz der Sterilisierungshitze hundertprozentig ist. Man konnte nicht einmal annäherund genau bestimmen, welche Erhitzungskur notwendig wäre, und es war naheliegend, mit einer strengen „Kur" anzufangen und zu hoffen, sie auf Grund zunehmender Kenntnisse mildern zu können. Die zuerst versuchte Kur bestand aus Hitze von 135 °C, die 24 Std lang aufrechterhalten wurde, und es wurde beschlossen, die Funktionsfähigkeit der Bauteile nach dreimaligem Erhitzen auf 145 °C für jeweils 36 Std zu prüfen. Es wurden Verfahren zum nachträglichen Versiegeln der sterilen Aggregate in Kanistern entwickelt, die bis zum Abflug von der Erde nicht mehr geöffnet werden dürfen. Im Jahre 1966 wurde die Kur auf 125 °C für eine Dauer von 53 Std revidiert, mit Prüfung der Bauteile bei 135 °C. Heute nimmt man an, daß 125 °C für 24 Std ausreichend ist. Eine große Zahl von Geräten hat jetzt die Leistungsprüfungen bestanden, einschließlich Resistoren und Transistoren, Bauteile von Batterien (die einige Schwierigkeit bereiteten), Sonnenzellen, rückwärtswirkende Raketen und Fallschirme für Landungen.

Wahrscheinlich liegt die schwierigste Einzelaufgabe, welche der Entwurf von Flugkörpern für planetare Missionen stellt, in der Entwicklung von Systemen für Signalübermittlung, die alle verlangten Meldungen über große Entfernungen zurücksenden können, ohne übermäßig viel Energie zu verbrauchen. Sonnenzellen liefern in der Entfernung des Mars von der Sonne nur halb soviel Energie wie in der Entfernung der Erde von der Sonne, und Energiesysteme für interplanetare Flüge müssen mehrere Jahre lang funktionieren können. Ein Radiostrahl kann leicht von der Umgebung des Mars zur Erde gesendet werden, aber er wird dabei so erheblich abgeschwächt, daß die Rate der Informationsübermittlung, mit welcher er Daten senden kann, für jedes praktisch mögliche Maß von Sendeenergie äußerst niedrig ist. Ein Laserstrahl wäre viel wirksamer, weil er ein schmales Strahlenbündel bildet, das viel langsamere Abschwächung erleidet. Leider ist noch keine Methode erdacht worden, mit der ein solcher Strahl vom Mars aus genügend genau auf das Empfangsziel auf der Erde gerichtet werden kann, und außerdem können die meisten Lasersignale nicht ohne erhebliche Abschwächung durch die Erdatmosphäre geschickt werden.

Das Laboratorium für Strahlantriebe des *California Institute of Technology* (ein im Auftrag von NASA betriebenes Forschungszentrum) hat ausführliche Voraussagen über die Art der Daten gemacht, welche planetare Flugkörper der Zukunft senden werden, und über die gesamte Datenmenge, die bei einer gegebenen Mission anfallen, sowie über die Übermittlungsrate, mit der die Daten auf die Erde gesendet werden müssen. *Mariner IV* erreichte 1964 eine Übermittlungsrate von 8 Binärzeichen pro Sekunde; trotz der Tatsache, daß der Pegel des Hintergrundrauschens in der Nähe des Mars niedrig ist, mußten die Bilder der Marsoberfläche Zeile für Zeile gesendet werden, und jedes Bild brauchte acht Stunden, bis es vollständig war. Die mit Voraussagen beschäftigten Mitarbeiter des Laboratoriums haben diese Bilder sorgfältig untersucht und deren Auflösungsvermögen mit demjenigen verglichen, das bei kürzerer Sendezeit und höherer Übermittlungsrate zu erhalten wäre. Die *Voyagers* sollen sehr detaillierte Landkarten von viel größeren Gebieten des Planeten durch Fernsehen aufnehmen, und folglich muß die Signalübermittlung des *Voyager* eine gewaltige Verbesserung gegenüber derjenigen des *Mariner IV* aufweisen. Die Landekapsel des *Voyager* wird 600—2600 Zeichen pro Sekunde direkt von der Marsoberfläche zur Erde senden können und 50 000—200 000 Zeichen pro Sekunde an Aufnahmegeräte im umkreisenden Flugkörper senden, der ein Speichervermögen für eine Milliarde Binärzeichen besitzt. Diese umkreisenden Flugkörper werden den Hauptteil der Signalübermittlung zur Erde tragen und 8000—15 000 Binärzeichen pro Sekunde senden.

Das Fehlen von bedeutenden neuen Systementwicklungen läßt eine teilweise Pause in der Weltraumforschung nach Abschluß des *Apollo*-Programms voraussehen. In dieser Zeit kann das verarbeitet werden, was man in Erfahrung gebracht hat und was man durch die Ausnutzung der *Apollo*-Geräte noch an Kenntnissen für Wissenschaft und Technik einbringen kann. Die Leistung des Menschen als Raumforscher und -techniker auf den Landeplätzen in den Raumstationen wird fraglos neue und einfallsreiche Anwendungen seiner Fähigkeiten zur Förderung des Wissens und für das Wohl der Menschheit in Gang bringen.

Das Energieproblem bildet das Kernstück der Schranken, denen sich der Mensch gegenüber sieht, wenn er die ferneren Bereiche des Weltraums erforschen will. Der grundlegende, begrenzende Faktor ist in der Raumfahrt, ebenso wie in der Luftfahrt während der ersten fünfzig Jahre, der Mangel an Energie und besonders derjenigen für den Antrieb. Aus diesem Grund müssen ja die Abschüsse so vieler Missionen durch bestimmte „Fenster" erfolgen, bei denen die für den Flug notwendige Antriebsenergie ein Minimum beträgt.

Wenn ein Antriebssystem ersonnen werden könnte, das einem Flugkörper eine konstante Beschleunigung von 1 g (der Schwerkraft der Erde) gibt, dann wäre es möglich, einen Astronauten in einer Woche zum Mars und zurück zur Erde zu befördern. Er würde nur wenig an Ausrüstung brauchen, das nicht schon seit einigen Jahren vorhanden ist. Als Kapsel und lebenserhaltendes System könnte dienen, was der *Gemini* 1965 im ersten bemannten Zweiwochenflug benutzt hat. Leider gibt es kein solches Antriebssystem, und keine Methode steht gegenwärtig in Aussicht, die uns helfen könnte ein System mit solcher Leistungskraft zu entwickeln. Eine Marslandung würde bei Benutzung des besten, bisher erdachten Raketensystems, der mit Kernenergie angetriebenen Rakete *Nerva*, zwischen 14 und 18 Monate dauern. Die Entwicklungsarbeiten und Zuverlässigkeitsversuche des *Nerva*-Antriebes sind größerenteils abgeschlossen, aber die Konstruktion eines flugfähigen Antriebwerkes ist nicht in Angriff genommen worden. Mindestens zehn Jahre werden für Konstruktion, Herstellung und Erprobungsversuche verstreichen, ehe mit Kernergie angetriebene Raketen einsatzfähig sein werden.

Schon lange vor dem Raumzeitalter haben Schweißer und Plattierer daran gedacht, mit Metall-Ionen als Strahlen zu schießen, und heute werden Ionen-Antriebe von Raketen tatsächlich in der Raumfahrt gebraucht; aber damit sie gegenüber Triebwerken mit Kernenergie konkurrenzfähig werden können, muß das Gewicht der Systeme pro Kilowatt der erzeugten Elektrizität mindestens um eine Größenordnung vermindert werden. Falls als wünschenswertes, nationales Ziel beschlossen würde, ein System zu entwickeln, welches geringes Gewicht hat und Zehntausende von Kilowatt Elektrizität mehrere Jahre lang in Schubkraft umsetzen kann, dann würde dieses Konzept wahrscheinlich binnen 20 bis 25 Jahren in flugfähigen Geräten verwirklicht werden. Mit solchen Energiemengen und elektrischen Antrieben könnten bemannte Raumfahrzeuge, die für Missionen zu Mars und Venus mit Flugzeiten bis zu 700 Tagen entwickelt sind, mit relativ kleinen Änderungen für Missionen zum Jupiter und sogar zum Saturn bei etwa derselben Flugdauer benutzt werden. Reisen in so großer Entfernung von der Sonne erfordern, daß die gesamte vom Raumfahrzeug gebrauchte Energie an Bord erzeugt wird. In den schwarzen äußeren Bereichen des Sonnensystems können etwaiger Antrieb durch Photonen des Sonnenlichts und durch Sonnenzellen erzeugte Elektrizität nicht verwendet werden. Spätere Generationen werden wahrscheinlich dorthin gelangen, vielleicht im nächsten Jahrhundert. Eine solche Reise wird die Findigkeit, die Technologie und die organisatorische Fähigkeit nicht eines einzigen Volkes, sondern der Menschen der ganzen Welt herausfordern.

Verkehr

Gabriel Bouladon

Ein Überblick der Fachliteratur deutet darauf hin, daß die Verkehrssysteme sich bis zum Ende des Jahrhunderts radikal ändern könnten mit Einsatz von beweglichen Transportbändern für kurze Entfernungen, Zügen in Röhren mit Fahrgeschwindigkeit von 800 km/h für mittlere Entfernungen und Flugzeugen mit Geschwindigkeit von Mach 10 für große Entfernungen. Die wichtigste Neuerung würde jedoch in staatlicher Gesetzgebung liegen, welche die Transportsysteme zum Einklang mit ihrer Umgebung zwingt.

Das Chaos des heutigen Transportsystems ist das Ergebnis ungezügelten Wachstums. Dem aufsehenerregenden Fortschritt im Flugwesen steht die Verstopfung im Stadtverkehr gegenüber. Selbst wenn einmal eine Sonderbahn gebaut ist, die Flughafen und Stadt in 10 min Fahrzeit verbindet, könnten doch immer 30 min nötig sein, um den Bahnhof zu erreichen, und selbst das nur, wenn man ein Taxi findet, das geschickt Verkehrsstauungen vermeidet, oder wenn man die überfüllte Untergrundbahn benützt. Während einer einzigen Stunde werden wir im Überschallflugzeug verwöhnt, verhätschelt und bewirtet, aber

---

Gabriel Bouladon ist Leiter der Ingenieursabteilung des Battelle-Instituts in Genf. Seine gegenwärtigen Forschungsgebiete schließen viele Probleme des Verkehrswesens ein, besonders bewegliche Transportbänder, elektrisch angetriebene Fahrzeuge und Luftkissensysteme sowohl für Güter- als auch für Personentransport.

bei der Fahrt von und in die Stadt lärmbetäubt, gedrängelt, gedrückt und erschöpft.

Offenbar ist etwas in unseren Transportsystemen grundsätzlich verkehrt. Diejenigen Systeme, welche die größte Anzahl von Menschen bedienen, sind zur Zeit am wenigsten rationell und in der Benutzung am unbequemsten. Die Nachfrage nach diesen städtischen Transportsystemen wird jedoch am schnellsten wachsen. Die Bevölkerung der Erde wird sich am Ende dieses Jahrhunderts verdoppelt haben, aber die Anzahl der Menschen, welche in Stadtgebieten wohnen, wird sich vervierfachen. Es werden Supergroßstädte von 400 km Länge entstehen so wie die Riesenstadt Boston-Washington, die 80 Mill. Menschen behausen wird, und der Streifen von Tokaido (Japan) mit 85 Mill. In solchen Städten lebende Menschen werden hohe Einkommen haben und auch mehr Zeit, um diese auszugeben, weil die Lebensdauer länger wird und die Freizeit sich verlängert. Als Folge davon wird das Reisen stark zunehmen. Die Jugend von heute wird unserem Beispiel folgen und dann jährlich 50- bis 100mal mehr Kilometer reisen als ihre Väter es getan haben. Der Bedarf nach Gütertransport wird ebensoschnell anwachsen. Wie können diese zusätzlichen Ansprüche befriedigt werden?

Die Zukunft des Verkehrswesens ist den meisten Methoden technologischer Vorausschau zugänglich, und ich beabsichtige nicht, sie in diesem Aufsatz weiter darzulegen. Statt dessen will ich versuchen, die hervorstechenden Resultate in einer Übersicht darzustellen, welche verschiedene Typen von Transportsystemen und die Art ihres Zusammenwirkens andeutet, wie die Technologie sie bieten könnte. Die Systeme sind bereits in Entwicklung. Sie wird von drei Hauptmotiven bestimmt: Bedarf der Fahrgäste, Fortschritte der Technik und der Verkehrsgesetzgebung, welche die Öffentlichkeit von den Regierungen erzwingt. Die genaue Art des Zusammenspiels dieser drei Kräfte wird entscheiden, wieviel von dem jetzt folgenden Szenario in Wirklichkeit umgesetzt werden wird. Aber das wichtigste ist, daß wir eine klare Vorstellung davon gewinnen, was überhaupt technisch möglich ist. Was nun folgt, ist absichtlich provozierend formuliert; gleichzeitig beruht es auf sachgemäßer Extrapolation, die im Schrifttum über das Verkehrswesen reichlich dokumentiert ist.

In einem früheren Aufsatz („The transport gaps", Science Journal, April 1967) habe ich gezeigt, daß alle Transportsysteme, vom Fußgänger bis zur Rakete, gemäß ihrer optimalen Reichweite eingeteilt und in einer Gesamttheorie des Verkehrs zusammengefaßt werden können. Diese Theorie zeigt ein einfaches, statistisches Gesetz, das allen Stadtbewohnern im Unterbewußtsein bekannt ist: es gibt Reisezeiten, die wir

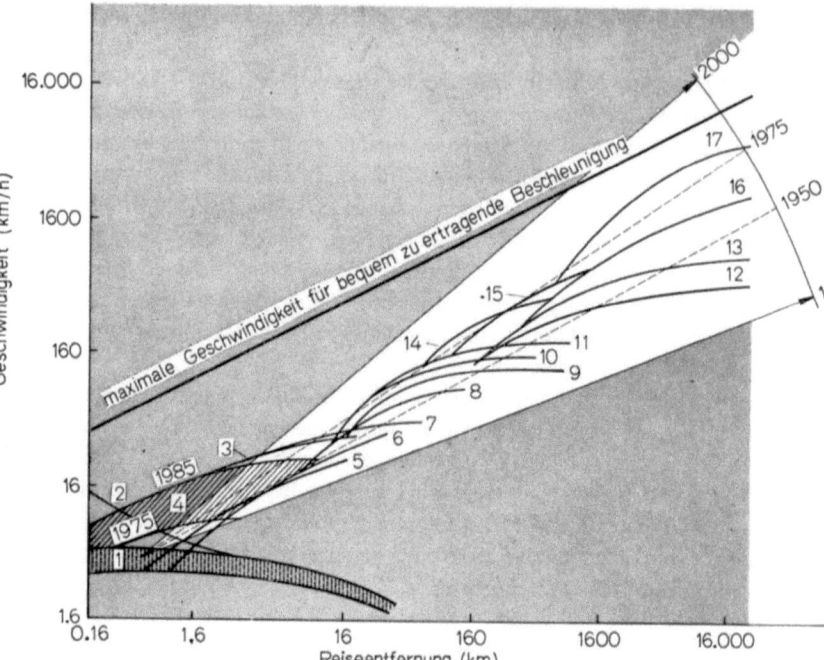

Abb. 22

1. Fußgänger
2. Läufer
3. Ununterbrochene integrierte Verkehrsbänder +3 min (1988)
4. Umsteigesystem +1½ min
5. Untergrundbahn +7 min
6. Stadtstraßen
7. Automatisch gelenktes Fahren
8. Gewöhnliche Straßen
9. Schnellzug +¼ Std
10. Autobahn
11. Eisenbahn mit Turbinenantrieb +¼ Std (1971)
12. Propellerflugzeug +1½ Std
13. Düsenflugzeug +1½ Std
14. Röhrenbahn +20 min (1985)
15. Flugzeug mit kurzer Start- und Landebahn +30 min (1985)
16. Überschallflugzeug +1½ Std (1973)
17. Hyperschallflugzeug +1 Std (1985)

Die Forderung nach Geschwindigkeit wächst mit der Zeit (1925—2000) und mit der Reiseentfernung. Die durch Pfeile markierten Punkte zeigen an, welche Systeme in späteren Zeitpunkten für Reisen bestimmter Entfernungen geeignet sind — nur solche, die oberhalb der Pfeilspitze liegen, sind ausreichend schnell. So würden im Jahre 1975 Flugzeuge mit Hyperschallgeschwindigkeit und Bahnen in Röhren zu den besten schnellen Transportarten gehören. Im Jahre 2000 würden ununterbrochene integrierte Verkehrsbänder — ein System von ununterbrochen beweglichen Bändern mit Zugang ähnlich wie bei Rolltreppen — für kurze Strecken geeignet sein, aber für lange Reisen hat sich noch kein ideales System abgezeichnet. Die Zahlen, die hinter den einzelnen Systemen angegeben sind, bedeuten die mittlere Anfahrt- und Wartezeit für verschiedene Entfernungen für zumutbar halten. Dieses Gesetz verändert sich im Laufe der Zeit. Zum Beispiel waren wir im Jahre 1925 einverstanden, 100 km in 3 Std zu reisen, aber nur 12 Std für 1000 km — in anderen Worten, viermal so lange zu reisen um zehnmal so weit zu reisen. Aber im Jahre 1955 waren wir nur bereit, dreimal so lange für die entsprechende weitere Entfernung zu reisen; es kann sein, daß wir 1975 nur die doppelte Reisezeit und im Jahre 2000 die anderthalbfache hinnehmen. Dazu gehört, daß die reinen Reisegeschwindigkeiten sich um das 2,5-, 3-, 5- und 7fache erhöhen. Folglich wird im Jahre 2000 die Flugzeit von London nach Sydney im Hyperschall-Preßdüsenflugzeug (16 800 km in 60 min) nur dreimal so lang sein wie die Fahrt zum Flughafen (40 km in 20 min).

Die meisten Strecken im Stadtverkehr sind 2 km oder weniger lang. Der Fußgänger wird nicht einmal so weit gehen wollen. Die Entfernung, bei der er sich „weigert", wird ungefähr bei 400 m liegen, wie es heute der Fall ist. Folglich wird bei genügendem Verkehrsbedarf eine ganze Gruppe von Hilfsmitteln für Fußgänger, selbst für noch kürzere Entfernungen, in Betrieb genommen werden. Solche Systeme gibt es zur Zeit so gut wie gar nicht. Die anfänglich langsamen Transportbänder werden bald danach durch beschleunigte Beförderungsmittel ersetzt werden, die mit Geschwindigkeiten von 10—16 km/h arbeiten. Der Fußgänger wird jedoch im langsamen Gehtempo ein- und aussteigen können, wie er es jetzt schon bei Rolltreppen macht.

Diese unterbrechungslosen Systeme werden Umsteigesysteme oder HVCS (*H*igh *V*olume *C*ontinuous *S*ystem) genannt und werden eine Kapazität von bis zu 10 Passagieren pro Sekunde (36 000 pro Stunde) besitzen. Jede Einheit wird den Passagieren 10 min pro gefahrene Meile ersparen. Das ergibt bei 20 Betriebsstunden am Tage und 30% Auslastung eine Zeitersparnis von 36 000 Std oder Geldersparnis von 693 000,— DM täglich (bei Bewertungssätzen, die im Jahre 2000 gelten), womit bewiesen ist, daß das System sich lohnt.

Ein HVCS-Netz mit Ein- und Ausgängen in Abständen von 500 m kann leicht den Verkehr im zentralen Geschäftsviertel bewältigen, der für Kraftfahrzeuge gesperrt sein wird. Transportbänder sind zuverlässig, sicher, automatisch, ruhig und wirtschaftlich. Neue Untersuchungen haben gezeigt, daß eine Leistung von 38 Passagiermeilen pro Kilowattstunde bei nur 20% Auslastung erzielt werden kann. Diese Ziffern sind von dem britischen Architekten Brian Richards bestätigt worden, der als Betriebskosten des Transportbandes 0,025 Pennies pro Passagiermeile angibt, also 10- bis 20mal weniger als bei jedem anderen Beförderungsmittel.

Diese Untersuchungen setzen die derzeitige Technik voraus: von Rollen getragene laufende Bänder, wobei der Reibungskoeffizient 2%

ist. Es ist durchaus möglich, die Reibung weiter durch Verwendung sehr dünner Schichten von Luft mit niedrigem Druck zu senken. Ein solches System könnte eine ebensogroße Umwälzung im Verkehrswesen bringen wie vor 100 Jahren die Kombination von Dampfmaschine und Schienen oder vor 50 Jahren die von Verbrennungsmotor und Reifen.

Schmierung durch Luft wird den Energiebedarf senken; es bedeutet auch, daß Zug nicht mehr notwendig ist und Gewicht und Kosten des Bandes erheblich gesenkt werden können, weil die Energie genau an den Punkt gebracht wird, wo sie gebraucht wird: unter das Band und nicht in das Band. Mit einem kleinen Niveau-Unterschied, kaum mehr als ein Meter Höhe pro Kilometer Entfernung, kann ein schmales Band 200 t Passagiere (3000 Personen) ohne Zugkräfte und ohne Triebwerk befördern, indem deren Gewicht die Energiequelle darstellt.

Welche neuen Systeme kommen für Entfernungen von 2—15 km in Frage? Die übliche Untergrundbahn, welche vom Omnibus mit Pferdebetrieb abgeleitet ist, wird sich nur in „kleinen" Städten mit weniger als fünf Millionen Einwohnern halten. Die heutige Untergrundbahn leidet an ihrem eigenen Prinzip: wenn die Haltestellen nahe beieinander liegen (500 m) ist die Benutzung bequem, aber die Fahrt ist langsam; bei größerem Abstand zwischen Haltestellen (2 km) ist die Benutzung unbequem und dennoch nicht schnell, weil die Passagiere Zeit und Kraft für den Gang zu und von den Stationen brauchen. Darüber hinaus verschwenden Untergrundbahnen wertvollen, teueren Raum: 86% der Tunnel sind selbst während des Stoßverkehrs leer, während die Stadt verstopft ist, und diese Tunnel kosten zwei Drittel der gesamten Kapitalausgaben.

Eine Alternative für Großstädte besteht im ununterbrochenen Untergrundbahnzug, ein Konzept, das von P. Zuppiger und mir im Bat-

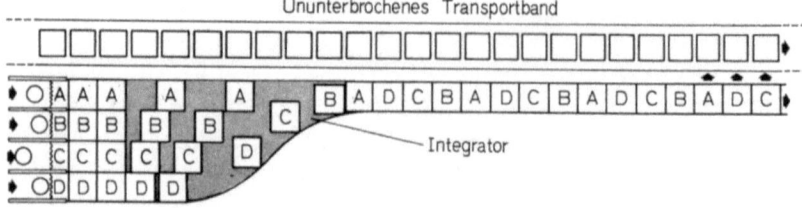

Abb. 23

Ein ununterbrochen laufendes integriertes Transportband ist im Bild gezeigt. Der Integrator nimmt vier Passagiere in Gehgeschwindigkeit auf, beschleunigt sie und reiht sie hintereinander auf. Zu diesem Zeitpunkt werden sie mit der höheren Geschwindigkeit des Transportbandes bewegt, auf welches sie dann herübertreten können telle-Institut in Genf untersucht und patentiert worden ist. Das neue Beförderungsmittel wird geräuschfrei, automatisch und dauernd in Bewegung sein. Es bietet 8- bis 10mal mehr Platz (der für größere Bequemlichkeit, für größere Passagierzahlen oder für beides benutzt werden kann) als unser jetziges Untergrundbahnsystem, obgleich dieselben Tunnel benutzt werden.

Um dieses Stadium zu erreichen, muß die HVCS-Technik bis etwa 1980 weiterentwickelt werden, um verbesserte Beschleunigungsaggregate, genannt „Integratoren", zu liefern, die den Passagieren ohne Warten sicheren Zugang zu ununterbrochen laufenden Transportbändern gewährt. Diese werden sich mit einer Geschwindigkeit von 30 bis 40 km/h bewegen, womit die Passagiere schneller als heute fahren können, wo mehr als die Hälfte der Zeit durch Warten, Bremsen und Halten verschwendet wird.

Wie steht es mit anderen öffentlichen Verkehrsmitteln auf Straßenebene? Im Jahre 1990 etwa werden die letzten Autobusse verschwunden sein, die selbstverständlich elektrisch angetrieben waren (auf Grund der verspätet erlassenen Gesetze gegen Verunreinigung der Luft aus den Jahren um 1980 herum). Die Personalkosten werden 90% der Betriebskosten der Autobusse ausmachen, und unzufriedene Autobusführer werden immer noch störend streiken. Schließlich werden Autobusse zu schwer und zu schwerfällig werden, um in den zentral und elektronisch regulierten Verkehrsfluß hineinzupassen; allmählich werden alle Hauptstraßen in diese Regelung einbezogen und der Verkehrsfluß wird dadurch vervierfacht, daß der Abstand zwischen den elektrisch angetriebenen Fahrzeugen weniger als 3 m betragen wird.

Der meiste Verkehr auf Straßenebene wird jedoch aus kleinen, elektrischen Fahrzeugen bestehen, die würfelförmig gestaltet sind. Der für den Stadtverkehr bestimmte Wagen wird das Ende seiner Entwicklung erreicht haben und die einfachste und der Funktion am besten angepaßte Form aufweisen: ein glatter, durchsichtiger plastischer Würfel ohne Chrom-Beschlag und Ausbuchtungen, mit standardisiert abgerundeten Ecken, die Bedienung und Parken erleichtern. Die Länge der Fahrzeuge wird auch standardisiert, damit sie leicht in normierten Behältern transportiert werden können.

Diese geräuschlosen, praktischen Würfel werden die Stadtbewohner die lärmenden, stinkenden Fahrzeuge, die es heute überall gibt, vergessen lassen. Elektrische Motoren mit hohen Drehzahlen werden sie antreiben, die mit Wechselstrom ohne Bürsten oder Gleichrichter 35 000 Umdrehungen pro Minute erzielen. Sie werden mit veränderlicher Frequenz von miniaturisierten Thyristoren gespeist. Transmissions-Systeme werden immer noch notwendig sein, um die Kraft an die Mikroräder zu bringen. Aber die Konstruktionsmaterialien werden so weit fortentwickelt sein, daß die Räder in einem einzigen Gang mit Wirkungsgrad von über 95% angetrieben werden können. Diese Nachfolger der Getriebe werden nachgiebig und deformierbar sein und fast ewig halten.

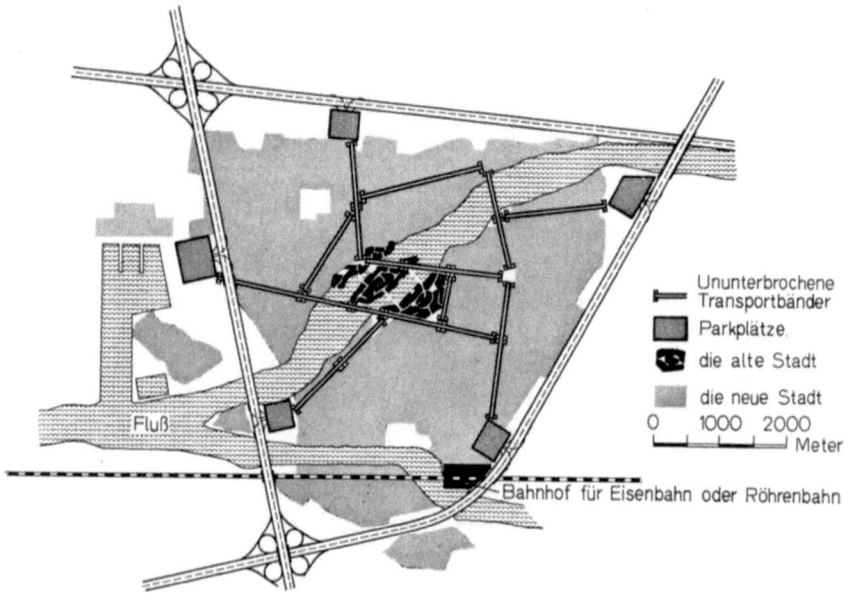

Abb. 24
Netz ununterbrochen laufender Transportbänder in einer typischen Stadt. Die Transportbänder führen von den Parkplätzen und Bahnhöfen der Eisen- und Röhrenbahnen, die am Rande der Stadt liegen, in deren Geschäftsbezirke hinein. Ein- und Aussteigplätze liegen im ganzen Netz mit jeweils 500 m Abstand

Die Energieversorgung dieser elektrischen Wagen wird durch Batterien geleistet, die 8- bis 10mal soviel Energie pro Gewichtseinheit speichern wie die heutigen Typen. Am beliebtesten werden wahrscheinlich Batterien sein, die an Tankstellen mit Druck entleert und wieder aufgeladen werden, was etwa solange braucht wie das Füllen eines Benzintanks. Diese Batterien werden, ähnlich wie Brennstoffzellen, Sauerstoff aus der Luft verwenden und Wasserstoff, den besten Brennstoff, der in der Form von Metallhydriden gespeichert werden wird.

In der Stadt wird die Geschwindigkeit auf 50 km/h beschränkt sein. Aber das wird eine wirkliche Fahrgeschwindigkeit von 50 km/h bedeuten, während heute die durchschnittliche Geschwindigkeit in der

Stadt bei 15 km/h liegt, denn der Verkehr wird in ununterbrochenem Fluß sein, und Kreuzungen werden auf verschiedenen Ebenen bewerkstelligt. Verkehrslichter wird es nicht mehr geben. Selbst die Wagen

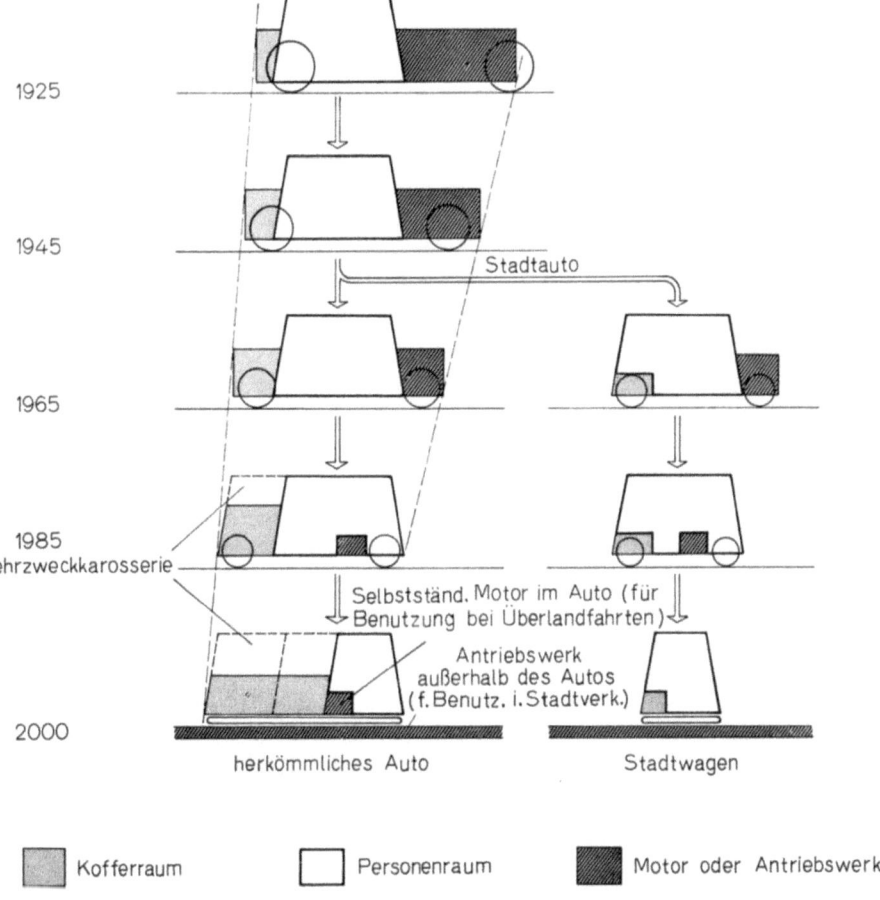

Abb. 25
Die Entwicklung des Personenautos teilte sich ungefähr 1965 in zwei Richtungen — eine für den Stadtverkehr, eine für Benutzung im ganzen Lande. In beiden Richtungen werden die Motoren immer kleiner, bis sie für Stadtautos ganz entfallen werden, wobei die Triebkraft von außen geliefert wird. Die Räder werden auch kleiner, bis sie schließlich ganz verschwinden und durch andere Systeme wie Luftkissen oder magnetische Halterung ersetzt werden. Das Abteil für Personen bleibt bei der jetzigen Größe bis gegen Ende des Jahrhunderts; dann wird man die Erfahrung nutzen, daß die meisten Fahrten mit nur ein bis zwei Personen gemacht werden, weshalb kleinere Fahrzeuge ausreichen, wenn bei Bedarf andere Einheiten darangekoppelt werden können

für den Stadtverkehr werden meistens gemietet sein und nicht den Benutzern gehören. Taxis für Selbstbedienung werden eingeführt werden, nachdem Gesetze gegen Verkehrsverstopfung in Städten erlassen sind.

Ein gewöhnlicher Stadtfahrer wird so vorgehen: nach Verlassen des Büros geht er zum nächsten „linearen Wagenpark". Diese gibt es überall entlang der Hauptstraßen, auf denen gewöhnliches Parken nicht erlaubt ist. Selbstbedienungstaxis, deren Bereitstellung vom Computer geregelt wird, werden magnetisch an eine Förderkette unter dem Pflaster gehängt und bilden eine langsame Prozession, während sie auf Kunden warten. Der Fahrgast steckt seine Kreditkarte, die aus magnetisiertem plastischem Material besteht, in den entsprechenden Schlitz und kann dann die Wagentür öffnen und sich an das Steuerrad setzen. Durch Druck auf den Beschleunigungshebel löst sich der Wagen von der Förderkette.

Wenn der Fahrgast in die Vorstädte fährt, kann er selbst chauffieren, aber wenn er zur Universität will und mitten durch die Stadt fahren muß, schaltet er sich in ein automatisches Fahrsystem ein, indem er dem zentralen Computer sein Fahrziel mündlich angibt. Nach Ankunft stellt er den Wagen beim nächsten „linearen Wagenpark" ab.

Welche neuen Lösungen wird man für Fahrten nach größeren Entfernungen finden? Das Auto wird das einzige Verkehrsmittel bleiben, das man zu Hause hat. Die Zahl der Autos wird so enorm steigen, daß deren Benutzung geregelt werden muß und zwar zuerst in den Städten (in den Jahren ab 1980) und dann auf den Autobahnen (1985?), die elektronisch kontrolliert werden. Die Autobahnen werden mit vier oder sechs Fahrbahnen in jeder Richtung etwa 80% des Gesamtverkehrs tragen, wobei jede Fahrbahn stündlich 15 000 Autos bewältigt; das entspricht einer dreimal größeren Dichte von Fahrzeugen als in der Gegenwart. Diese Fahrbahnen werden folgende Geschwindigkeitsbegrenzungen haben: Fahrbahn 1: 160 km/h (Lastwagen mit Turbinenantrieb); Fahrbahn 2: 185 km/h (Lieferwagen und Autos, die älter als fünf Jahre sind); Fahrbahn 3: 210 km/h (normale Familienautos); Fahrbahn 4: 240 km/h (schnelle und Sportwagen).

Der „Fahrzeugführer" kann lesen, sich ausruhen oder mit seinen Fahrgästen plaudern. Das automatische Lenkungssystem sorgt dafür, daß der Abstand zwischen den Wagen derselbe bleibt. Die Wagen fahren in Kolonnen von zwanzig mit Abstand von einigen Metern voneinander. Zwischen den Kolonnen wird genügend Abstand gelassen, damit ein Auto, das Schaden erlitten hat, automatisch über die langsameren Fahrbahnen aus der Autobahn herausgeleitet werden kann. Ebenso können Führer, die die Fahrbahn wechseln oder die Autobahn verlassen möchten, ihren Wunsch dem zentralen Computer mitteilen, und der Wechsel erfolgt dann nach wenigen Sekunden automatisch. Ein solches System wird wirklich sicher sein. Nachdem man lange die Fahrzeuge beschuldigt hat, werden öffentliche Meinung und Regierungen schließlich einsehen, daß die Verkehrsgefahren weniger von den Fahrzeugen herrühren als vielmehr davon, daß diese von gefühlsbedingten, langsam auffassenden und unvollkommenen Menschen geführt werden.

Ungefähr 30% der Autos werden noch den alten, inneren Verbrennungsmotor benutzen. Obgleich er viel leichter werden wird, werden zwei Gründe seine Beliebtheit verringern. Erstens werden „luftverunreinigende Autos" nicht in die inneren Stadtbezirke gelassen werden. Zweitens wird Benzin dreimal teurer sein als heute; die Steuern, welche 1967 80% der Treibstoffpreise ausmachen, werden erhöht werden, um die elektrischen Wagen zu subsidieren, die 100% „sauber" sind und nationale Energiequellen verwenden (durch Kernenergie mit Hilfe schneller Brüter mit hohen Temperaturen generierte Elektrizität).

Wagen mit Brennstoffzellen werden folglich vorgezogen werden, die eine um 60% höhere Kilometerzahl pro Liter liefern.

Diese Brennstoffzellen benutzen feste Elektrolyten und sind relativ billig und leicht (weniger als 2 kg pro Kilowattstunde). Sie werden jedoch in scharfer Konkurrenz mit wieder aufladbaren Batterien liegen, die außerhalb der Städt Verwendung finden.

Letztlich werden Sportwagen mit Gasturbinen hoher Temperatur ausgestattet werden, die ein hohes Verhältnis von Kraft zu Gewicht besitzen und deren Brennstoffbedarf in der Mitte zwischen dem des Verbrennungsmotors und dem der Brennstoffzellen liegt. Ein Nachteil: wegen der Gefahr von Luftverunreinigung werden Turbinen nicht in die Städte gelassen werden, obgleich sie fast geräuschlos sind.

Brennstoffzellen und Gasturbinen werden auch in Lastwagen verwendet werden, oder vielmehr in den enormen Lastzügen mit vielen Anhängern (mit über 100 t Gewicht), die die Hälfte des Güterverkehrs befördern werden. Dieselmotoren der entsprechenden Stärke werden zu schwer, zu langsam, zu schmutzig und zu geräuschvoll sein und im Laufe der Zeit aussterben.

Im Jahre 2000 wird es in den Vereinigten Staaten 360 Mill. Privatautos geben (1,1 Wagen pro Einwohner) und etwa dieselbe Zahl in Europa (also 7mal mehr als heute). Aber die Sättigung wird dann einsetzen und der Markt wird sich auf Ersatz alter Wagen beschränken. Die Hersteller könnten sich dann dem privaten Flugzeug zuwenden, welches Mädchen für alles wird und sich äußerst stark verbreiten wird. Ihre Garagen sind Dächer und sie werden automatisch gesteuert, mit automatischem Senkrechtstart und -landung und elektromagnetischer

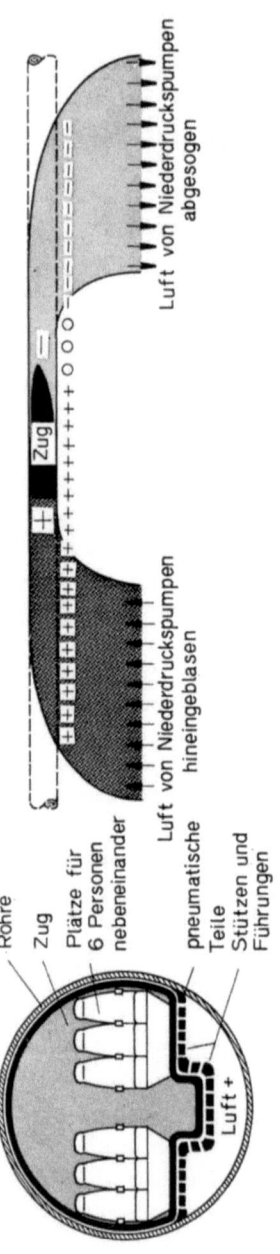

Unterstützung vom Boden aus. Während des Fluges werden die Flugzeuge von Gasturbinen mit Richtungsdüsen angetrieben, die extrem leicht sein werden (100 kg Schubkraft pro Kilogramm), womit ein großer Geschwindigkeitsbereich (60—1000 km/h) ermöglicht wird.

Der Hauptkonkurrent für Gütertransport auf der Straße wird nicht die Eisenbahn sein, sondern Fahrzeuge, die in einer eng anpassenden „Röhre" völlig umschlossen gleiten. Solche Röhren könnten aus neuen Glasarten hergestellt werden, die keine Oberflächenfehler aufweisen und deren Verhältnis von Stärke zu Gewicht 3—4mal höher ist als bei Stahl. Glasfaserröhren werden mit durchsichtigen, synthetischen Harzen imprägniert, welche die Konstruktion verhüllen. Diese Röhren werden als Hochleitungen oder unter Grund Verwendung finden, wo sie zur Beschleunigung des Postverkehrs und zur Müllabfuhr dienen können. Röhren werden nicht nur Flüssigkeiten befördern, wie im Jahre 1967, sondern auch feste Körper in normierten Behältern, die auf Luftkissen gleiten. Dieselbe Luft wird auch zu ihrer Fortbewegung verwendet (siehe Abb. 26).

Abb. 26
Der pneumatische Röhrenzug wird von einer dünnen Luftschicht getragen und durch Druckunterschied vor und hinter dem Fahrzeug vorwärtsgetrieben. Das Personenabteil ähnelt der Kabine eines Flugzeuges. Dies könnte die wirtschaftlichste Art des Verkehrs sein, die jemals erfunden worden ist. Die Röhre besteht aus sehr festen, durchsichtigen Glaswänden, die den Fahrgästen bei Fahrten oberhalb des Erdbodens einen Ausblick auf die Umgegend gewähren

Röhren werden auch für Passagierbeförderung mit Geschwindigkeiten bis zu 800 km/h verwendet werden. Die Passagierwaggons werden durchsichtige Kapseln etwa der Größe der heutigen Flugzeugrümpfe sein. Diese Behälter werden auf einem dünnen Luftkissen gleiten. Die Luftzu- und -abfuhr werden Gebläse in regelmäßigen Abständen entlang der Röhre bewerkstelligen, aber die Verteilung der Luft wird im Interesse des sparsamen Energieverbrauchs und der höheren Wirksamkeit durch Sensoren geregelt, die Luft nur dann ableiten, wenn ein Behälter über sie gleitet. Diese Technik ist bereits ziemlich genau im Battelle-Institut in Genf ausgearbeitet worden und wird schon im Güterverkehr kommerziell benutzt. Sie wird in größerem Maßstab zum Pneumatischen Röhrenzug (Pneumatic Logic Tube Train) führen, der einen größeren Wirkungsgrad als die übliche Art pneumatischen Transportes haben wird. Er wird auch besser sein als andere Arten pneumatischer Züge, wie z. B. das Foa System oder Project Tubeflight. Bei diesen ist die Grundidee, die Passagierbehälter auf Luftkissen zu stützen, welche auf Ausbuchtungen des Behälters selbst ruhen. Die Nachteile dieses Systems liegen darin, daß die Röhren doppelt so breit sein müssen wie die Behälter und daß sie als Antrieb lärmende, die Luft verunreinigende Turbinen brauchen. Dadurch entstehen Schwierigkeiten, den Passagieren frische Luft zuzuführen, und die Auspuffgase würden nach einigen Tagen den Blick durch die durchsichtigen Glaswände der Röhre verdunkeln. Es ist auch bemerkt worden, daß die Durchfahrt jedes Zuges mit 10 000 PS die Temperatur um etwa 10 °C erhöhen würde, was einen dauernden Zugbetrieb während des Sommers unmöglich machen würde.

Folglich wird der pneumatische Röhrenzug wegen seiner Betriebssicherheit und Wirtschaftlichkeit weitgehende Verwendung finden. Seine Hauptbestandteile sind frische Luft, die von Niederdruckventilatoren durchgeblasen wird, und Tausende von plastischen Ventilen. Die letzteren sind billige Bauteile, die Luft unter und hinter den Zug pressen und vorne absaugen, um den Widerstand zu verringern. Diese Erfindung kann man als das dreidimensionale Gegenstück zur Erfindung der Eisenbahn im 19. Jahrhundert ansehen, deren hauptsächlicher Beitrag in der Beseitigung des Widerstandes beim Rollen in einer Ebene bestand.

Aber die Eisenbahnen werden nicht stehen bleiben, wie die folgende Entwicklung zeigt:

1961: Diskussionen über die Möglichkeit, die Höchstgeschwindigkeit von Zügen von 150 auf 160 km/h zu erhöhen.

1964: Eröffnung der Tokaido-Linie in Japan (190—210 km/h).

1967: In Frankreich erzielt der Bertin Aerotrain Prototyp eine Geschwindigkeit von 300 km/h.

1969: Die Shin-Osaka-Linie in Japan mit 240 km/h der Öffentlichkeit übergeben.

1970/71: Turbinenzüge mit bis zu 270 km/h nacheinander in Kanada, den Vereinigten Staaten, Frankreich, Großbritannien und der Sowjetunion erprobt.

Die Geschwindigkeit der Eisenbahn wird sich in zehn Jahren ungefähr verdoppelt haben. Es wird möglich sein, sie bis 1985 auf 400 km/h zu erhöhen, und zwar mit Hilfe von Pendelaufhängung, automatischer Führung, automatischen Signalen und der Erfindung von automatischer Kontrolle der Schienenlage. Trotzdem wird die Wiederbelebung der Eisenbahnen nur ein Schwanengesang sein, besonders weil die zu transportierende Menge von schweren Gütern mit niedrigem Wert beträchtlich absinken wird. Fabriken, die große Mengen von Rohmaterial brauchen, werden an den Küsten liegen, wo sie ihre Erze durch Röhren von den Seehäfen beziehen, die Riesenerzschiffe von 1 Mill. t löschen können.

Die übliche Einheit der Handelsschiffahrt werden Schiffe von 1 Mill. t sein. Es wird zwei Arten von Schiffen geben: erstens die fast herkömmlichen Riesenschiffe für den Transport von Gütern geringen Wertes (Erze, Öl und Getreide). Sie werden von Kernenergie angetrieben (100 000 PS) und verwenden Schiffsschrauben bei einer Geschwindigkeit, welche kaum über der heutigen liegt (20—22 Knoten). Zu ihrer Lenkung wird eine Besatzung von acht Mann ausreichen, die durch senkrecht startende und landende Flugzeuge ausgewechselt werden kann.

Diese Riesen brauchen Einrichtungen, die „Häfen-in-der-See" heißen und aus sehr großen, schwimmenden festen Flächen bestehen, die aus normierten Kähnen aus plastischem Stahl bestehen und an Ort und Stelle zusammengesetzt werden. Werften werden eine unerwartete Aufgabe in der Massenherstellung dieser Kähne finden, welche auch für schwimmende Flughäfen, schwimmende Autobahnen und sogar schwimmende Hotels gebraucht werden.

Güter höheren Wertes werden in Container-Schiffen transportiert werden, die völlig anders sein werden als heutige. Sie werden Luftkissenfahrzeuge sein, die auf See noch praktischer sind als auf Land, weil sie so dem frontalen Wasserwiderstand ausweichen können, und es wird kaum eine Grenze für ihre Geschwindigkeit geben; ebenso wie bei dem Flugzeug wird sich Geschwindigkeit auszahlen. Katamarans von 100 000 t werden durch Luftdruck zwischen den beiden Kielen, der auf die Wasseroberfläche wirkt, erhoben und bewegen sich mit 60—80 Knoten, wobei sie 3- bis 4mal leistungsfähiger sind als die heutigen Schiffe. Die Häfen werden umgewandelt sein. Es wird völlig selbstverständlich sein, ein Container-Schiff von 100 000 t in 1½ Std zu löschen und wieder zu laden, indem Bretter mit je 240 Containern auf Luftkissen hin- und herfahren. Diese Container-Schiffe werden durch eine Reihe von Leitungsschrauben getrieben, die aus verstärkten, plastischen Waben bestehen; jede Schraube wird von einer Gasturbine angetrieben und ein einziger Gasgenerator mit 100 000 PS Leistung wird alle Schrauben parallel beliefern.

Das Flugzeug wird jedoch der Rivale der Schiffe für Warentransport über große Entfernungen werden. Der Weltverkehr an Luftfracht wird von 4000 Mill. t/km im Jahre 1965 auf 320 000 Mill. im Jahre 1985 und auf 5,6 Mill. Mill. im Jahre 2000 ansteigen. Die Fracht wird 80%/o des Luftverkehrs ausmachen, gegenüber 20%/o in der Gegenwart. Lastflugzeuge von 1000 t Gewicht werden auf jedem Fluge 450 t Container befördern können und, von Computern gelenkt, mit einer Geschwindigkeit von Mach 2,5 fliegen. Geschwindigkeit und Größe werden sich als die wirtschaftlichsten Kriterien erweisen, nach einem Gesetz, das sich etwa 1975 bestätigen wird, wenn das Boeing SST Überschallflugzeug einsatzfähig sein dürfte, das dreimal mehr Fluggäste dreimal schneller befördert als eine Boeing 707, und das mit einem Flugzeug, das nur doppelt so viel wiegt als sein Vorgänger, pro Passagier weniger Kraftstoff benötigt. Viele dieser Lastflugzeuge werden aus verstärkten, hitzewiderstehenden plastischen Materialien hergestellt, die Temperaturen bis zu 40 °C vertragen.

Der Passagierverkehr wird weniger gewaltig ansteigen: im Jahre 2000 auf $14 \cdot 10^{12}$ Passagierkilometer — nur 60mal soviel wie in der Wende vom sechsten zum siebten Jahrzehnt. Die durchschnittliche Größe von Flugzeugen wird sich jedoch verzwanzigfachen (im Schnitt wird ein Flugzeug 2000 Passagiere befördern), und der Frachtverkehr wird völlig vom Passagierverkehr getrennt sein. Die Stauungen im Luftverkehr werden daher erträglicher sein. Elektronische Lenkung und automatische Landung bei jedem Wetter werden dann schon seit einiger Zeit allgemein in Benutzung sein, und Piloten, an denen Mangel herrschte, werden durch Navigationskontrolleure ersetzt. Landen und Starten wird selbstverständlich senkrecht oder fast senkrecht vorgenommen, da Platz für Lufthäfen äußerst knapp geworden sein wird.

Das Hyperschallflugzeug für 650 Fluggäste wird mit Mach 6 fliegen und durch Preßdüsentriebwerke mit überschallschneller Verbrennung („scramjet" = supersonic combustion ramjet) angetrieben, deren Studium bereits begonnen hat und die etwa 1985 einsatzfähig sein werden. Eine Zeitspanne von 18 Jahren wird immer noch nötig sein, um die Lehren aus militärischen Rekordflügen auf den zivilen Sektor übertragen zu können (siehe Abb. 27).

Das fortschrittliche Flugzeug wird 2000 Personen fassen und mit der Geschwindigkeit von Mach 10 fliegen; es wird kurz vor dem Jahre 2000 zur Verfügung stehen. Sein Einsatz für lange Strecken wird mit Rücksicht auf die Bequemlichkeit der Passagiere beschränkt sein, da diese nur eine maximale Beschleunigung von 0,3 g aushalten. Auf dem Fluge von London nach New York, der 50 min dauern wird, kann die Geschwindigkeit nur bis auf Mach 9 kommen, ehe die Verlangsamung einsetzen muß.

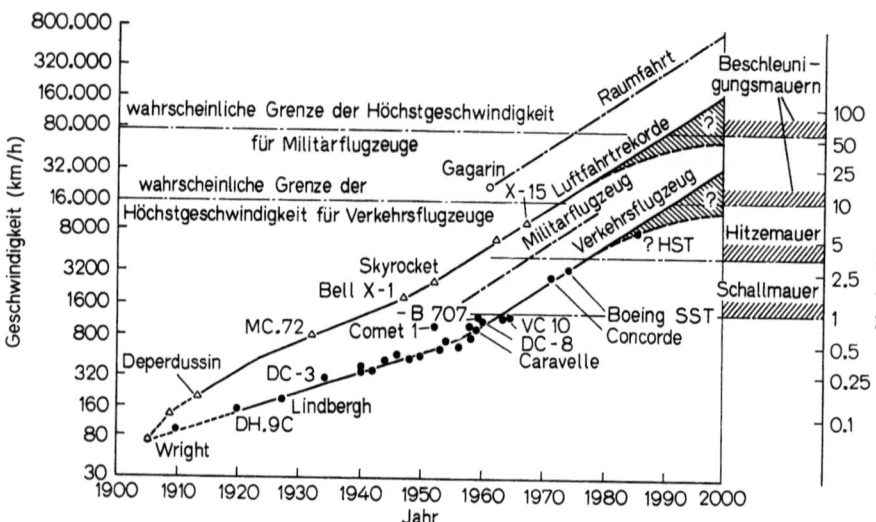

Abb. 27
Die Geschichte des Flugwesens zeigt, daß fast 20 Jahre verstreichen, bis eine in einem Rekord erreichte Fluggeschwindigkeit zur gewöhnlichen von Verkehrsflugzeugen wird. In diesem Jahr wird die X-15 die Geschwindigkeit Mach 8 (10 000 km/h) erreichen, was nahelegt, daß ähnliche Geschwindigkeiten ungefähr 1985 im Verkehrsflug benutzt werden

Obgleich Militärpiloten bereits anti-g-Anzüge haben und ausgebildet werden, Dauerbeschleunigungen bis zu 2,5 g zu ertragen, werden hohe g-Werte nach 1980 immer schwierigere Probleme für die Militärfliegerei mit sich bringen. Flugzeuge, die Mach 35 erreichen können, müssen um die halbe Erde fliegen, um auf diese Geschwindigkeit zu kommen. Solange die Schwerkraft nicht kontrolliert werden kann, bleibt jeder weitere Fortschritt illusorisch. Aus diesem Grunde wird ein sehr umfangreiches Programm für Grundlagenforschung über Schwerkraftskontrolle 1980 von der WASA (einem „Welt"-Nachfolger der NASA) in Angriff genommen werden. Diese Forschungen könnten im Jahre 2000 Ergebnisse zeigen, und die Luftfahrt der Welt, die schon die Schall- und Hitzemauern erklommen hat, könnte dann darangehen, die Mauer von Schwerkraft oder Beschleunigung zu überwinden.

Während dieser Übersicht über die Zukunft des Verkehrswesens habe ich häufig auf elektronische Kontrolltechniken hingewiesen. Diese werden, selbstverständlich mit den naheliegenden Verwendungen von Computern im Transportgebiet, von sehr großer Wichtigkeit für die Zukunft des Verkehrs sein. Außerdem habe ich die Faktoren Sicherheit, Lärm und Luftverunreinigung erwähnt. Zu diesen sollte vielleicht noch ein vierter Faktor hinzukommen: Verschandelung der Umgebung. Diese Faktoren werden, ebenso wie technischer Fortschritt und Nachfrage nach mehr und besseren Verkehrsleistungen, die Zukunft des Verkehrswesens bestimmen. Ihre Wichtigkeit zeigt sich bereits heute und staatliche Kontrolle aller vier Faktoren wird jetzt schon angestrebt. Mit dem Fortschreiten des Jahrhunderts werden solche Kontrollen verstärkt werden, da wir die Bedeutung des Zustandes der Umgebung, in welcher wir leben, immer mehr schätzen werden. Man kann heute mit Berechtigung hoffen, daß wir niemals wieder eine industrielle Entwicklung zulassen, welche die Umgebung so verhäßlicht, wie es im 19. Jahrhundert geschehen ist, oder daß Eisenbahnen große Stadtteile zerstören, wie es geschah, als sie gebaut wurden. Die Verkehrssysteme der nächsten 50 Jahre werden sicherlich von den heutigen stärker abweichen als die heutigen von denen vor 50 Jahren. Aber wir können hoffen, daß der technische Fortschritt diesmal mit der Sorge um unsere Umgebung verbunden wird und nicht um seiner selbst willen betrieben wird. Die Hauptrolle würde dabei vermutlich der staatlichen Gesetzgebung zufallen. Von allen zu erwartenden Neuerungen könnte dies die allerwichtigste sein.

Ernährung

Robert U. Ayres

Durch die Verwendung von Maschinen anstelle von Zugvieh könnten Nahrungsmittel für weitere zwei Milliarden Menschen freigesetzt werden. Eine Mechanisierung in diesem Umfang ist im Laufe der nächsten dreißig Jahre nicht zu erwarten, es gibt jedoch andere Methoden, um die Nahrungsmittelversorgung der Welt zu verbessern.

Ein Versuch, eine Prognose über das Ergebnis des Wettrennens zwischen der Weltbevölkerung und der Weltproduktion an Nahrungsmitteln abzugeben, kann auf keinen Fall an den klassischen Vorhersagen von Thomas Malthus aus dem Jahre 1803 vorbeigehen. Die Bevölkerung von Europa und von Nordamerika ist heute wesentlich reicher und besser ernährt als vor 160 Jahren, aber Malthus' Gespenster gehen noch immer um, und Prophezeiungen von einer drohenden weltweiten Hungerkatastrophe sind in jüngster Zeit von neuem zu hören — trotz der Tatsache, daß die USA bisher mehr Sorgen mit Überproduktion als mit Lebensmittelknappheit hatten und sich auch heute noch vorwiegend diesem Problem gegenübersehen.

Dr. Robert Underwood Ayres (Washington), der gegenwärtig Vizedirektor einer eigenen futurologischen Beratungsfirma ist, war zuvor Mitarbeiter der Vereinigung zum Studium künftiger Versorgungsgrundlagen e. V., (Resources for the Future, Inc.). Er war jahrelang am Hudson Institute unter der Direktion von Herman Kahn und zugleich an den Hudson Laboratorien der Columbia Universität tätig. Seine Forschungen beschäftigen sich mit technologischer Prognose, Umweltverseuchung und biologischer Ozeanographie.

Malthus' ursprüngliche Prognose — daß sich die Bevölkerung rascher vermehren werde als die Lebensmittelversorgung — war falsch, und zwar aus zwei Gründen: Erstens hat er dabei die Existenz von großen Gebieten fruchtbaren unbebauten Landes nicht berücksichtigt — vor allem in Nordamerika und Australasien —, das die überschüssige Bevölkerung von Europa aufsaugen und zur billigen Ernährung der Länder der Alten Welt beitragen konnte, wodurch diese Gelegenheit bekamen, sich auf die Industrialisierung zu konzentrieren. Zweitens vernachlässigte Malthus selbstverständlich den Einfluß der technischen Entwicklung auf die Methoden der Nahrungsmittelproduktion.

Seit dem Jahre 1802 ist alles, oder zumindest fast alles unverwertete Land kolonisiert und ausgebeutet worden. Nur die tropischen Regenwälder, die Tundren im hohen Norden, die Taiga und die Hügel am östlichen Fuß der Anden sind bisher noch im wesentlichen unberührt geblieben. Die Erschließung dieser Gebiete bereitet auch heute noch gewaltige Schwierigkeiten. Wenn die Nahrungsmittelproduktion in den nächsten 30—40 Jahren beträchtlich gesteigert werden soll, muß die zusätzliche Produktion nicht aus neu erschlossenem Land kommen, sondern vor allem von Land, das bereits heute bebaut wird, aus dem Meer und aus völlig neuen Quellen. Kurz, der Charakter der Bemühungen muß mehr auf eine intensive als auf eine extensive Bewirtschaftung gerichtet sein.

Auf den ersten Blick könnte es daher scheinen, daß auf die Frage der künftigen Nahrungsmittelproduktion die allgemeinen Methoden der technologischen Prognose angewendet werden könnten (siehe den Beitrag von Erich Jantsch auf S. 1). Aber leider hängt die Zukunft der Landwirtschaft in den meisten Teilen der Welt viel weniger von der zur Verfügung stehenden Technologie ab als von sozial-kulturellen Phänomenen sowie von der Regierungspolitik auf den Gebieten des Unterrichtswesens, der Besteuerung, der Bodenreform, der Investitionen, der inneren Sicherheit und so weiter. Zumeist sind es in erster Linie politische, ferner sozio-kulturelle und ökonomische und erst in letzter Instanz technologische Probleme, die den Fortschritt der Landwirtschaft hemmen. In diesem Beitrag werde ich mich auf die technischen und wirtschaftlichen Möglichkeiten beschränken und von den anderen Fragen absehen; dabei werde ich zwischen dem Möglichen und dem Wahrscheinlichen unterscheiden. Denn in Wirklichkeit wird voraussichtlich das, was in der Tat erreicht werden wird, beträchtlich hinter dem zurückbleiben, was technisch möglich und auch wirtschaftlich durchführbar wäre.

Die gegenwärtigen Hauptgrundlagen der Nahrungsmittelproduktion sind nach Wichtigkeit geordnet Ackerland, Fischerei und Weideland. Für viele Industriestaaten müßte man noch eine weitere Quelle erwähnen: Importe. Sowohl die Fischerei als auch die Importe haben im Welternährungsbudget eine wesentlich größere Bedeutung als gemeiniglich angenommen wird.

Um einen Begriff zu bekommen, in welchem Ausmaß die Nahrungsmittelproduktion aus bestehenden Quellen vergrößert werden könnte, wenn der Preis keine Rolle spielte, ist es vielleicht interessant, einige absolute oberste Grenzwerte zu untersuchen. Wenn man nur das Klima in Betracht zieht, ist die durch den Prozeß der Photosynthese theoretisch mögliche Maximalproduktion von organischer Materie schätzungsweise rund 300 Mdr. t im Jahr. Der (für den Menschen) genießbare Teil davon ist wesentlich geringer. Selbst auf Ackerland sind nur ungefähr 50 % der Bruttoproduktion genießbar und bei anderen Lebensräumen, die normalerweise nur durch Viehzucht — wenn überhaupt — rentabel bewirtschaftet werden können, gibt es noch viel größere Verluste. Unter Berücksichtigung dessen ist die Maximalproduktion von genießbaren pflanzlichen und tierischen Erzeugnissen 13 beziehungsweise 6,67 Mrd. t im Jahr. Aber selbst diese Schätzungen sind nur sehr theoretische Höchstwerte; sie gehen beispielsweise von der Annahme aus, daß die Wälder als Quellen für Waldwirtschaftsprodukte, vor allem Holz und Papier, verwertet werden und daß die dabei anfallenden Abfallprodukte — die üblicherweise etwa ein Drittel der Gesamtproduktion umfassen — im Prinzip als Nahrung für Mikroorganismen verwertet werden können. Diese können entweder vom Menschen direkt als zusätzliche Eiweißquelle oder indirekt als Viehfutter genützt werden. Ferner wird angenommen, daß die Abfallprodukte von Ackerbau und Viehzucht wieder verfüttert und so neuerlich in den Zyklus einbezogen werden.

Eine realistische Einschätzung der maximal möglichen Nahrungsmittelproduktion muß jedoch aus einem anderen Grund von niedrigeren Ansätzen ausgehen. Wenn auch die theoretisch mögliche gesamte Weltproduktion an — genießbarer wie nicht genießbarer — organischer Materie 330 Mrd. t beträgt, ist der tatsächliche gegenwärtige Ausstoß beträchtlich geringer: die Land- und Süßwassergebiete liefern nur ungefähr 110 Mdr. t gegenüber einem theoretischen Maximalwert im Bereich von 250 Mrd. t. Dieser Unterschied ist wahrscheinlich vor allem auf eine ungleichmäßige Verteilung mineralischer Nährstoffe wie Phosphat und Kalium im Boden zurückzuführen. Da es wahrscheinlich nicht möglich ist, eine künstliche Düngung von Wäldern und Weideland in weltweitem Maßstab vorzunehmen — wenn man auch zweifellos mehr produktives Ackerland mit Kunstdünger versorgen könnte —, ist es wahrscheinlich wirklichkeitsnäher, die möglichen Leistungen der Viehwirtschaft entsprechend niedriger anzusetzen. Unsere endgültige überschlagsmäßige Schätzung lautet daher: genießbare pflanzliche Produkte — 13 Mrd. t im Jahr; genießbare tierische Produkte — 3 Mrd. t im Jahr. Es muß darauf hingewiesen werden, daß aus dem Meer nur etwa 0,2 Mrd. t tierischer Produkte pro Jahr zur Verfügung stehen, solange nicht eine Bewirtschaftung der Meere in großem Maßstab betrieben wird, während andererseits im Prinzip etwa 0,7 Mrd. tierischer Produkte aus den Abfallprodukten des Ackerbaus gewonnen werden können, ohne daß man irgendwelche für den Menschen genießbaren Stoffe in die Viehzucht abzweigt. Große Reserven für die Viehwirtschaft, die bisher bei weitem nicht voll ausgenützt sind, verbleiben in den Graslandschaften und in den Wäldern.

Der jährliche Weltnahrungsmittelverbrauch betrug 1959/61 etwa 0,6 Mrd. t organischer Trockenmasse aus pflanzlichen Quellen und 0,06 Mrd. t organischer Trockenmasse aus tierischen Quellen. Wenn man annimmt, daß etwa 40% des Ackerlandes für den Anbau nicht-genießbarer (industrieller) Pflanzen verwendet werden, mit 30% Verlusten nach der Ernte und 30% vor der Ernte rechnet, eine Genießbarkeit von 50% bei Ackerbauprodukten und einen Energiekonversionsfaktor von 12 : 1 bei Weidetieren (vor allem bei Rindvieh) voraussetzt, ist die primäre Bruttoproduktion, die tatsächlich erforderlich ist, um zu diesem Ertrag zu gelangen, etwa 4 Mrd. t organischer Trockenmasse vom Ackerland und etwa 0,5 Mrd. t vom Weideland und aus anderen Quellen. Daraus würde sich ergeben, daß der Ackerbau im Weltmaßstab heute im Durchschnitt nur mit etwa 15% seiner maximalen Kapazität arbeitet, während die Effektivität bei der Nutzung der Graslandschaft und Wälder noch beträchtlich darunter liegt.

Um die Nahrungsmittelproduktion aus herkömmlichen photosynthetischen Quellen zu erhöhen, müssen also Maßnahmen getroffen werden, diese Verluste zu verringern, die tatsächliche Leistungsfähigkeit zu steigern und die wirtschaftlichen Hemmnisse zu beseitigen, und ich werde mich zuerst mit diesen Möglichkeiten beschäftigen. Die ausgefalleneren Vorgangsweisen wie Wettermodifikation und synthetische Eiweißherstellung werden zum Schluß behandelt.

Das hauptsächlichste pflanzliche Urprodukt in den Ozeanen ist das Phytoplankton (pflanzliches Plankton, vor allem Algen und Diatomeen); eine mechanische Methode, dieses direkt zu ernten, ist nicht vorstellbar [1]. Phytoplankton wird üblicherweise von tierischem Plankton

---
[1] Diesem apodiktischen Urteil widerspricht Dretzsch (Montreux), der Plankton-Fischnetze aus neuen sehr feinen synthetischen Fasern entwickeln will (Anm. d. Hrsg.).

wie Fischlarven und Garnelen verzehrt, die ihrerseits wieder von kleinen Fischen und Tintenfischen gefressen werden, und so weiter, bis die weit verstreute Primärproduktion in einem Ausmaß gesammelt und konzentriert wurde, daß sich die Ernte durch den Menschen bereits lohnt. Bei jedem Übergang ist die Konversionsrate (in Kalorien gemessen) nicht mehr als 10—20% und oft noch weniger. Es sind daher mindestens 5000 Kalorien Phytoplankton erforderlich, um 1000 Kalorien Kopffüßler zu unterhalten, die wieder 100 Kalorien Hering, 10 Kalorien Makrele und schließlich vielleicht 1,5 Kalorien Thunfisch ergeben. Die „durchschnittliche" Länge der Nahrungsmittelkette für fischbare Fische wird mit ein wenig über drei Kettengliedern angenommen. Natürlich gibt es auch Raubtiere und Parasiten, die auf jeder Stufe um ihren Anteil an der Bruttoproduktion kämpfen und einen Teil davon in Zweigketten ableiten, die nicht zur menschlichen Nahrungsmittelversorgung beitragen.

Es gibt beträchtliche und unvermeidliche, in der Natur der Sache liegende Ineffektivitäten im Auswertungsprozeß: es ist einfach unökonomisch, Fischpopulationen unter einer gewissen Minimumdichte zu fangen. Hätten nicht viele Arten die Tendenz, sich in dichten Schwärmen zu sammeln, gäbe es keine Fischereiindustrie. Solange die Ozeane jedoch komplexe natürliche Lebensräume ohne irgendwelche Zäune oder Grenzen sind, muß die Effektivität der Verwertung durch den Menschen notwendigerweise niedrig bleiben. Es ist unwahrscheinlich, daß der Nettokalorienausstoß einen Wert von bestensfalls etwa 0,3% der photosynthetischen Bruttoproduktion der Ozeane übersteigt. Gegenwärtig ist der Wirkungsgrad der Fischerei nach diesem Maßstab nur etwa 0,05%, aber schon dieses niedrige Niveau hat eine sehr merkliche schädliche Auswirkung auf viele Fischereireviere. Man muß annehmen, daß die Fischfangerträge im Nordatlantik bereits nahe an jenes Maximum herankommen, das auf der Basis der bestehenden Phytoplanktonproduktion aufrechterhalten werden kann, solange man nicht durch künstliche Eingriffe die Artenverteilung in der Population dieses Lebensraumes ändert. Die Küstengewässer von Ostasien und die Westküste von Südamerika werden ebenfalls sehr stark befischt.

Nichtsdestoweniger steigt der Gesamtausstoß der Weltfischerei rapid an und wird sich auf Grund der raschen Vergrößerung der Fischfangflotten und der zunehmenden Anwendung ultramoderner Methoden bei der Aufspürung, dem Fang und der Konservierung von Fischen bis zum Jahr 2000 wahrscheinlich neuerlich verdoppeln oder verdreifachen. Die Verwendung von Radar und Sonar beim Durchsuchen der Gewässer sowie elektronische Datenverarbeitung erleichtern das Auffinden von Fischschwärmen. Vakuum-Gefriertrocknung sowie integrierte schwimmende Fischmehlfabriken (auf Schiffen untergebrachte Verarbeitungsanlagen, die mit den Fangflottillen mitfahren; Anm. d. Übers.) verringern die Vergeudung der Arten, die für die menschliche Ernährung ungeeignet sind, verhindern ein Verderben der Beute nach dem Fang und beseitigen auch unnötige Kosten (beispielsweise Arbeitsaufwand im Hafen); dadurch wird auch in Gewässern, in denen die Fischbestände nicht so dicht sind, ein wirtschaftlicher Fischereibetrieb möglich. Die jüngst vor sich gegangene Entwicklung von Methoden zur Herstellung eines genießbaren fettfreien Fischmehls, das 80% Eiweiß enthält — wobei ganze Fische jeder beliebigen Art verwendet werden können —, ist ein großer langerwarteter Durchbruch. Wahrscheinlich wird man gewisse Anstrengungen unternehmen, um die Laichplätze eßbarer Fische aufzufinden und dort Jungfische der erwünschten Arten „auszusäen", während man gleichzeitig in den Fanggebieten große Raubfische wie die Haie, sowie auch ungenießbare Konkurrenten wie Seesterne, Quallen und Schwämme „ausjäten" könnte.

Irgendwann in Zukunft, aber wohl erst nach dem Jahr 2000, wird man sich bemühen, seichte Küstengewässer vielleicht mit elektronischen oder akustischen Barrieren „einzuzäunen". Die physikalischen, ökologischen, ökonomischen und politischen Probleme, die dabei auftauchen werden, sind jedoch so schwierig, daß eine Bewirtschaftung (farming) des Meeres in irgendeinem nennenswerten Umfang im Verlauf der nächsten 35 Jahre fast unvorstellbar ist, außer in Gebieten, wo sich der Zugang leicht kontrollieren läßt und gegen das internationale Besitzrecht nicht verstoßen wird. (Gemeint ist hier die Tatsache, daß nach geltendem internationalem Recht die Schätze des Meeres außerhalb der Territorealgewässer von niemandem als ihm zustehend beansprucht und von jedermann ausgebeutet werden können. Anm. d. Übers.)

Wälder sind zur Zeit keine Quellen menschlicher Ernährung, wenn man davon absieht, daß umherstreifende Tiere wie etwa Ziegen gelegentlich ein wenig des grundnahen Laubes verwerten können. (Wälder liefern allerdings Wildbret, Pilze, Beeren und anderes mehr, aber mengenmäßig fällt das kaum ins Gewicht. Anm. des Übers.) Elefanten und Giraffen können von gemischtem Laub gut leben, und zumindest die ersteren werden bereits versuchsweise für die Fleischversorgung in Zentralafrika herangezogen, wo die herkömmlichen Quellen für Fleisch ziemlich wenig ergiebig sind. Es ist nicht ausgeschlossen, daß sich einige Arten von Großtieren mit Erfolg dem Leben in den Dschungeln des Amazonas anpassen könnten, wo jetzt nur eine recht ärmliche Fauna vorhanden ist. Die hauptsächlichsten Waldprodukte sind jedoch Zellulose und Lignin, die man als Baumaterialien und in der Papierproduktion verwendet, und sie werden es voraussichtlich auch in Zukunft sein.

Bei der industriellen Verarbeitung von Holz fallen Nebenprodukte wie Rinde, Hobelscharten, Sägespäne, Holzessig und so weiter an, deren Beseitigung oft Probleme aufwirft oder auch eine Verunreinigung der Gewässer verursacht. Etwa 40% eines Baumes, der für die Papierproduktion gefällt wird, gehen als Ligninabfall verloren. Die Industrie steht unter schwerem Druck, diese Probleme zu lösen und praktisch anwendbare Methoden, wie man diese Abfallprodukte verwerten oder zumindest denaturieren könnte, müssen gefunden werden. Zum Glück kann im Prinzip nahezu jederlei organisches Material (bei Zugabe von Stickstoff- und Phosphorverbindungen) als Nährboden für Vergärung durch Mikroorganismen wie Bakterien oder Hefe oder sogar für Pilzkulturen verwendet werden — wobei alle diese Verwerter organischen Materials sehr leistungsfähige Eiweißproduzenten sind. Ein Wirkungsgrad von 30% ist bei der Umwandlung in genießbare Substanzen anscheinend erzielbar. Die dabei zur Anwendung gelangende Technologie ist der seit Jahrhunderten in der Bierbrauerei angewandten sehr ähnlich, wenn auch noch einige komplizierte technische Probleme gelöst werden müssen. Das Eiweiß kann dem Brotmehl zugesetzt werden oder unmittelbar als Ergänzung der menschlichen Diät dienen. Man kann es auch an Geflügel, Schweine oder in Fischteichen verfüttern. Eine andere Möglichkeit ist die direkte Verfütterung von Zelluloseabfällen aus der Holzverarbeitung (mit Zusatz von Stickstoffverbindungen) an Wiederkäuer, in deren Magen diese Stoffe von Bakterien in verdauliches Eiweiß verwandelt werden.

Bei vielen Graslandschaften der Welt besteht die Hauptschwierigkeit für eine wirkliche volle Verwertung in starken jahreszeitlich bedingten Produktivitätsschwankungen — entweder einem Wechsel zwischen Regenzeit und Trockenzeit oder einem zwischen heißen Sommern und langen kalten Wintern. Da die Zahl der Tiere, die auf einem Gebiet gehalten werden kann, durch die Bedingungen in der ungünstigsten Zeit des Jahres beschränkt ist, gehen oft gewaltige Mengen von Vegetation in der Zeit des üppigen Pflanzenwuchses verloren. Im Prinzip gibt es drei Möglichkeiten des Herangehens, um diese Lage zu bessern: Man kann dem für die Weiterzucht bestimmten Viehbestand in der trockenen oder kalten Jahreszeit zusätzliches Futter verabreichen; die Tiere können von einem Weidegrund zum anderen wandern; oder man kann versuchen, eine sehr spezialisierte Tierart zu verwenden, die imstande ist, ihre Population in Zeiten üppigen Wachstums rasch genug zu vermehren. Die beiden erstgenannten Methoden werden allgemein angewandt, wo entsprechende Voraussetzungen bestehen; sie können jedenfalls ohne besondere Neuerungen auf Afrika, Kanada oder Sibirien ausgedehnt werden, sobald es nur möglich ist, das zusätzliche Viehfutter zu einem genügend niedrigen Preis zu bekommen. Die dritte Methode eröffnet jedoch interessante Möglichkeiten. Gegenwärtig produzieren die Großtierrassen für gewöhnlich ein Jungtier pro Muttertier und Jahr. Es wäre jedoch vielleicht möglich, durch Anwendung entsprechender chemischer Mittel, wie etwa von Colchizin, Mehrfachgeburten bei Rindern und Schafen in einem Ausmaß herbeizuführen, das für die Landwirtschaft interessant ist. Würde eine Kuh oder ein Schaf im allgemeinen Zwillinge gebären, dann könnte die Produktion von Kalb- und Lammfleisch nahezu verdoppelt werden.

Selbst bei idealer Bewirtschaftung ist die maximal zu erzielende Effektivität bei der Verwertung von Weideland wahrscheinlich nicht mehr als das Doppelte der gegenwärtig im US-Durchschnitt erzielten Erträge. In dem Maß, in dem die Effektivität absolut zunimmt, wird es immer schwieriger und kostspieliger, weitere Fortschritte zu machen. Die größten potentiellen Möglichkeiten für eine Leistungssteigerung bestehen daher in jenen Teilen der Welt, wo — wie etwa in Afrika — die Effektivität der Landverwertung gegenwärtig sehr niedrig ist. Unglücklicherweise hängt jedoch die tatsächliche Leistungssteigerung von vielen anderen Voraussetzungen ab, etwa von einer genügenden Zahl landwirtschaftlicher Fachkräfte oder vom Transportwesen, und diese Vorbedingungen werden in naher Zukunft vermutlich nicht in ausreichendem Maß vorhanden sein.

Die Effektivität der Viehverwertung ist in den USA und in Europa schon nahe der absoluten obersten Grenze. In anderen Gebieten, vor allem in den Tropen und im Orient, sind noch beträchtliche Steigerungen möglich, vor allem durch Verbesserung des Transport- und Verteilungssystems, eine besser zentralisierte Nahrungsmittelverarbeitung und eine umfassendere Verwendung von Kühlhäusern und Kühltruhen. Diese Veränderungen werden jedoch wahrscheinlich nur dann zustandekommen, wenn sie durch geänderte wirtschaftliche Verhältnisse gerechtfertigt werden.

Kultivation von Neuland ist die nächstliegende Methode zur Erhöhung der Ackerbauproduktion. Nach überschlagsmäßigen Berechnungen könnte die Weltanbaufläche durch Aufpflügen des gesamten dafür in Frage kommenden Landes verdoppelt werden. Der größte Teil des ungenützten Landes, das theoretisch anbaufähig wäre, ist jedoch zu weit von irgenwelchen potentiellen Absatzgebieten entfernt, oder es fehlen andere notwendige Voraussetzungen wie Arbeitskräfte, Kapital,

Maschinen, Wasser oder elektrische Stromversorgung. Da die Absatzmärkte vor allem in den Städten konzentriert sind und alle größeren Städte Asiens, Afrikas, Lateinamerikas und Ozeaniens entweder an der Küste oder in großen Tälern liegen, besteht die Tendenz, fruchtbares Ackerland in entlegeneren Teilen im Inneren der Kontinente zu vernachlässigen. Das wird sich voraussichtlich nicht so bald ändern.

Eine wichtige Methode, die Erträge des in Verwendung befindlichen Ackerlandes zu erhöhen, ist selbstverständlich die Anwendung von Kunstdünger und von Schädlingsbekämpfungsmitteln. Die Technik der Kunstdüngerverwertung ist in den USA und in Westeuropa recht gut entwickelt. Die jährliche Weltproduktion von Kunstdünger steigt rasch an, etwa im gleichen Maße wie die der USA. Die Steigerung der landwirtschaftlichen Produktivität seit 1940 ist in erster Linie der Anwendung von Kunstdünger zuzuschreiben, in geringerem Ausmaß auch den Schädlingsbekämpfungsmitteln. Bei extremer Bodenerschöpfung wie etwa in Indien oder Pakistan kann die Anwendung von Kunstdünger anscheinend schon allein zu einer schließlichen Verdopplung der Hektarerträge führen.

In den Vereinigten Staaten betragen die vor der Ernte durch Unkraut, Ungeziefer und Pflanzenkrankheiten verursachten Verluste trotz intensiver Anstrengungen noch immer etwa 40% des potentiellen Ertrages. In Nordwesteuropa betragen die gleichen Verluste nur etwa 25% was vor allem auf günstigere klimatische Bedingungen zurückzuführen ist. Für die übrige Welt schätzt man jedoch die Verluste auf dem Feld auf 50% und noch mehr. Auf lange Sicht wäre daher eine Verdopplung der Produktion theoretisch möglich, wenn auch auf Grund rein wirtschaftlicher Überlegungen praktisch schwerlich zu verwirklichen.

Wenn ein Landwirt Kapital in Kunstdünger oder Schädlingsbekämpfungsmittel investieren soll, muß er die zusätzlichen Kosten (nebst Profit) durch einen Verkauf von mehr Nahrungsmitteln an die Konsumenten wieder hereinbringen. Da aber die Nahrungsmittelpreise in den unterentwickelten Ländern im allgemeinen niedriger sind als in den hochentwickelten Ländern, sind dort die Kosten von Kunstdünger oder Schädlingsbekämpfungsmitteln gemessen in Getreide relativ höher. Das bedeutet, daß eine gegebene Menge von Kunstdünger, wenn sie rentabel sein soll, in Indien eine größere Ertragssteigerung bewirken *muß* als in Japan oder in den USA. Je niedriger die Lebensmittelpreise, desto weniger macht sich die Anwendung von Kunstdünger (oder anderen technologischen Verbesserungen) bezahlt. In Ländern mit niedrigem Einkommen würde jedoch eine Erhöhung der Lebensmittelpreise der ärmeren Bevölkerung den Ankauf von Nahrung einfach unmöglich machen und zu Hungersnöten führen.

Abb. 28

Weiden und Getreidefelder sind die allerwichtigsten Primärquellen der Ernährung. Da heute der größte Teil des dafür in Frage kommenden Landes bereits bebaut wird, muß eine Steigerung der Produktion vor allem durch intensivere Bewirtschaftung herbeigeführt werden. Gegenwärtig werden aus einer primären Bruttoproduktion des Weltackerlandes von rund 4 Mrd. t organischer Trockenmasse etwa 0,6 Mrd. t für den menschlichen Genuß geeigneter organischer Trockenmasse gewonnen. Die Differenz ist auf Verluste vor und nach der Ernte sowie auf die Tatsache zurückzuführen, daß der für den Menschen genießbare Teil der Feldfrucht im Durchschnitt nur etwa die Hälfte des Gesamtgewichtes umfaßt. Die theoretisch mögliche Maximalproduktion der gegenwärtigen Weltanbaufläche wäre 26 Mrd. t organischer Trockenmasse, wovon 13 Mrd. t für den menschlichen Genuß geeignet wären. Bei der Viehzucht ist die Effektivität wesentlich geringer, weil man mit einem Energiekonversionsfaktor von 12 : 1 rechnen muß

Eine beträchtliche Steigerung der Bruttoproduktion kann in vielen Fällen durch Einführung neuer Feldfrüchte erzielt werden und selbstverständlich auch dadurch, daß man Feldfrüchte statt Gras, Unkraut oder Buschwerk in brachliegenden Gebieten anbaut. Für Nordeuropa war die Einführung von Mais und Kartoffeln ein großer historischer Durchbruch. In Kalorien gemessen ist der Hektarertrag von Mais oder Reis etwa doppelt so hoch wie der von Getreide, der von Kartoffeln gar viermal so hoch. Viel Interesse bringt man zur Zeit den Sojabohnen entgegen, deren Kalorienertrag pro Hektar etwa ebenso groß ist wie bei Getreide, die aber etwa dreieinhalbmal soviel Eiweiß wie letztere enthalten. In den Vereinigten Staaten wächst die Sojabohnenproduktion rasch an. Es gibt jedoch mehrere gute Gründe für die Annahme, daß in der Landwirtschaft der Zukunft nicht eine einzige Feldfrucht eine dominierende Stellung erlangen wird — nicht einmal in einem einzelnen Land oder Gebiet. Monokulturen sind mit großem wirtschaftlichem Risiko verbunden; sie führen dazu, daß sich schlechtes Wetter oder Einfälle von Schädlingen besonders stark auswirken; sie bringen es mit sich, daß sich die Anbau- und Erntezeiten auf wenige Wochen zusammendrängen, in denen sehr große Nachfrage nach Arbeitskräften besteht, während es in der restlichen Zeit des Jahres nur wenig oder überhaupt keine Arbeit gibt; und schließlich wird der Produzent dadurch gezwungen, seine Produkte zur Zeit des Spitzenangebots zu verkaufen, wenn die Preise am niedrigsten sind. Aller Wahrscheinlichkeit nach wird eine zunehmende Vielfalt das Modell der künftigen Landwirtschaft sein.

In den unterentwickelten Ländern gibt es sehr gute Perspektiven für die Einführung neuartiger Feldfrüchte — einfach deshalb, weil diese Idee verhältnismäßig neu ist und noch nicht in größerem Umfang erprobt wurde. Der Reis, das traditionelle Grundnahrungsmittel des Fernen Ostens, ist nicht in allen Gebieten, wo er heute fast ausschließlich angebaut wird, die günstigste, den lokalen Bedingungen am besten ent-

---

Abb. 29

Die theoretisch mögliche Maximalproduktion an organischer Substanz für verschiedene ökologische Regionen ist in nebenstehendem Diagramm dargestellt. Das Ackerland liefert den größten Teil unserer Nahrung, aber seine flächenmäßige Ausdehnung ist im Vergleich zu jener der Wälder und Ozeane gering. Ähnlich ist auch seine auf Grund klimatischer Überlegungen berechnete theoretisch mögliche Maximalproduktion im Vergleich zu jener der Ozeane und der tropischen Regenwälder gering. Die Menge von genießbarer organischer Substanz, die theoretisch vom Ackerland gewonnen werden könnte, ist jedoch unvergleichlich größer als die aus irgendeinem anderen Teil der Welt. Wenn es möglich wäre, den Anteil der genießbaren Produktion an der Gesamtproduktion der Ozeane und Wälder zu erhöhen, wären alle Ernährungsprobleme gelöst

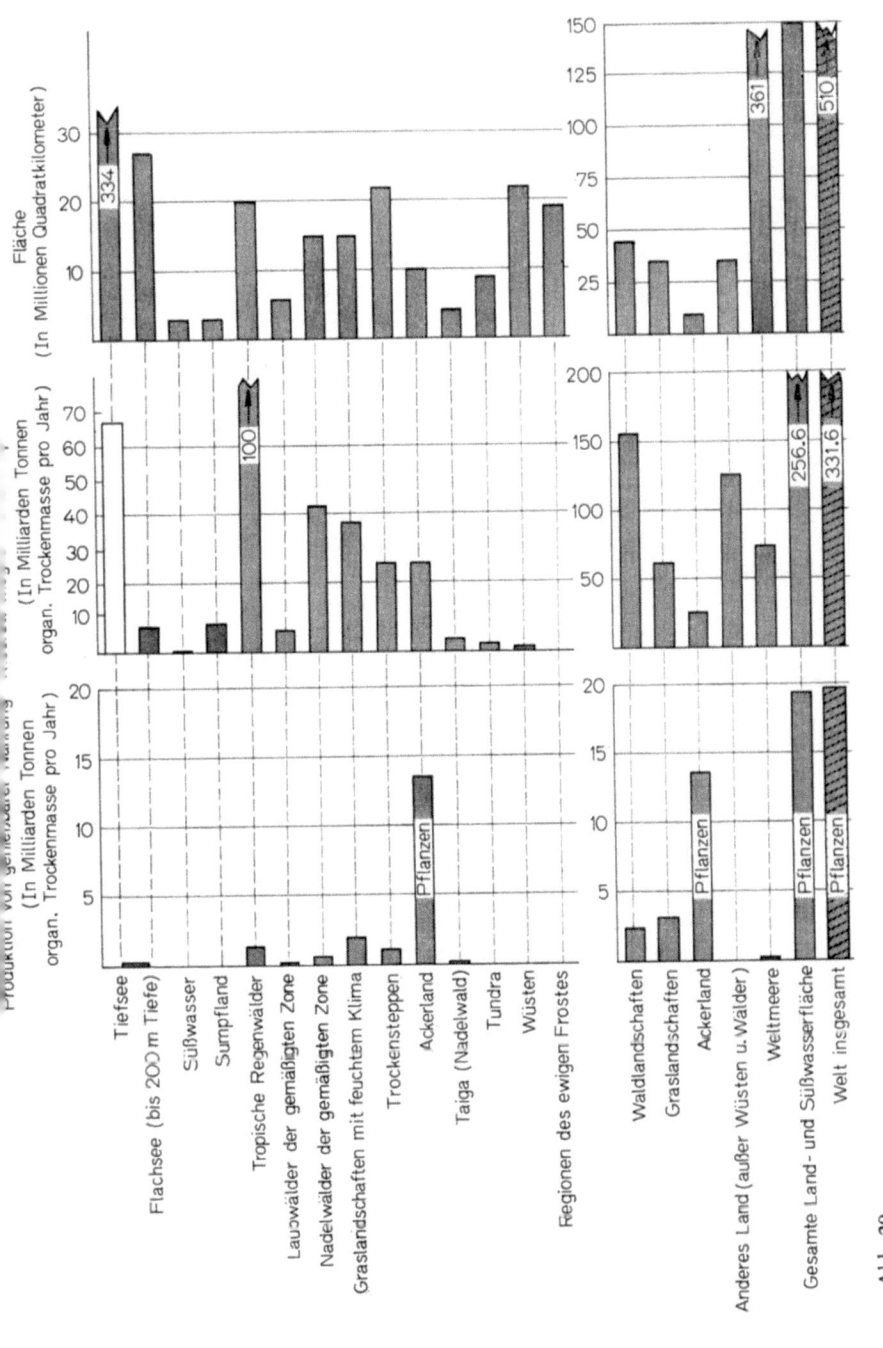

Abb. 29

sprechende Feldfrucht. Mais, Sojabohnen, Hirse — oder auch die Anlegung von Fischteichen — könnten sehr wohl bessere Erträge bringen. Jedenfalls würde die Vielfalt die schon erwähnten wirtschaftlichen Vorteile bringen. Der Anbau von widerstandsfähigeren und ertragreicheren Reissorten wird sich in vielen Gebieten als ungemein nutzbringend erweisen. Allerdings hat sich in der Vergangenheit oft gezeigt, daß es nicht leicht ist, Bauern dazu zu bewegen, eine neue Feldfrucht zu erproben, und die tatsächliche Steigerung der Bruttoproduktion wird wahrscheinlich nur langsam herbeigeführt werden können.

In welchem Ausmaß die Produktivität von Feldfrüchten wie Reis durch ein Jonglieren mit Genen und Chromosomen noch erhöht werden kann, läßt sich schwer voraussagen. Wenn man die Produktivität der natürlichen wilden Pflanzen in Betracht zieht, von denen unsere heutigen Kulturpflanzen abstammen, ist der bereits erzielte Fortschritt sehr eindrucksvoll und bei einer einfachen Extrapolation der bisherigen Entwicklung könnte man meinen, daß es keine Grenzen nach oben gibt. Es muß jedoch offensichtlich eine solche Grenze auf Grund der unter den betreffenden klimatischen Bedingungen maximal möglichen Photosyntheseleistung geben.

Aus der Tatsache, daß man den (für Menschen) genießbaren Teil der Pflanze im Verhältnis zum Gesamtgewicht vergrößert, folgt nicht notwendigerweise, daß auch der Anteil an genießbarem Eiweiß größer wird. In der Tat scheint es oft eine gegenläufige Entwicklung zu geben: das Eiweiß-Kohlenhydrat-Verhältnis hat sich bei Getreide in den USA in den letzten zwei Jahrzehnten verschlechtert.

Manchmal wird auch eine allmähliche Verringerung der landwirtschaftlichen Produktion von Industrierohstoffen und anderen Pflanzen ohne Nährwert zugunsten eines verstärkten Anbaus von Nahrungsmitteln als eine Methode zur Steigerung der Nahrungsmittelproduktion im Rahmen der bestehenden Anbauflächen vorgeschlagen. Produkte, für die ein Ersatz am naheliegendsten erscheint, sind Baumwolle, Wolle, Tabak und vielleicht auch Kaffee und Tee (die keinen Nährwert haben). Es wäre jedoch unsinnig, ein Absinken des Tabakkonsums zu prognostizieren — außer wenn dies vielleicht durch eine planmäßige Regierungspolitik auf lange Sicht herbeigeführt werden könnte. Auch die Position von Kaffee und Tee scheint nahezu unerschütterlich zu sein, wenn sie auch in sehr kleinem Ausmaß da und dort von bestimmten nicht-alkoholischen Getränken verdrängt werden. Andererseits ist es jedoch durchaus möglich, daß Baumwolle und Wolle im Verlauf der nächsten Jahrzehnte völlig von synthetischen Fasern ersetzt werden könnten.

Andere Naturprodukte von nicht so großer kommerzieller Bedeutung werden bereits in zunehmendem Maße durch Kunststoffe ersetzt.

Es ist schwer zu sagen, ob durch diese ständige Umschichtung mehr Land freigesetzt wird, als auf der anderen Seite auf Grund der steigenden Nachfrage nach weiterhin auf landwirtschaftlichem Wege erzeugten Rohstoffen benötigt wird. Man kann jedoch annehmen, daß bis zum Jahr 2000 maximal etwa die Hälfte des Landes, das heute für den Anbau von nicht-eßbaren Gütern verwendet wird, für die Nahrungsmittelproduktion freigesetzt werden wird, was eine Vergrößerung der für diesen Zweck zur Verfügung stehenden Anbaufläche um 30 % bedeuten würde.

Die Bewirtschaftung der vorhandenen Wasserreserven durch Beschränkung oder Verhinderung des Abflusses und der Verdunstung eröffnet vielfältige Möglichkeiten — besonders in feuchten oder halbfeuchten Gebieten. In zunehmendem Maße wird den verschiedensten Methoden zur Verbesserung des Wasserhaushalts Aufmerksamkeit geschenkt: der Anlage von Teichen, Staudämmen und Grundwasserreservoiren, der organischen und chemischen Wurzeldüngung und Kunststoffilmen zur Verhinderung der Verdunstung. (Wurzeldüngung — „mulching" — ist eine Methode, bei der natürlicher oder synthetischer Dünger gemeinsam mit nassem Stroh, Laub oder Torf als Kompost unmittelbar zu den Wurzeln von Pflanzen gebracht wird; dadurch wird nicht nur erreicht, daß die Nährstoffe in unmittelbare Nähe der Wurzeln jener Pflanzen gelangen, denen sie zugedacht sind — wodurch Verluste vermieden werden —, sondern der „mulch" wirkt auch wie ein Schwamm, der Wasser aufsaugt und der Wurzel zuführt. Filme zur Verhinderung der Wasserverdunstung werden aus nicht verdunstenden synthetischen Flüssigkeiten hergestellt, die leichter als Wasser sind und über Stauseen usw. ausgegossen werden. Sie verteilen sich über der Oberfläche und bilden einen hauchdünnen wasserundurchlässigen Kunststoffilm. Anm. d. Übers.) Das Einbringen von wasserundurchlässigen Schichten aus Asphalt oder Plastik im Boden unter der Wurzelregion — um das Absickern von Wasser in tiefere Bodenschichten zu verhindern — hat sich bei bestimmten Bodentypen gut bewährt. Herbizide (chemische Unkrautvertilgungsmittel) zur Beseitigung wirtschaftlich wertloser Unkräuter und Wasserpflanzen beginnen weite Anwendung zu finden. Eine Kombination all dieser Methoden nebst zusätzlicher Bewässerung kann die Durchschnittserträge in bestimmten Ackerbaugebieten der gemäßigten Zone um bis zu 50 % steigern. In Regionen, wo ein deutlich ausgeprägter Wechsel zwischen feuchter und trockener Jahreszeit besteht — wie etwa auf dem indischen Subkontinent oder in Ostafrika — sind die potentiellen Möglichkeiten dieser Methoden sogar noch größer, da es bei einer strengen Bewirtschaftung der Wasservorräte möglich sein könnte, zwei oder sogar drei Ernten im Jahr zu erzielen, wo heute nur eine eingebracht wird. Während einzelne Formen der Wasserbewirtschaftung wie etwa die Wurzeldüngung mit Abfallstoffen und natürlichem Dünger praktisch nichts oder fast nichts kosten, können andere Methoden wie die chemische Vertilgung von wasserverschwendenden Unkrautpflanzen oder zusätzliche Bewässerungsanlagen ziemlich teuer sein. Solche Methoden wird man nur anwenden, wo sie wirklich rentabel sind, — also vor allem in landwirtschaftlichen Betrieben in der Nähe von Großstädten.

Allmählich beginnt man zu erkennen, daß Bewässerung sehr trockener Gebiete oft recht unrentabel ist. Eine vor kurzem im wasserarmen Südwesten der USA durchgeführte Studie hat zu dem Schluß geführt, daß eine gegebene Wassermenge 44—51 $ wert ist, wenn man sie für landwirtschaftliche Zwecke verwendet, während die gleiche Wassermenge etwa 250 $ wert ist, wenn man sie zur Errichtung von Anlagen zur Freizeitgestaltung verwendet, und einen Wert von mindestens 3000 bis 4000 $ bei Verwendung für einen Industriebetrieb erreicht. Daraus folgt natürlich nicht, daß man Wasser niemals für Bewässerung verwenden soll — es ist nur notwendig, daß man im Rahmen einer vernünftigen Zuteilung der Reserven andere Nachfragen zuerst befriedigt.

Die Rolle der Mechanisierung in der Landwirtschaft muß besonders behandelt werden, da man die hohe Produktivität der amerikanischen Landwirtschaft oft mit dem hohen Mechanisierungsgrad in Verbindung bringt. Es ist jedoch wichtig, zu verstehen, daß die Mechanisierung vor

---

Abb. 30

Einige Grundtatsachen des Ernährungsproblems sind in den nebenstehenden Diagrammen dargestellt

a) 1963 wurde fast fünfmal soviel Fisch wie 1925 gefangen, doch die stärkste Steigerung betrifft Futterfische für die Viehzucht. In manchen Ozeanregionen ist der maximal mögliche Fangertrag schon beinahe erreicht, andere werden jedoch bisher kaum ausgebeutet. Man schätzt, daß der Weltfischereiertrag auf 200 Mill. t im Jahr gesteigert werden könnte

b) und c) Der Verbrauch der drei wichtigsten Arten von Kunstdünger ist in den letzten 25 Jahren sehr stark angestiegen. Aber oft sind gerade in jenen Gebieten, wo die Anwendung von Kunstdünger am allerwichtigsten wäre, die Nahrungsmittelpreise so niedrig, daß eine Anwendung von Kunstdünger kaum rentabel ist

d) Die Produktion von Sojabohnen, die etwa den gleichen Kalorienertrag pro Hektar wie Weizen, aber drei- bis fünfmal soviel Eiweiß liefern, steigt in den USA sehr rasch an. Eine derartige Ersetzung einer Feldfrucht durch eine andere kann eine bedeutende Steigerung der Bruttoproduktion herbeiführen

e) Als Ergebnis systematischer Zuchtanstrengungen und einer verbesserten Viehfütterung ist der Milchertrag pro Kuh im Verlauf dieses Jahrhunderts in den USA ständig angestiegen

f) Ebenso hat sich die Futterverwertung beim Geflügel wesentlich verbessert

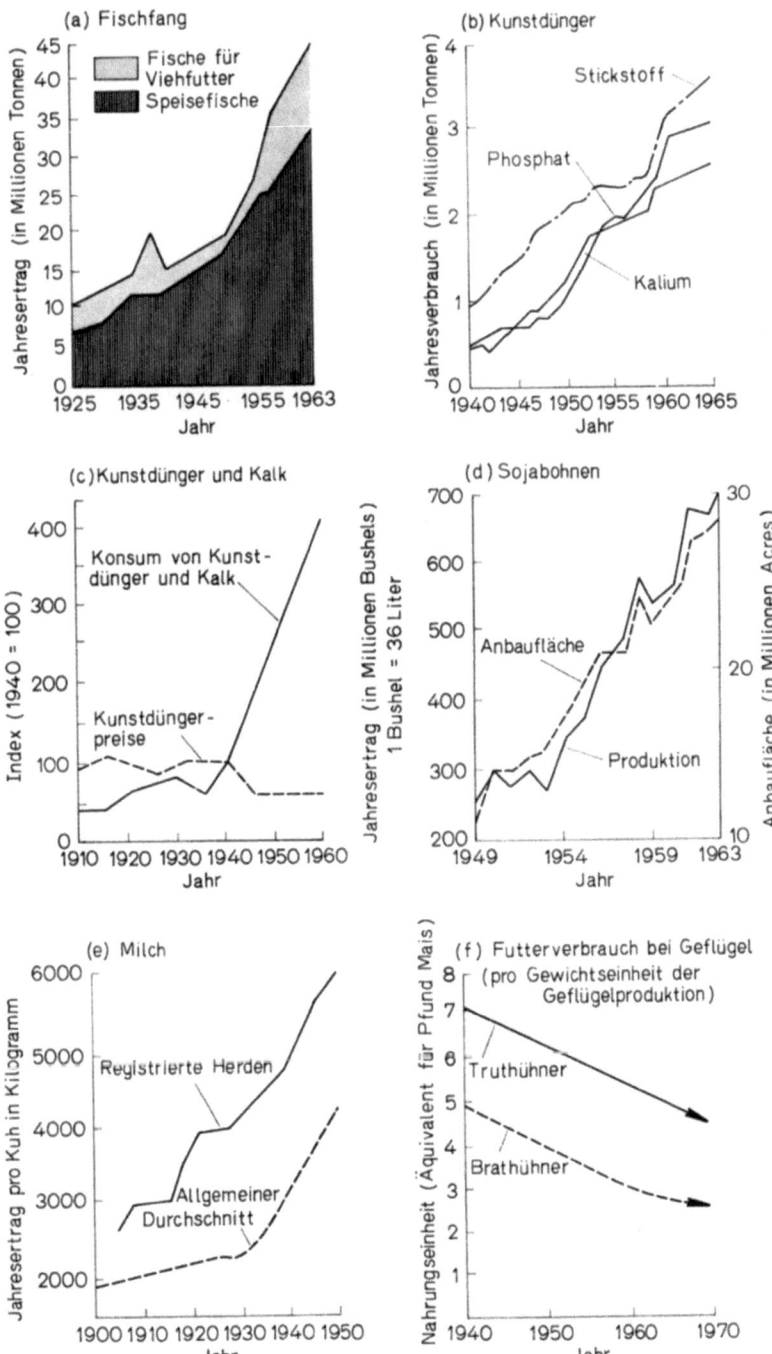

Abb. 30

allem eine Erhöhung der Erträge im Verhältnis zum eingesetzten Kapital und eine Erhöhung der Arbeitsproduktivität mit sich bringt, aber nicht notwendigerweise eine Erhöhung der Hektarerträge. Die Bedeutung der Mechanisierung für die Gesamtwirtschaft kommt vor allem daher, daß sie Arbeitskräfte für andere Aufgaben freisetzt. Von 1949 bis 1963 wurden in den USA durch diesen Prozeß 9 Mill. Menschen für Beschäftigung in anderen Zweigen der Volkswirtschaft freigesetzt, was eine Vergrößerung des amerikanischen Bruttonationalprodukts um mindestens 18 Mrd. $ pro Jahr ermöglichte (wenn man einen ziemlich niedrigen Durchschnitt von 2000 $ pro Kopf und Jahr annimmt). Eine ähnliche Entwicklung ist in Deutschland, Frankreich und insbesondere in Japan seit dem Zweiten Weltkrieg vor sich gegangen und hat wesentlich zum Wirtschaftsaufschwung dieser Länder beigetragen. In der Tat sind in Japan in dieser Zeit etwa 30 Mill. Menschen in die Städte gezogen.

Die Mechanisierung bringt überdies auch eine gewisse *Netto*-Steigerung der für die menschliche Versorgung zur Verfügung stehenden Nahrungsmittel mit sich, weil sie Mitbewerber um die Nahrung ausschaltet. So wurden in den USA von 1949—1963 etwa 6 Mill. Maultiere und Pferde durch Traktoren und Lastautos ersetzt. Das auf diese Weise freigewordene Viehfutter kann 11 Mill. Milchkühe ernähren, die im Durchschnitt 3500 l Milch im Jahr produzieren.

In der Landwirtschaft der übrigen Welt gibt es noch immer eine große Zahl von Arbeitstieren wie etwa Wasserbüffel, Pferde, Kamele, Maultiere und Esel (und auch als Zugtiere verwendete Ochsen; Anm. d. Übers.). Mit der Nahrung, die diese Tiere verzehren, könnte man 1,9 Mrd. Menschen ernähren. (Mehr als die Hälfte der Weltbevölkerung! Anm. d. Übers.) Im Prinzip könnte fast alle Arbeit dieser Tiere auch von Maschinen verrichtet werden, und schließlich und endlich wird das auch einmal der Fall sein. Bis zum Jahr 2000 sind jedoch nur verhältnismäßig bescheidene Fortschritte bei der Mechanisierung in den unterentwickelten Teilen der Welt zu erwarten, hingegen eine sehr rasche Entwicklung in dieser Richtung in Europa und Japan.

Die Viehzucht hat im letzten Jahrhundert in den USA und in Europa große Fortschritte gemacht, insbesondere auf dem Gebiet der Milchwirtschaft. Zum Teil ist dies auf eine systematische, auf hohe Erträge abzielende Zucht und Selektion in den Herden zurückzuführen. Derartige Verbesserungen bringen bedeutende wirtschaftliche Vorteile und darüber hinaus bessere Leistungen bei der zugrundeliegenden Energiekonversion (Gras in Milch). Auch der Ertrag der Hühnerzucht pro Futtereinheit ist stark angestiegen. Diese bessere Futterverwertung ist auf Ergebnisse der Ernährungsforschung zurückzuführen, die zu beachtlichen Fortschritten bei der Futterzusammenstellung geführt haben.

Die aufsehenerregende Entdeckung, daß die Verfütterung kleiner Mengen von häufig mangelnden Aminosäuren wie Lysin, von Vitaminen (insbesondere B_{12}) oder von Antibiotika zu einer sehr beträchtlichen Steigerung der Wachstumsrate von Geflügel führen kann, zeigt, welche großen Möglichkeiten sich durch ernährungswissenschaftliche Studien eröffnen. (Die verschiedenen Aminosäuren sind die Bausteine, aus denen Eiweiß zusammengesetzt wird. Ist in der Nahrung ein Baustein, also beispielsweise Lysin, nicht in ausreichender Menge vorhanden, können auch die übrigen Aminosäuren nicht voll verwertet werden. Eine nach ernährungswissenschaftlichen Grundsätzen zusammengestellte Diät sichert daher maximale Futterverwertung. Hingegen werden von medizinischer Seite ernste Einwände gegen eine regelmäßige Verfütterung von Antibiotika vorgebracht, weil dadurch die Herausbildung von Bakterienstämmen, die gegen diese Mittel immun sind, gefördert wird. Anm. d. Übers.) Gemessen an dem Nutzen, den diese Zusätze in Form von rascherer Gewichtszunahme und geringerer Sterblichkeit bringen, sind ihre Kosten gering. Ähnliche Verbesserungsmöglichkeiten bestehen auch in der Schweinezucht, beispielsweise dadurch, daß man in „Brutkästen" eine völlig künstliche kontrollierte Umwelt schafft oder indem man die Ferkel ziemlich jung schlachtet, bevor ihre Wachstumsrate stark nachläßt. Für die Rindvieh- und Schafzucht ist die Aussicht auf ähnliche Entwicklungen geringer. Das hängt damit zusammen, daß das Leben dieser Tiere stärker an den jahreszeitlichen Rhythmus gebunden ist und daß sie sich in ihrer frühen Entwicklungsperiode, wenn das Wachstum am stärksten ist, vor allem von Gras nähren, das praktisch nichts kostet. Es wäre jedoch möglich, daß das Wachstum dieser Tiere nach Beendigung der Säugeperiode durch geeignetes Beifutter beschleunigt werden könnte.

Es besteht aller Grund zur Annahme, daß die „konventionelle" Landwirtschaft zwischen jetzt und dem Jahr 2000 weiterhin die hauptsächliche Quelle der Nahrungsmittelproduktion sein wird und daß alle wesentlichen Produktionssteigerungen aus diesem Bereich stammen werden. Es gibt jedoch auch eine Reihe von ausgefallenen Vorschlägen, so etwa die bizarre Idee, die Straße von Gibraltar durch einen Damm zu verschließen, oder antarktische Eisberge mit Schiffen in Regionen abzuschleppen, in denen sie zur Bewässerung von Wüsten verwendet werden könnten. Die meisten derartigen Vorschläge sind entweder nur in einem kleinen Umfang durchführbar oder so kostspielig, daß sie nicht ernsthaft als Maßnahmen zur fühlbaren Verbesserung der Welternährungssituation innerhalb der nächsten 33 Jahre in Betracht gezogen werden können.

Vom Gesichtspunkt der Kosten-Nutzeffekt-Relation scheinen Wetterkontrolle und Nahrungsmittelsynthese durch Mikroorganismen noch die vielversprechendsten der „exotischen" Methoden zu sein. Erstere könnte bei (wahrscheinlich) geringen Kosten enormen Nutzen stiften, wenn sie überhaupt durchführbar ist; das ist allerdings zur Zeit noch eine offene Frage. Andererseits ist die Auswertung von Mikroorganismen wie Algen, Hefe oder Bakterien zur Umwandlung von Abwässern, Zelluloseabfällen oder Erdöl in genießbares Eiweiß im Laboratoriumsmaßstab bereits durchführbar. Diese Technik wird in einer Reihe von Laboratorien zur Zeit sehr rasch weiterentwickelt. Gegenwärtig besteht das Hauptproblem in der Ausarbeitung einer Technologie der „Fließband-Produktion" anstelle einer Produktion in einzelnen Ausstößen. Es bestehen gute Aussichten, daß eine auf diesen Methoden fußende kommerzielle Herstellung von Viehfutter und sogar von Eiweiß-Zusätzen, die für den menschlichen Genuß geeignet sind, in etwa fünf bis zehn Jahren anlaufen wird und daß bis zum Jahr 2000 synthetische Eiweißnahrung in ausreichenden Mengen hergestellt werden kann, um wieder einmal — und vielleicht für immer — die Drohung einer weltweiten Hungersnot zu beseitigen. Ohne einen substantiellen Beitrag aus dieser oder einer anderen neuen Quelle ist es jedoch nur zu wahrscheinlich, daß sich Malthus' düstere Prognose bewahrheiten wird.

Zusätzliche Literatur

Borgstorm, G.: The Hungry Planet. London: Macmillan, 1965.
Mattson, H.: Food for the World. In: International Science and Technology. 48 (1965).
Schmitt, W. H.: The Planetary Food Potential. In: Annals of the New York Academy of Sciences. 118, 645—718 (1965).
Third World Food Survey. FAO Basic Study Nr. 11. United Nations 1962.
World Food Budget 1970. Foreign Agriculture Economic Report 19. US Department of Agriculture, October 1964.
Die Angaben auf S. 112/113 sind den Lockwoods Surveys entnommen.

Nahrungsmittel: Die Früchte der neuesten Forschungen

Sylvan H. Wittwer

Die Leistungsfähigkeit der Landwirtschaft wächst so rasch, und neue Entdeckungen werden so schnell in die Praxis eingeführt, daß die Menschheit vielleicht bereits Zeuge der letzten großen Hungersnot auf Erden ist.

Können wir die Nahrungsbedürfnisse einer ständig wachsenden (Welt-)Bevölkerung befriedigen? Haben die Propheten des Unheils recht, die schon für 1975 weltweite Hungersnot vorhersagen und uns erzählen, die Zeit sei bereits so knapp bemessen, daß Maßnahmen zur Abhilfe, selbst wenn sie sofort ergriffen würden, nicht mehr rechtzeitig wirksam werden könnten? Befinden wir uns auf einem Weg, der unvermeidlicherweise in den Abgrund führen muß, weil die Nahrungsmittelproduktion ständig hinter dem Bedarf der Weltbevölkerung zurückbleibt?

Unser Land befindet sich zur Zeit in einer Periode außerordentlich bemerkenswerter Fortschritte der landwirtschaftlichen Technologie. Die

---

Sylvan H. Wittwer ist Professor für Gartenbaukunde und Direktor der Landwirtschaftlichen Versuchsstation der Staatsuniversität von Michigan, deren Fakultät er seit 1946 angehört. Seine Forschungsarbeiten beschäftigten sich mit der Anwendung von Radio-Isotopen bei Studien über die Nährstoffaufnahme sowie die chemische Beeinflussung des Wachstums, der Blüte- und Fruchtperiode und des Alterns von Pflanzen; er ist eine anerkannte Autorität für die Glashauskultur von Tomaten. Dieser Artikel beruht auf Material, das Dr. Wittwer 1968 auf der Jahresversammlung der American Association for the Advancement of Science (Amerikanische Vereinigung zur Förderung der Wissenschaft) vorgelegt hat.

jüngsten wissenschaftlichen Errungenschaften umfaßten vier sehr rasch aufeinanderfolgende Schritte:

Erstens, eine nahezu völlige Mechanisierung der Produktion und des Managements beim Ackerbau, sowie bei der Vieh- und Geflügelzucht. Die meisten Feldfrüchte werden heute bereits mit Maschinen geerntet und schließlich werden es alle sein. Diese Veränderung erfordert eine völlige Neubewertung von Pflanzentypen und -sorten, sowie der Dichte des Anbaus, der benötigten Wasser- und Kunstdüngermengen und der erforderlichen Arbeitskräfte.

Zweitens, eine dramatische chemische Revolution. Das schließt einen immer größer werdenden Verbrauch von Kunstdünger ein, sowie die Anwendung von Spurenelementen in der Düngung, Chemikalien zur Bekämpfung von Insekten, Pilzkrankheiten, Nematoden (Fadenwürmern) und Unkraut, die Verwendung von Antibiotika in der Viehzucht und von Pflanzenhormonen im Acker- und Gartenbau. Außerdem gibt es zahlreiche neue Nahrungsmittelzusätze, Wachstumsfaktoren und krankheitsvorbeugende Mittel in der Vieh- und Geflügelzucht. (Die regelmäßige Anwendung von Antibiotika in der Viehzucht wird von vielen Medizinern, speziell in Europa, als bedenklich angesehen, weil damit die Entwicklung von resistenten Bakterienstämmen gefördert wird, so daß die verwendeten Mittel dadurch im Laufe der Zeit einen Teil ihrer Wirksamkeit in der Humanmedizin — und auch in der Viehzucht selbst — verlieren. Bei verschiedenen anderen Chemikalien ist noch ungenügend erforscht, ob ihre ständige Anwendung nicht irgendwelche unerwünschte Spätfolgen für die menschliche Gesundheit hervorrufen könnte. Nichtsdestoweniger ist die ungeheure positive Bedeutung der „chemischen Revolution" für die Landwirtschaft im allgemeinen unbestritten; Anm. d. Übers.)

Drittens, einige bemerkenswerte Durchbrüche bei der genetischen „Konstruktion" neuer Sorten und Varietäten von Feldfrüchten. Einige davon, die sowohl einen höheren Ertrag als auch eine bessere Eiweißqualität haben, sind bereits zu „Super-Stars" im Pflanzenbereich geworden. Bedeutende Steigerungen im Milch- und Eierertrag konnten durch Zucht und Selektion (von Rassetieren) erzielt werden, und es gibt einen „New Look" für Schlachtvieh.

Schließlich gibt es neue Systeme für das Management und die Buchführung von Farmen. Zusammenschluß zu größeren Unternehmen und Systemanalyse in der Forschung bringen wachsende Möglichkeiten und steigende Nachfrage für die Anwendung von Computern in der Landwirtschaft mit sich.

Diese hochtechnisierte, auf wissenschaftlichen Grundlagen beruhende Landwirtschaft, die wir bereits als selbstverständlich ansehen, ist in allerjüngster Zeit entstanden. Erst im Verlauf der letzten 25—30 Jahre sind die Ackerbau-Hektarerträge in den Vereinigten Staaten beträchtlich gestiegen. 140 Jahre lang betrug der Ertrag bei Mais, der wichtigsten Feldfrucht der USA, ständig etwa 22—26 Bushel pro Acre. (Das Bushel ist ein Hohlmaß. Ein Bushel pro Acre entspricht etwa 9 hl pro Hektar; größenordnungsmäßig kann man das etwa einem Doppel-Zentner pro Hektar gleichsetzen; Anm. d. Übers.) Seit 1935/40 haben sich jedoch die (Hektar-)Erträge für Mais und Kartoffeln verdreifacht und die für Weizen und Sojabohnen haben sich verdoppelt. Die durchschnittliche Milchleistung pro Kuh ist in den letzten zwanzig Jahren von Jahr zu Jahr gestiegen und die Kurve wird immer steiler. Neue Spitzenleistungen wurden bei der Produktion von Eiern, Brathühnern, Truthühnern und Schweinefleisch erzielt. Diese Tatsachen sind beruhigend, wenn man bedenkt, daß die uns zur Verfügung stehenden Flächen von anbaufähigem Land begrenzt sind.

Kann diese Entwicklung weitergehen? Was sind zur Zeit die Faktoren, die eine weitere Ertragsteigerung begrenzen? Haben wir bei der Produktion mancher Güter bereits eine genetisch bestimmte maximale Höhe erreicht?

Beginnen wir mit dem Mais, von dem die USA die Hälfte des Weltertrages erzeugen; davon wird bei uns 85% verfüttert (während 75% des Maisertrages in Mexiko der menschlichen Ernährung dienen). Die erste Ertragsgrenze wurde in den dreißiger Jahren mit der Einführung von Hybrid-Saatgut durchbrochen. (Kreuzung von zwei an sich nicht sehr ertragreichen reinrassigen Sorten verursacht beim Mais ein besonders ausgeprägtes „Luxurieren" der Bastarde — sogenannte Heterosis; die Bastarde der ersten Generation sind besonders kräftige ertragreiche Pflanzen. Die Wirkung hält in den folgenden Generationen nicht an. Die Hybriden sind keine neue „Sorte", sondern Hybrid-Saatgut muß Jahr für Jahr auf speziellen Saatgutstationen durch Kreuzung mittels künstlicher Fremdbestäubung neu hergestellt werden; Anm. d. Übers.) Eine ständige Verbesserung des Hybridsaatguts sowie der Anbautechniken — Kunstdüngeranwendung, minimale Beackerung, frühe Aussaat, größere Pflanzendichte und Bekämpfung des Unkrauts durch Chemikalien haben zu ständigen und dramatischen Ertragssteigerungen geführt, so daß heute ein Niveau von 70—80 Bushel pro Acre erreicht wird.

Das ist aber erst der Anfang. Theoretische Berechnungen führen zu dem Ergebnis, daß Erträge von 400 Bushel pro Acre und noch mehr möglich sind, und tatsächlich wurden bereits 300 Bushel erreicht. Die Produktivität kann durch Verbesserungen und Veränderungen der Anbautechnik weiter erhöht werden; dazu gehören frühe Aussaat, dichtere einheitlich standardisierte Pflanzenpopulationen, präzise Aussaat in genau gleichen Abständen, angemessene Anfangsdüngung, Bewässerung, Zufuhr von Kunstdünger während des Wachstums mit der Bewässerung oder auf andere Art und Weise und Verwendung von Herbiziden, um die Anpflanzung unkrautfrei zu halten.

Eine ernste Schwierigkeit bei der Erzielung hoher Erträge erwächst bei Feldfrüchten wie Mais aus der langen Zeitperiode, die zwischen der Aussaat und der Bildung eines geschlossenen Blätterdaches vergeht. In Zukunft werden die Maispflanzen der USA wahrscheinlich kurzstengelige ertragreiche Hybriden aus einer einmaligen Kreuzung zweier reinen

Abb. 31
Kurzhalmiger, durch einfache Kreuzung entstandener Hybrid-Mais mit steilen Blättern, die ein Maximum an photosynthetischer Aktivität ermöglichen.
(Photo: Alfred M. Ward and Sons, Akron, Colorado)

Linien sein; sie werden steil aufwärts wachsende obere Blätter und mehr horizontal wachsende untere Blätter haben und sehr widerstandsfähig gegen das „Lagern" sein. Die verwendeten Sorten werden an Anpflanzung in gleichen Abständen angepaßt sein und die Dichte der Pflanzen wird etwa 75 000 bis 100 000 pro Hektar betragen — gegenüber dem jetzt üblichen Durchschnitt von 50 000 bis 67 000. Sie werden ein Maximum an Sonnenenergie aufnehmen können. Dieses Zusammenwirken der verwendeten Sorten und der Anbautechniken wird auch die Auswirkungen des Regens auf die Bodenoberfläche abschwächen, das Unkrautwachstum verringern und die Wasserverwertung verbessern.

Die wichtigste Feldfrucht sowohl im Weltmaßstab als auch in den USA ist jedoch der Weizen. Die neue Technologie, die zur Zeit beim Weizen mit der Entwicklung neuer Sorten und Kulturtechniken in Angriff genommen wird, erinnert an die Vorgänge, die sich beim Mais vor mehr als 25 Jahren abgespielt haben. Sorten, die Acre-Erträge von 100 Bushel und mehr geben, werden zur Zeit hinsichtlich ihrer Anpassungsfähigkeit an lokale Bedingungen vor allem in den USA, Mexiko und Indien geprüft.

Die seit langem geltenden Ertragsgrenzen für Weizen werden überrannt. Die Rekorderträge der USA von 1968 (28,7 Bushel pro Acre) sind erst ein Anfang. (In Westeuropa erzielt man schon seit längerer Zeit bei intensiverer Bewirtschaftung und höherem Kunstdüngerverbrauch beträchtlich höhere Hektarerträge als in den USA. In Holland und Dänemark wurden in manchen Jahren im Durchschnitt des gesamten Landes bereits Erträge von über 40 Ztr. pro Hektar bei Weizen erreicht; Anm. d. Übers.) Hybrid-Sorten müssen sowohl bei Winterweizen als auch bei Sommerweizen erst eingeführt werden, und das „Luxurieren" der Bastarde sollte eine 30prozentige Ertragssteigerung bringen, und vielleicht sogar noch beträchtlich mehr, wenn es mit anderen Anbautechniken verbunden wird.

Die neuen Weizensorten, die jetzt in aller Welt eingeführt werden, sind kurzhalmig, widerstandsfähig gegen Rost und „lagern" nicht. Bald wird man auch Resistenz gegen Mehltau, Brand, Wurzelfäule, Viruserkrankungen, Hessenfliege, Getreideblattkäfer, Blattwespen und Frostschädigungen erzielen. Die neuen Sorten können größere Mengen von Kunstdünger und Wasser verwerten. Sie haben große Anpassungsfähigkeit an verschiedene Temperaturen und Tageslängen. Die ganze Vielfalt der neu aufkommenden Sorten bildet gleichsam eine neue Dimension des Weizens und gibt dem Menschen Hoffnung, daß die Nahrungsmittelproduktion auf eine neue höhere Stufe gebracht werden kann.

Ein Gegenstück zu dem, was beim Weizen voraussichtlich vor sich gehen wird, ist bei Gerste bereits erreicht worden. Die Hybrid-Sorte

„Hembar", die um 15—30% höhere Erträge als andere Sorten gibt, ist in Arizona eingeführt worden und hat den praktischen Beweis erbracht, daß die Entwicklung von Hybrid-Saatgut bei Getreide möglich ist und auf einer Reihe von verschiedenen Wegen vorgenommen werden kann.

Die neue synthetische Art Triticales (von Triticum = Weizen und Secale = Roggen), eine Kreuzung von Weizen und Roggen, eröffnet ebenfalls erfreuliche Perspektiven für die Zukunft der Nahrungsmittelproduktion. Das bei vielen Hybriden auftretende Problem der Unfruchtbarkeit ist überwunden worden und es sind Pflanzen geschaffen worden, die volle große Ähren tragen — wesentlich mehr als Weizen oder Roggen. Bei einigen von ihnen ist die Aminosäurezusammensetzung beträchtlich besser als bei den beiden Elternarten. Drei wichtige Vorteile sind in einer Pflanze vereinigt worden: eine beträchtliche Ertragssteigerung, ein Produkt von hohem Nährwert und Pflanzen von großer Anpassungsfähigkeit.

Abb. 32

Zwergweizensorten, die — von links nach rechts — als hoch, einfach, doppelt und dreifach bezeichnet werden. (Photo: Dr. William Roberts vom Internationalen Zentrum für Mais- und Weizen-Entwicklung in Taluca, Mexiko)

Reis steht im Weltmaßstab als Grundnahrungsmittel nach Weizen an zweiter Stelle. Für eine Milliarde Menschen, vor allem im Fernen Osten, ist er die wichtigste Energiequelle. Wenn er auch nicht zu den hauptsächlichsten Nahrungsmitteln der USA gehört, verdienen die beim Reis erzielten Errungenschaften, die jenen bei Weizen nahekommen, dennoch Erwähnung. Am Internationalen Reisforschungsinstitut auf den Philippinen wurden durch Kreuzung zwischen langstengeligen indischen und kurzstengeligen Taiwaner Sorten neue Hybriden gewon-

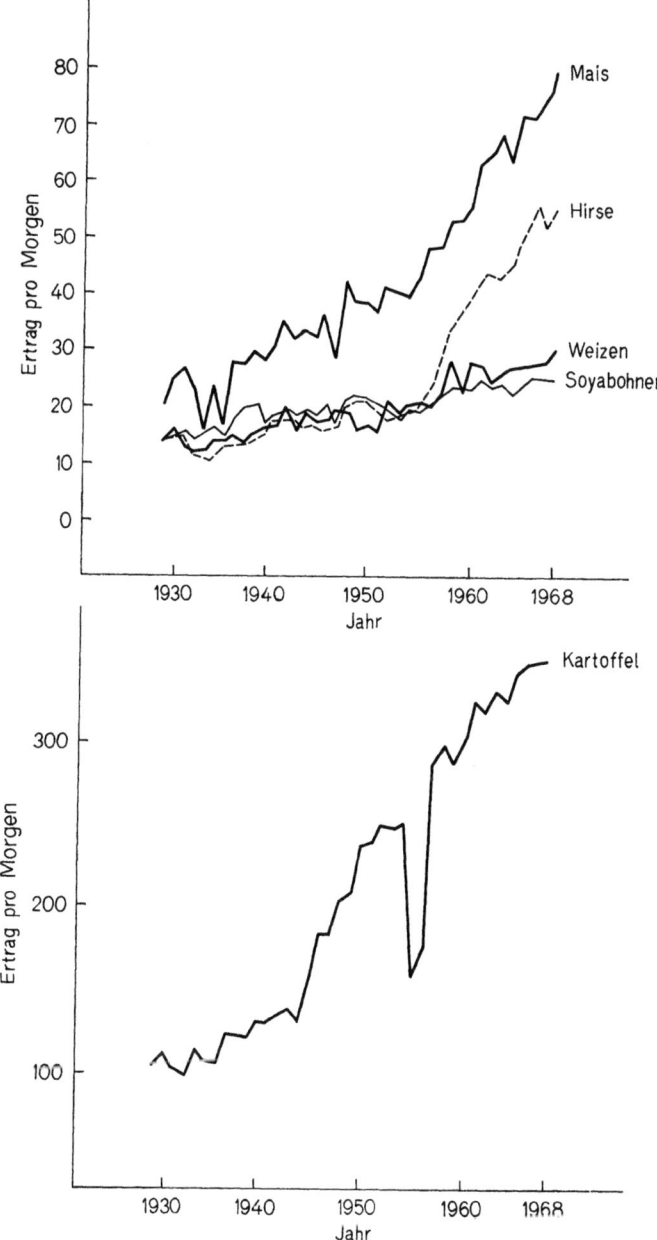

Abb. 33
Entwicklung der Erträge pro Acre bei einigen wichtigen Feldfrüchten in den USA seit 1930

nen, welche Erträge erhoffen lassen, die jene der gängigen Sorten um ein Mehrfaches übersteigen. So wie beim Weizen zeigen auch die neuen Reissorten eine große Widerstandskraft gegen „Lagern", frühe Reife, weitgehende Unabhängigkeit von der Tageslänge und ausgezeichnete Verwertung von Stickstoffdünger. Das häufige „Lagern" war bisher eines der Haupthindernisse, das verstärkte Kunstdüngeranwendung und Mechanisierung der Erntearbeiten verhinderte, und die Erträge bebegrenzte.

Die Welt erzielt nun neue große Produktivitätsrekorde mit neuen Weizen- und Reissorten, die nicht nur gerade ein wenig besser als die bisher verwendeten, sondern diesen bei weitem überlegen sind. Man schätzt, daß im Jahre 1968/69 im Fernen Osten bereits auf 16 Mill. ha neue Kurzhalm-Getreidesorten angebaut wurden. Das ist ein dramatischer Übergang im Verlauf von nur vier Jahren.

Der große Durchbruch bei Weizen und Reis ist dadurch erzielt worden, daß man durch genetische Einwirkung die Gestalt der Pflanze in einer Weise verändert hat, die verstärkte Kunstdüngeraufnahme ohne erhöhte Gefahr des „Lagerns" ermöglicht. Auch einer steilen oder vertikalen Blattstellung wird große Aufmerksamkeit geschenkt. Bei den ertragreichen Reissorten ist noch eine weitere Eigenschaft bemerkenswert: Die meisten alten Sorten hatten einen „langen" Lebenszyklus; zwischen Aussaat und Ernte verstrichen sechs bis sieben Monate. Die neuen ertragreichen Kurzhalm-Sorten, die jetzt in Südostasien angebaut werden, reifen in vier bis viereinhalb Monaten. Diese Zeit kann sogar auf drei Monate reduziert werden, wenn man Sämlinge (die man auf engstem Raum züchten kann) auf die Felder umpflanzt. So eröffnet sich die Möglichkeit von zwei, drei oder sogar vier Ernten im Jahr, was zu einer gewaltigen Steigerung der Gesamtproduktion führen wird.

Bisher sind intensive Forschungsarbeiten auf einige der allerwichtigsten Feldfrüchte konzentriert worden: Reis, Weizen, Mais, Hirse, Gerste, Kartoffel. Die Ergebnisse haben die Erwartungen bei weitem übertroffen. In Zukunft wird man Erbsen, Bohnen und Rübenkulturen mehr Aufmerksamkeit schenken müssen, sowie Tapioka (Kassava, Maniok), Kokosnüssen und Bananen in den Tropen.

Etwa 600 Arten von Unkraut verursachen einen jährlichen Schaden von schätzungsweise 2,5 Mrd. $ und weitere 2,5 Mrd. werden jährlich für Unkrautbekämpfung ausgegeben. Der Schaden, der von Insekten in Ackerbau und Viehzucht verursacht wird, beträgt weitere 4 Mrd. $ und zusätzliche 3 Mrd. gehen durch Pflanzenkrankheiten und Fadenwürmer verloren. Man schätzt, daß in den USA durch Unkraut, Insekten und Pflanzenkrankheiten eine jährliche Ernteverringerung um etwa 20% verursacht wird. Das Äquivalent von rund 30 Mill. ha geht noch immer dadurch verloren, daß schädliche Insekten, Unkräuter und Erreger von Pflanzenkrankheiten sich parasitär ernähren müssen.

Bei der Insektenbekämpfung scheinen wir uns einem Teildurchbruch zu nähern. Nach langen vergeblichen Mühen ist nun die Struktur des juvenilen Hormons von Insekten aufgeklärt und die Verbindung synthetisch hergestellt worden. Alle Insekten sprechen auf dieses Hormon an. Eine Menge von 2,5 g pro Hektar genügt, um die Entwicklung von Larven zu ausgewachsenen, geschlechtsreifen Insekten (Imagines) zu unterbinden. Es ist unwahrscheinlich, daß die Insekten Resistenz gegen ihr eigenes Hormonsystem entwickeln werden. Die jüngsten Arbeiten mit dem Juvenilhormon scheinen daher in der Tat einen neuen Weg für die Schädlingsbekämpfung eröffnet zu haben.

Um das Versickern des Wassers zu verhindern und so die Bodenproduktivität zu steigern, werden unterirdische Asphaltdecken erprobt. Studien, die nun seit vier Jahren vor sich gehen, lassen es als möglich erscheinen, daß man auf Millionen Hektar bisher brachliegender semiarider Sandböden hochwertige Feldfrüchte anbauen könnte. Unterirdische wasserundurchlässige Decken haben das Versickern des Wassers in Sandböden verhindert und in Michigan bei Tomaten, Kartoffeln, Kohl, Bohnen und Gurken Ertragssteigerungen von 60—80% herbeigeführt.

Die Auswirkung einer Erhöhung der Kohlendioxydkonzentration in Treibhäusern ist wohlbekannt. (Der Ertrag von Tomaten, Salat und Gurken kann bei gleichzeitiger Qualitätsverbesserung um 25—100 Prozent erhöht werden.) Im Gegensatz zu dem, was in vielen Lehrbüchern steht, kann Kohlendioxydzufuhr die Produktion auch dann steigern, wenn das Licht ein begrenzender Faktor der Photosynthese ist. Während Millionen Dollar investiert werden, um die Photosynthese zu erforschen, werden bedauerlicherweise keine Ausgaben in vernünftiger Größenordnung gemacht, um zu klären, ob man die Treibhaus-Erfahrungen nicht auch auf den Freiland-Ackerbau anwenden könnte — obwohl sich im Treibhaustest gezeigt hat, daß Mais, Getreide, Hirse, Sojabohnen, Zuckerrüben, Gerste und Reis sehr drastisch auf verstärkte CO_2-Zufuhr reagieren. Die Perspektiven der Kohlendioxyd-Düngung sind gewaltig, da das CO_2 im Weltmaßstab vielleicht der wichtigste Faktor ist, der den Pflanzenwuchs bestimmt, und da es in Zukunft in dem Ausmaß, in dem andere begrenzende Faktoren zurückgedrängt werden, noch mehr zu einem solchen entscheidenden Element werden wird. Karbonate sind auf der Erde reichlich vorhanden — ein schlafender Riese, der darauf wartet, in Dienst gestellt zu werden.

Aber kehren wir noch einen Augenblick zu den Treibhäusern zurück. Im Weltmaßstab nimmt die Fläche unter Glas — Faserglas,

Plastik oder starrem PVC (Polyvinylchlorid) — um über 10% im Jahr zu, wobei der Zuwachs in Japan und Westeuropa am größten ist. Der Hydroponik sowie der elektrischen Beheizung mit Kabeln und der künstlichen Beleuchtung werden erneut Aufmerksamkeit zugewendet. In Zukunft werden wir vielleicht unsere Felder ebenso selbstverständlich beheizen wie wir sie heute bewässern. In dem Maß, in dem das Angebot an Kunststoff- und Petroleumprodukten für Beheizung, Bedeckung, Wurzeldüngung (Mulches) und unterirdische wasserundurchlässige Decken zunimmt, wird es möglich, die Anbaugrenzen in den Vorfrühling und den Spätherbst hinein auszudehnen sowie auf Böden, die bisher landwirtschaftlich nicht nutzbar waren. Wasserbesprengung von oben, die Kühlung durch Verdunstung schafft, ermöglicht es den Pflanzen, die Hitzebelastung hoher Tagestemperaturen im Sommer zu überstehen. Besprengung wird auch mehr und mehr als Frostschutz angewendet und mit der Bewässerung werden auch Kunstdünger und Unkrautvertilgungsmittel herangebracht.

Die verschiedensten Formen geschützter Kulturen werden in der Landwirtschaft der Zukunft mehr und mehr an Bedeutung gewinnen und zu entsprechenden Ertragssteigerungen führen. Eine mit hochwertigen Kulturen bebaute Fläche von 8000 ha wird heute in Michigan durch Besprengungsanlagen vor Frost geschützt. Die Einführung von Beheizungssystemen mit Initialkosten von mehreren hundert Dollar pro Acre (1 Acre = 0,4 ha) hat sich in Apfel-, Kirschen-, Pfirsich- und Weinplantagen als ein rentabler Frostschutz erwiesen.

Revolutionäre Möglichkeiten, die weitreichende Folgen für die Nahrungsmittelproduktion haben können, erwachsen aus einer Versuchsanlage, die von Wissenschaftlern der Universität von Arizona, der Universität von Sonora (Mexiko) und der Rockefeller Universität gemeinsam entwickelt wurde.

Aufblasbare „Glashäuser" aus Plastik, die nur etwa 1,60 $ pro Quadratmeter Bodenfläche kosten, sind nahe der Fischergemeinde Puerto Penasco am Golf von Kalifornien errichtet worden. Dort gibt es an fast allen Tagen des Jahres reichlich strahlendes Sonnenlicht, aber fast kein Süßwasser. Die eingeschlossenen Pflanzen wachsen in einer Atmosphäre mit nahezu 100% Luftfeuchtigkeit, die $1^0/_{00}$ Kohlendioxyd enthält (die normale Atmosphäre enthält $0,3^0/_{00}$); dadurch wird der Wasserbedarf der Pflanzen auf 1—5% des Normalwertes reduziert. Das in unbegrenzten Mengen zur Verfügung stehende Meerwasser wird im Sommer zur Kühlung, im Winter zur Erwärmung verwendet.

Im Entwicklungszyklus der Pflanze gibt es kritische Stadien, in denen die ausreichende Zufuhr zusätzlicher Wachstumsfaktoren die Produktivität erhöhen kann. Solche Stadien sind das frühe Sämlingswachstum, die Blühperiode und die Anfangszeit der Frucht- oder Samenentwicklung. 50% des Phosphorbedarfs von Mais- oder Tomatenpflanzen fällt in die Periode der ersten 20% des Wachstums. Dieses Frühstadium reagiert auf Initialdüngung des Bodens. Im zweiten Stadium gibt es gute Voraussetzungen für Kopfdüngung (Besprengung der Pflanzenblätter mit Kunstdüngerlösungen). Die Blattflächen sind oft groß und es hat sich in vielen Fällen ein geschlossenes Blätterdach gebildet.

Phänomenale Produktionssteigerungen können in vielen Fällen durch Kopfdüngung mit Spezialnährstoffen erzielt werden. Zwei Besprengungen mit Zinksulfat von je etwa ein Kilogramm pro Hektar haben bemerkenswerte Ertragsteigerungen bei Bohnen in Michigan gebracht. Besprühung von Hirse mit einer dreiprozentigen Eisensulfatlösung führte in Kalifornien zu Hektarerträgen von etwa 45 Ztr. — gegenüber nicht ganz 3 Ztr. bei unbesprühten Parzellen.

Im Zuge der sich verändernden Anbautechniken wird die Bedeutung der Kopfdüngung mehr und mehr zunehmen. Bei engeren Pflanzenreihen, dichterem Anbau in gleichen Abständen und weitgehender Anwendung von Bewässerung kann der Kunstdünger im zugeführten Wasser aufgelöst und die Besprühung mit unverdünnten Wirkstoffen (formulations) vorgenommen werden. Es besteht auch die Möglichkeit der Verabreichung von Kunstdünger und Spurenelementen aus der Luft, insbesondere bei Pflanzen, die schweren Belastungen ausgesetzt sind, etwa auf Sandböden nach heftigem Sommerregen. Der für die Aufrechterhaltung des Wachstums und der Produktivität der Pflanzen erforderliche Nährstoffbedarf kann jederzeit sofort und wirksam befriedigt werden. Kopfdüngung mit Stickstoffdünger scheint für Indien vielversprechend zu sein, wo auf Grund der akuten Kunstdüngerknappheit eine möglichst wirksame Anwendung wünschenswert ist.

Die vorhin beschriebenen neuen nicht „lagernden" Weizensorten mit kurzen starken Halmen können gleichsam künstlich nachgeahmt werden, indem man herkömmliche Sorten mit Chemikalien behandelt, die als Wachstumsregulatoren dienen. Weizen, Tomaten und einige andere Arten reagieren sehr stark auf die Anwendung einer komplexen organischen Verbindung, die als Cyclocel (CCC — Chlorcholinchlorid) bekannt ist. Es handelt sich um eine vielversprechende chemische Verbindung, die in Westeuropa weithin angewendet wird, weil dort infolge häufigen Regens während der Erntezeit und starker Kunstdüngerverwendung, die zur Bildung von hohen blattreichen Halmen führt, die Tendenz zum „Lagern" des Getreides besonders stark ausgeprägt ist. Auch für Sojabohnen gibt es eine entsprechende Verbindung mit gleicher Wirkung und es gibt auch ein chemisches Äquivalent für Zwergobstbäume, das wachstumsverzögernde Alar, dessen Anwendung dazu

Abb. 34. Erhöhung der Widerstandsfähigkeit gegen „Lagern" bei Weizen durch Cyclocel (CCC). Der Weizen im Hintergrund ist mit diesem Wachstumsregulator behandelt worden, der im Vordergrund nicht

führt, daß Obstbäume schon nach vier Jahren — statt nach den üblichen sieben bis zehn — Früchte tragen. Im Frühling kann durch die Anwendung von Alar der Eintritt der Blüte bis nach der Frostperiode verzögert werden. Anwendung im Hochsommer verhindert oder verzögert das Abfallen von Früchten vor der Ernte und verbessert die Fruchtqualität auf verschiedene Weise.

Gibberellin ist vielleicht die am besten erprobte und am weitesten angewendete Wachstumssubstanz in der Landwirtschaft. Sie hat die Produktion der kernlosen Thompson-Tafeltrauben in den letzten zehn Jahren revolutioniert, sie wird angewendet, um Schalenschrumpfung und Altern bei Orangen und Zitronen zu verzögern, und sie hat die Massenproduktion von Hybridsamen für Gurken ermöglicht, wodurch die Produktionskapazität für Einlegegurken um 25—50 % erhöht wurde.

Die Mechanisierung hat wesentlich zur Steigerung der Produktionskapazität der amerikanischen Landwirtschaft beigetragen, insbesondere bei Getreide, Futtergräsern, Bohnen, Kartoffeln und Zuckerrüben. Die Herausforderung der Zukunft liegt hier bei weichen und verderblichen Früchten und Gemüse. Auf lange Sicht werden nur jene Arten kommerziell überleben, bei welchen die Produktion und Ernte mechanisiert werden kann; das erfordert genetische Veränderungen und Modifikationen der Anbautechnik, eine einheitlichere Reifezeit, dichtere Pflanzenbestände, verbesserte Unkrautbekämpfung und insbesondere auch die Entwicklung neuer Maschinen. Wir werden in Zukunft eine geringere Zahl, aber ertragreichere Waren produzieren.

1968 wurden 70 % der 100 000-t-Kirschen-Ernte von Michigan und 90 % aller Heidelbeeren maschinell geerntet. Alle neu angepflanzten Obstplantagen werden so angelegt und die Bäume so im Spalier ausgerichtet, daß eine mechanisierte Ernte möglich ist. Das Doppelspaliersystem im Weinbau, das die Weinstöcke für eine einfache mechanisierte Weinlese ausrichtet, hat zugleich zu einer Verdopplung des Ertrages in kräftig wachsenden Weingärten geführt, und ähnliches geht bei anderen Früchten vor sich.

Die Herstellung eines wirklich unkrautfreien Milieus kann nun für wichtige Feldfrüchte, die in Reihen gepflanzt werden (Mais, Hirse, Zuckerrüben, Kartoffeln, Bohnen und Gurken), sowie für nahezu alle Baum- und Beerenfrüchte als ein erreichbares Nahziel angesehen werden. Durch zu genau geplanten Zeiten erfolgende Zugabe von selektiven Herbiziden in die Wasserbesprengung wird man schließlich alle Unkräuter bei allen Feldfrüchten, die üblicherweise in Reihen angepflanzt werden, eliminieren können. In Weingärten sowie in Obst- und Beerenplantagen wird man die Unkrautbekämpfung auf die Fläche unmittelbar um den Baum, Strauch oder Weinstock beschränken; so wird einerseits verhindert, daß den Kulturpflanzen Wasser oder Nährstoffe von den Unkräutern entzogen werden, während andererseits die Kosten für die Chemikalien auf ein Minimum reduziert werden. Diese Veränderungen gehen zur Zeit in vielen Weingärten, Obst- und Beerenplantagen vor sich.

Bestimmte Chemikalien, die üblicherweise in der Unkrautbekämpfung verwendet werden, scheinen auch vielversprechende Anwendungsmöglichkeiten für die Erhöhung des Eiweißgehalts wichtiger Feldfrüchte zu haben. Ursprünglich wurde das bei Simazin beobachtet, dessen Anwendung rund um Obstbäume nicht nur eine Unkrautvernichtung bewirkte, sondern zugleich auch zu einem verstärkten Triebwachstum auf den Bäumen und zu einer Verbesserung der Blattfarbe führte. Bei nachfolgenden Treibhausversuchen mit subtoxischen Dosierungen (also mit Mengen, bei denen noch keine merkliche Giftwirkung auftritt) konnte ein um 20—80% vermehrter Eiweißgehalt bei Roggen festgestellt werden. Samen von behandelten Erbsen enthielten um 40% mehr Eiweiß ohne qualitative Veränderung der Aminosäurenzusammensetzung.

Freilandversuche mit verschiedenen Feldfrüchten in Michigan und Costa Rica bestätigten diese Ergebnisse. Sowohl der Ertrag als auch der Eiweißgehalt von Erbsen, Bohnen und Raygras konnte gesteigert werden. Eine Steigerung des Eiweißgehaltes wurde auch bei Reisblättern, Alfalfa-Gras und Hafer beobachtet.

Diese Ergebnisse weisen auf neue Möglichkeiten der Produktivitätssteigerung und der Erhöhung des Eiweißgehaltes hin — eine Behandlung, die nicht kostspielig, leicht anzuwenden und im Rahmen bestehender Anbautechniken durchführbar ist.

Eine „explodierende" Weltbevölkerung, die sich im Verlauf der letzten 35 Jahre verdoppelt hat und sich bis zum Jahr 2000 neuerlich verdoppeln wird, beginnt geradezu zu einem Synonym für Not und Elend zu werden. Doch selbst wenn diese Bevölkerungsexplosion anhält (und jüngst sind ernste Zweifel an dieser Prognose ausgesprochen worden), besteht Hoffnung auf Grund einiger Rekorde der Nahrungsmittelproduktion, die durch Anwendung wissenschaftlicher Erkenntnisse und neuer technologischer Methoden in der Landwirtschaft bereits erzielt wurden.

Die USA haben in der Nahrungsmittelproduktion mit Hilfe von Forschung und Technik die höchsten Spitzenleistungen in der Geschichte der Menschheit erzielt. Kein anderes größeres Land kommt auch nur einigermaßen an diese Produktion heran. Weniger als 5% der Einwohner der USA erzeugen die Nahrungsmittel für die gesamte Bevölkerung. (Und darüber hinaus noch so viel, daß bei sehr reichlicher Ernährung im Inland die USA der größte Exporteur landwirtschaftlicher Produkte sind; Anm. d. Übers.) 20 Mill. ha fruchtbaren Landes werden jedes Jahr aus der Produktion herausgehalten. (Um die Anhäufung von unabsetzbaren Überschüssen landwirtschaftlicher Produkte zu vermeiden, zahlt die Regierung der USA seit vielen Jahren Prämien an die Farmer, damit sie einen bestimmten Prozentsatz ihres Landes *nicht* bebauen. In den letzten Jahren sind die auf diese Weise unbebaut gehaltenen Flächen angesichts der Welternährungslage allmählich reduziert worden; Anm. d. Übers.) Weniger als 17% des Nationaleinkommens werden für Nahrungsmittel ausgegeben.

Die Erträge von Mais, Hirse und Kartoffeln haben sich in den USA in den letzten 35 Jahren verdreifacht, die von Weizen und Sojabohnen verdoppelt. Auf die Viehzucht können wir hier nicht ausführlich eingehen; es sei nur erwähnt, daß sich die Milchleistung pro Kuh und die Eierproduktion pro Henne ebenfalls nahezu verdoppelt haben. In Mexiko hat sich die Nahrungsmittelproduktion verdoppelt und die Weizenerträge sind in den letzten zwanzig Jahren auf das Vierfache angestiegen. Das gegenwärtig laufende „Puebla-Projekt" soll im Verlaufe von drei Jahren auf einer Fläche von 80 000 ha eine Verdreifachung der Maiserträge bringen. In Westpakistan und Indien konnte die Weizenernte 1967 um 37 bzw. 35% über jeden früheren Rekord gesteigert werden. (1969 wies Pakistan erstmals beträchtliche Überschüsse aus! Anm. d. Übers.) In vielen Gebieten ist diese in jüngster Zeit erzielte landwirtschaftliche „Produktionsexplosion" bereits größer als die Bevölkerungsexplosion.

Heute gibt es im Pandschab und in Uttar Pradesch, den Kornkammern Indiens, zwei große Engpässe, die überwunden werden müssen, wenn die Bevölkerung in den vollen Genuß der hohen Produktivität der kurzhalmigen Reis- und Weizensorten kommen soll: Kunstdünger und Lagerhäuser. Die dramatischen Entwicklungen der Getreideproduktion im Fernen Osten, deren Zeugen wir sind, beruhen mehr oder weniger auf der Einführung eines einzigen genetischen Faktors bei zwei Feldfrüchten — auf dem kurzen festen Halm. Das könnte sehr wohl nur der Anfang eines stürmischen Produktionsaufschwunges sein, vergleichbar mit jenem, der vor 30 Jahren in den USA bei Mais und Kartoffeln begonnen hat.

Man könnte aus all dem folgern — und ich will mit einer optimistischen Note schließen —, daß wir bereits die letzte große Hungersnot auf Erden erleben. Ich kann den Pessimisten nicht zustimmen, die behaupten, daß eine weltweite Hungerkatastrophe bereits begonnen hat oder die Erde in naher Zukunft heimsuchen wird. Gewiß, hunderte Millionen in aller Welt leiden an Unterernährung — sogar in den USA, wo es dafür ganz gewiß keinerlei Entschuldigung gibt.

Es wäre ein verdienstvolles Experiment — wenn die amerikanische Volkswirtschaft das überleben könnte —, alle Produktionsbeschränkungen aufzuheben und zu erproben, was der amerikanische Farmer bei Anwendung der Errungenschaften der modernen Forschung und Technik wirklich leisten könnte, wenn er einen angemessenen Gewinn für seine Investitionen an Kapital und Arbeitskraft erhält. Ich bin überzeugt, daß wir bei voller Anwendung unserer heutigen Kenntnisse die Produktivität der Nahrungsmittelerzeugung in unserem Land im Verlauf von fünf Jahren verdoppeln, ja sogar verdreifachen können.

In den USA dauerte es 40—50 Jahre — von etwa 1890 bis 1935 — ehe es wirklich rentabel war, die Produktivität bei Feldfrüchten, Fleisch, Milch und Eiern zu steigern. Die dabei entstandene landwirtschaftliche Technologie könnte in anderen Ländern viel rascher eingeführt werden; sie wird sich in den Vereinigten Staaten selbst mit zunehmender Geschwindigkeit weiterentwickeln. Die Zeitspanne, die zwischen einer neuen Entdeckung in der Forschung und ihrer praktischen Anwendung verstreicht, wird immer kleiner. Die Landwirtschaftswissenschaftler unserer Tage werden es noch selbst miterleben, wie ihre Arbeit reiche Früchte trägt.

Werkstoffe

William L. Swager

Es ist verhältnismäßig leicht, eine beträchtliche Zunahme des Verbrauchs von Werkstoffen wie Fasern großer Festigkeit, hitzebeständiger Kunststoffe und künstlicher Diamanten vorauszusagen, aber es ist wesentlich schwieriger, ihre genauen Auswirkungen auf die Entwicklung des gesamten Werkstoffsystems zu quantifizieren.

Jeder Wissenschaftler und Techniker, der auf dem Rohstoff- und Werkstoffsektor arbeitet, verwendet andauernd Prognosen. Projektingenieure, die neue Entwürfe zeichnen (designers), verwenden Prognosen über künftige Eigenschaften und Kosten von Werkstoffen, während die Metallurgen, Kunststoffchemiker und andere, die daran arbeiten, neue kombinierte Werkstoffe herzustellen, ihrerseits wieder Prognosen über die künftigen Erfordernisse der Entwerfer aufstellen. Solche Vorausbestimmungen sind von grundlegender Bedeutung für die Entscheidungen, die tagtäglich im Bereich des Forschungs- und Entwicklungssektors gefällt werden müssen. Manchmal bestehen sie bloß in Form unausgesprochener Annahmen, aber auch das sind nichtsdestoweniger Prognosen.

Viele Fachleute anerkennen wohl die Notwendigkeit exakter Prognosen, schrecken aber dennoch davor zurück, solche tatsächlich zu erstellen. Auf manche von ihnen haben frühere Voraussagen von Volkswirtschaftlern und Marktforschern keinen großen Eindruck gemacht;

William L. Swager ist seit acht Jahren einer der Leiter der Abteilung für Wirtschafts- und Informationsforschung des Battelle Memorial Institute in Columbus, Ohio. Vorher arbeitete er bei der Allied Chemical and Dye Corporation.

andere sind von Wissenschaftlern und Technikern in die Irre geleitet worden, die in ihren Spekulationen über künftige Werkstoffe gegenstrebige technische Entwicklungen und wirtschaftliche Veränderungen nicht genügend berücksichtigt haben. Tatsächlich gibt es keine praktisch brauchbare Methode, nach der man gleichzeitig all die vielen technischen, wirtschaftlichen und gesellschaftlichen Faktoren in Rechnung stellen könnte, welche den künftigen Zustand des Rohstoff- und Werkstoffsystems bestimmen. Aber wenn auch eine derartige umfassende Vorschau noch nicht mit genügender Zuverlässigkeit erstellt werden kann, gibt es doch immer wieder mehr spezialisierte und praktisch brauchbare Prognosen, die bei der Planung und beim Fällen von Entscheidungen mit großem Nutzen verwendet werden können. Derartige Prognosen sind zweifellos besser als die meisten Manager zuzugeben bereit sind, wenn auch wiederum nicht so gut, wie die meisten Prognostiker behaupten.

Die Vereinigten Staaten spielten auf diesem Gebiet eine Pionierrolle durch die Ausarbeitung der Studie „Versorgungsgrundlagen für die Freiheit" (Resources for Freedom), die von einer vom Präsidenten eingesetzten Kommission für Rohstoffpolitik 1952 vorgelegt wurde und sich mit einer Vorschau auf Angebot und Nachfrage von Rohstoffen in den Jahren 1950—1975 beschäftigte. Im Zweiten Weltkrieg waren sehr große Rohstoffmengen verbraucht worden, und mehr und mehr begann die Frage, ob die USA über genügend Rohstoffe verfügten, um ihre Zivilisation aufrechterhalten zu können, sowohl die Industrie als auch die Regierung zu beschäftigen. Die Aufgabe der Kommission war es, Vorgangsweisen zu empfehlen, durch die eine für die Sicherung eines steigenden Lebensstandards ausreichende Rohstoffversorgung gewährleistet werden sollte. Sie konzentrierte sich daher auf die Probleme von Nachfrage, Angebot und Versorgungsgrundlagen im Verlaufe einer 25-Jahr-Periode. Bei der Prognose der Nachfrage wurde angenommen, daß die Bevölkerung um 27% wachsen und daß sich das Bruttonationalprodukt verdoppeln würde. Von diesen Grundlagen ausgehend wurde die voraussichtliche Wachstumsrate für die verschiedenen Wirtschaftssektoren einschließlich der wichtigsten Industriezweige abgeschätzt und daraus der Rohstoffbedarf ermittelt. Man ging von der Annahme aus, daß das Verhältnis der verschiedenen Rohstoffpreise zueinander konstant bleiben würde, berücksichtigte aber vorhersehbare Veränderungen der Technologie und die sich daraus ergebenden Substitutionen.

Fünfzehn Jahre nachdem die Kommission ihren Bericht erstellt hat, ist es wohl am Platz, ihn zu überprüfen. Im Jahre 1966 hatte die amerikanische Nachfrage nach den meisten Bodenschätzen nahezu die für

1975 vorgesehene Höhe erreicht. Die wichtigsten Ausnahmen sind Erdöl und Kohle, die jedoch durch eine sehr starke Steigerung des Erdgaskonsums kompensiert werden. Die Ursache der zu niedrigen Prognosen liegt darin, daß man von falschen Grundvoraussetzungen ausgegangen war: Das tatsächliche Bevölkerungswachstum betrug 1,35% pro Jahr, so daß die USA 1965 bereits 194,6 Mill. Einwohner hatten, während die Kommission eine jährliche Wachstumsrate von 1% und dementsprechend eine Einwohnerzahl von 193 Mill. für 1975 angenommen hatte. Die jährliche Wachstumsrate des Bruttonationalprodukts betrug 1950—1965 (zu fixen Preisen gerechnet) 3,7%, während die Kommission mit 3% gerechnet hatte.

Man hatte auch Schätzungen über die künftige Versorgungslage durchgeführt und Auswege aus vorhersehbaren Engpässen vorgeschlagen. Im allgemeinen betonte die Kommission das Konzept des tatsächlichen Vorhandenseins unter der Voraussetzung, daß man einen hohen Preis zu zahlen bereit sei — das heißt, daß die Verteilung der Elemente in der Erdkruste ausreicht, um jede Beunruhigung über eine endgültige Begrenzung unserer Versorgungsgrundlagen zu zerstreuen. Es wurde

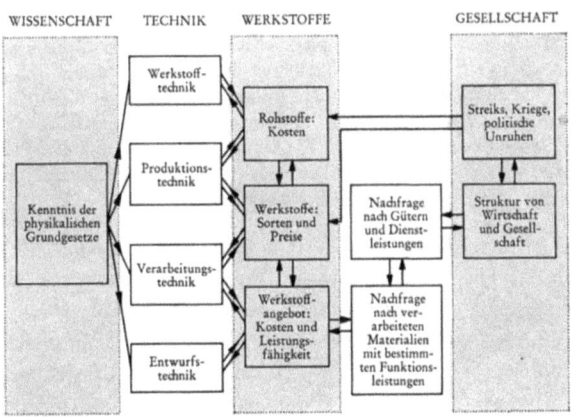

Abb. 35
Das Werkstoffsystem umfaßt die komplizierten Beziehungen zwischen technologischen, wirtschaftlichen und anderen Faktoren, welche die Nachfrage nach Werkstoffen, die Entwicklung neuer Werkstoffe und die Anwendung von Werkstoffen beeinflussen. Umfassendere Prognosen der Vergangenheit sind von einer Vorschau auf den künftigen Zustand der Volkswirtschaft ausgegangen und haben daraus Rückschlüsse auf die künftige Nachfrage nach Gütern und Dienstleistungen und die sich daraus ergebende Werkstoffnachfrage gezogen. Unter Berücksichtigung voraussichtlicher neuer Werkstoffentwicklungen versucht der Prognostiker dann eine Bilanz von Angebot und Nachfrage zu erstellen. Wo es den Anschein hat, daß das Angebot unzureichend sein wird, müssen neue Versorgungsquellen und Ersatzstoffe gefunden werden, um den Engpaß zu umgehen

auch unterstrichen, daß technologische Fortschritte nötig sind, wenn sich die realen Rohstoffpreise im Rahmen der gegenwärtigen Preisstrukturen halten sollen.

Zehn Jahre später hat die „Resources for the Future, Inc." (Vereinigung zum Studium künftiger Versorgungsgrundlagen e. V.) ihre umfassende Studie „Versorgungsgrundlagen für Amerikas Zukunft: Modelle des Erforderlichen und des zur Verfügung Stehenden 1960—2000" veröffentlicht. Die seinerzeitigen Bemühungen der Rohstoffkommission des Präsidenten sind durch diese systematische Studie künftiger Beziehungen von Angebot und Nachfrage wesentlich verfeinert und erweitert worden. Als Ausgangsdaten dienten Prognosen (einschließlich hoher, mittlerer und niedriger Schätzungen) über das Bevölkerungswachstum und über die verschiedenen Elemente des künftigen Bruttonationalprodukts und seiner Verteilung. Die weitere Arbeitsmethode wird am besten in dem folgenden Zitat aus dieser Studie zusammengefaßt:

„Das künftige Konsumptionsniveau, das der allgemeinen Produktionsleistung der Wirtschaft entspricht, wurde für die wichtigsten menschlichen Bedürfnisse wie Ernährung, Bekleidung, Unterkunft, Wärme und Energie, Produktionsmittel und Konsumgüter der verschiedensten Art, Transport, Militär sowie für die verschiedensten anderen identifizierbaren und umschreibbaren Aspekte einer Industriegesellschaft ermittelt. Daraus wurde unter Berücksichtigung künftiger Werkstoff-Sustitutionen sowie späterer Einsparungen auf Grund verbesserter Techniken die künftige Nachfrage für die verschiedensten Zwischenprodukte abgeleitet: landwirtschaftliche Rohstoffe, Stahl, Bauholz, Textilfasern, chemische Grundstoffe und so weiter. Aus diesen prognostizierten Nachfragen ergaben sich schließlich die grundlegenden Erfordernisse an Boden, Wasser und Bodenschätzen."

Diese beiden umfassenden Prognosen arbeiteten also im wesentlichen nach der gleichen Methode. Im Prinzip ging man von einer Vorschau auf einen künftigen Zustand der Volkswirtschaft aus; berechnete daraus die künftige Nachfrage nach Gütern und Dienstleistungen; schätzte die sich daraus ergebende Nachfrage nach Rohstoffen; schätzte das Versorgungspotential für verschiedene Rohstoffe unter Berücksichtigung der Möglichkeiten, die sich aus dem technischen Fortschritt ergeben; und wo sich das Versorgungspotential im Vergleich zur ermittelten künftigen Nachfrage als unzureichend erwies, untersuchte man gegenwärtig feststellbare wissenschaftliche Fortschritte, die entweder eine bessere Versorgung oder ein Ausweichen auf Ersatzstoffe ermöglichen könnten.

Diese Art des Herangehens liefert brauchbare Prognosen für Angebot und Nachfrage und Nachfrageverlagerungen, wenn derjenige, der die Entscheidung zu fällen hat, der Meinung ist, daß die Ausgangsdaten und die Methoden, nach denen der künftige Stand der Volkswirtschaft ermittelt wurden, für seine Zwecke anwendbar sind. Andererseits kann man jedoch nach dieser Methode keine brauchbaren Prognosen für seltene Metalle, Legierungen, kombinierte Werkstoffe und andere Materialien erstellen, bei denen der wissenschaftliche und technische Fortschritt sehr rasche Veränderungen mit sich bringt. Angesichts der Tatsache, daß der Jahresverbrauch einiger dieser Materialien eher in Kilogramm als in Tonnen angegeben werden kann, daß sie im allgemeinen sehr teuer sind, daß viele von ihnen erst seit kurzer Zeit verwendet werden und daß sie zumeist für sehr spezialisierte Zwecke gebraucht werden, ist hier ein besonderes Herangehen erforderlich. Gerade auf diesem Gebiet suchen nun viele Fachleute nach neuen Prognose-Methoden.

Man kann die gegenwärtigen Forschungen auf dem Gebiet der Werkstoff-Prognose im wesentlichen als Bestrebungen mit folgender Zielsetzung bezeichnen: Verbesserung der Prognosen über künftige Relationen von Angebot und Nachfrage; Versorgung von Entwerfern, Werkstofforschern und Technikern mit spezialisierten Prognosen über die Leistungsfähigkeit verschiedener Materialien (sowohl an sich als auch bei der Verarbeitung in verschiedene Bestandteile und Systeme); Ermittlung der einschlägigen technischen, wirtschaftlichen und gesellschaftlichen Veränderungen, die Auswirkungen auf Teilgebiete oder den gesamten Bereich des Rohstoffsystems haben und Versuch einer genaueren Prognose dieser Auswirkungen.

Eine Schlüssel-Kennziffer, die der Ökonom zur Ermittlung der Nachfrage nach Gütern und Dienstleistungen verwendet, ist das Bruttonationalprodukt, und die einfachste Methode der Prognose auf diesem Gebiet ist die Extrapolation vergangener Entwicklungstendenzen in die Zukunft. Eine Verfeinerung dieser Methode ist eine getrennte Prognose für die drei Produktionsfaktoren, die zusammen das Bruttonationalprodukt bestimmen: die Zahl der Arbeitskräfte, die durchschnittliche Arbeitszeit und die Produktivität. Bei Produktivitätsprognosen besteht ebenso wie bei unmittelbaren Prognosen des Bruttonationalprodukts die Schwierigkeit, die geeignete historische Periode auszuwählen, von der ausgehend die Trendkurve ermittelt werden soll. Eine andere Methode ist eine Prognose der Nachfragekomponenten, die zusammengenommen die endgültige Nettonachfrage ergeben: es sind dies der private Konsum, die Investitionen im Wohnbau und in Betrieben, die Ausgaben der öffentlichen Hand, die Nettoexporte (Gesamtexporte abzüglich Importe) und die Nettoveränderungen in den Vorräten. Der wichtigste Posten in dieser Liste ist der erste; die Ausgaben für den persönlichen Konsum umfassen 60—65% des Bruttonationalprodukts in den USA und 50—55% in England. Eine vor kurzem veröffentlichte Studie des Battelle-Instituts hat auf diese Weise das Bruttonationalprodukt im Jahre 1975 für die USA und für sechs europäische Länder prognostiziert. Dabei wurde eine neue Methode zur Prognose der Konsumentenausgaben angewendet, welche die Auswirkungen der technischen Entwicklung auf den sozio-ökonomischen Zustand der Bevölkerung — also auf Altersstruktur, Bildungsgrad, Fachkenntnisse und Beschäftigtenzahl — sorgfältig berücksichtigt.

Bei dieser Methode des Prognostizierens waren zwar Betriebsinvestitionen berücksichtigt, nicht jedoch Ausgaben von Betrieben für Güter oder Dienstleistungen, die im Produktionsprozeß verwendet werden. So werden Doppelzählungen vermieden, da ja all diese Ausgaben im Marktwert des Konsums wieder als Elemente der Gesamtnachfrage auftauchen. So scheinen beispielsweise der Wert des Eisens, das von einem Bergwerk an ein Hüttenwerk verkauft wird, sowie der Wert des Stahls, der vom Hüttenwerk an metallverarbeitende Betriebe verkauft wird, ebenso wie Zusatzwerte, die durch Transport, Groß- und Detailhandel hinzugefügt werden, in der endgültigen Nettoaufstellung der Nachfrage als Gesamtverbrauch von Stahlprodukten zu Marktpreisen auf.

Solche Transaktionen zwischen verschiedenen Industriebranchen umfassen die Verbindungswege zwischen den Rohstoffen und der Endnachfrage. Sie stellen ein Zwischenniveau der Nachfrage dar, das bei derartigen Prognosen von Bedeutung ist, da die Endnachfrage meist nur geringen Einfluß auf die Wahl der Werkstoffe hat. Der Käufer eines Kugelschreibers fragt zum Beispiel nicht danach, aus welchem Material die Schreibkugel hergestellt ist.

Transaktionen zwischen verschiedenen Branchen können am zweckmäßigsten in Input-Output-Tabellen dargestellt und analysiert werden. Bei dieser Darstellungsmethode, einer Schöpfung von Wassily W. Leontief, verwendet man eine Matrix, bei der die Ziffern in jeder vertikalen Spalte angeben, was eine bestimmte Branche von jedem der in den waagerechten Zeilen angeführten Industriezweige kauft. Umgekehrt zeigen die Ziffern jeder Zeile, was die betreffende Branche an jede der in den einzelnen Spalten angeführten Branchen verkaufen kann. Die Ziffern in den einzelnen Kästchen der Matrix können einen tatsächlichen oder einen prognostizierten Dollarwert für eine gegebene Zeitspanne (üblicherweise ein Jahr) darstellen, oder sie können auch den Anteil am gesamten Produktionsvolumen in (Prozenten oder) Dezimalzahlen ausdrücken. So bedeutet etwa die Zahl 0,0626 in der Zeile Holzprodukte der Spalte Bauindustrie, daß der von der Holzindustrie stammende Materialinput 6,26% des gesamten Dollarwertes der Produktion der Bauindustrie darstellt.

Diese Ziffer ist der „direkte technische Input-Koeffizient". In diesen Werten kommt der Wettbewerb zwischen den verschiedenen Zulieferindustrien zum Ausdruck und dabei spielt die Technologie eine große Rolle. Eine neuartige Bautechnik oder ein neuer Kunststoff könnten dazu führen, daß Holzprodukte weitgehend aus dem Bauwesen verdrängt werden, so daß der Koeffizient auf unter 0,05 absinken würde. Umgekehrt könnten technische Verbesserungen auf dem Gebiet der Holzerzeugnisse deren Wettbewerbsfähigkeit erhöhen, was zu einer Vergrößerung des Koeffizienten führen würde.

Die Battelle-Studie hat ihre Prognose über Input-Output-Beziehungen auf Grund einer Prognose über die Entwicklung der direkten technischen Koeffizienten erstellt. Dabei ging man von der Annahme aus, daß der Fachmann einer Branche die Auswirkungen der technischen Entwicklung wahrscheinlich eher auf der Seite des Inputs als auf der Seite des Outputs beurteilen können würde; das heißt, er würde den Einfluß technologischer Veränderungen auf den Rohstoffverbrauch seiner Branche sowie auf den Bedarf an Arbeitskräften, Energie und Kapital eher einschätzen können, als die Auswirkungen auf den Verkauf seiner Produkte.

Wir haben eine Tabelle für die Inputkoeffizienten aller Industriezweige der USA für 1947 und 1958 zusammengestellt. Eine frühere Studie von Harvard-Ökonomen, die 250 Koeffizienten für das Jahr 1970 errechnet hatten, wurde mit einbezogen, wobei durch mathematische Extrapolation die Ziffern für 1975 ermittelt wurden. Die Inputstruktur jedes Industriezweiges wurde dann von einem Fachmann überprüft; dabei wurde mit ihm ein Gespräch über technologische Veränderungen geführt, die er vorhersehen könnte, sowie über Auswirkungen solcher Veränderungen auf die Inputstruktur seiner Branche im Jahre 1975. Derartige technologische Prognosen beruhen auf einer Kenntnis von Entwicklungen, von denen man vernünftigerweise annehmen kann, daß sie im betreffenden Jahr bereits kommerziell verwertbar sein werden, auf einer Kenntnis des gegenwärtigen und künftigen Bedarfes, den man voraussichtlich unter Anwendung der vorhandenen wissenschaftlichen Kenntnisse befriedigen können wird, sowie auf einer Kombination dieser beiden Faktoren. Der Prognostiker muß deshalb vor allem einmal selbst gut informiert sein. Zweitens muß er genügend Vorstellungsvermögen haben, um erkennen zu können, was möglich ist. Schließlich muß er in ausreichendem Maße als ein Pragmatiker an die Dinge herangehen, der zwischen dem technisch Möglichen und dem praktisch Durchführbaren unterscheiden kann.

Die zwei umseitigen Tabellen illustrieren die Ergebnisse dieser Arbeit an Hand der Ziffern für einige Werkstoff-produzierende und

Transaktionen (in Millionen Dollar zum Wert von 1960)

Produzierende Branche	Jahr	Konsumierende Branche				
		Neubauten	(Wohnungs-)Möbel	Beheizung, Installationen und metallische Bauelemente	Haushaltsgeräte	Kraftfahrzeuge und Zubehör
Bauholz- und Holzprodukte	1960	3 603	452	21	6	16
	1975	5 266	414	45	9	36
Gummi und diverse Kunststoffprodukte	1960	342	147	12	132	848
	1975	771	282	31	266	1 958
Stein und Ton (Keramik)	1960	4 487	9	56	31	83
	1975	10 660	8	118	39	180
Roheisen- und Rohstahl	1960	2 445	88	2 146	308	2 597
	1975	3 785	83	3 850	360	4 683
Roh-Buntmetalle	1960	954	31	656	171	338
	1975	973	33	1 525	203	1 046
alle anderen eingehenden Zwischenprodukte	1960	25 230	1399	2 654	1881	17 857
	1975	55 587	1579	5 300	2535	39 023
Wertzuwachs	1960	20 517	1514	3 459	1503	8 665
	1975	31 413	1693	6 893	2005	18 890
Gesamtinput	1960	57 578	3640	9 004	4032	30 404
	1975	108 455	4092	17 762	5417	65 816

Die Beziehungen zwischen werkstoffproduzierenden und werkstoffverbrauchenden Industrien sind in den Tabellen auf den Seiten 152 und 153 für 1960 und 1975 dargestellt. Die obige Tabelle zeigt, wieviel jede Branche von anderen Industriezweigen einkauft, die auf S. 153, welcher Anteil am Gesamtinput aus jeder der verschiedenen Zulieferindustrien stammt. Der Wertzuwachs beinhaltet in beiden Tabellen Löhne und Gehälter, Steuern, Profit und Amortisation der fixen Anlagen

einige Werkstoff verbrauchende Industriezweige. Fünf Branchen jeder dieser beiden Gruppen wurden der Battelle-Studie entnommen, die sämtliche 82 Branchen der amerikanischen Wirtschaft in beiden Richtungen (Input und Output) erfaßt. Aus den Tabellen kann man beispielsweise entnehmen, daß die Verwendung von Gummi und Kunststoffen in der Möbelerzeugung voraussichtlich zunehmen wird, was seinen Ausdruck in einem Anwachsen des direkten technischen Koeffizienten von 0,04

Technischer Koeffizient (Dollaranteil pro Dollar Output)

Produzierende Branche	Jahr	Konsumierende Branche				
		Neubauten	(Wohnungs-)Möbel	Beheizung, Installationen und metallische Bauelemente	Haushaltgeräte	Kraftfahrzeuge und Zubehör
Bauholz- und Holzprodukte	1960	0,0626	0,1242	0,0024	0,0016	0,0005
	1975	0,0486	0,1012	0,0025	0,0016	0,0006
Gummi und diverse Kunststoffprodukte	1960	0,0060	0,0405	0,0014	0,0327	0,0279
	1975	0,0071	0,0690	0,0017	0,0491	0,0298
Stein und Ton (Keramik)	1960	0,0779	0,0026	0,0062	0,0078	0,0027
	1975	0,0983	0,0018	0,0066	0,0071	0,0027
Roheisen- und Rohstahl	1960	0,0425	0,0240	0,2384	0,0764	0,0854
	1975	0,0349	0,0202	0,2167	0,0666	0,0712
Roh-Buntmetalle	1960	0,0166	0,0085	0,0728	0,0425	0,0111
	1975	0,0090	0,0081	0,0859	0,0374	0,0159
alle anderen eingehenden Zwischenprodukte	1960	0,4381	0,3842	0,2948	0,4663	0,5874
	1975	0,5125	0,3859	0,2984	0,4679	0,5928
Wertzuwachs	1960	0,3563	0,4160	0,3840	0,3727	0,2850
	1975	0,2896	0,4138	0,3882	0,3703	0,2870
Gesamtinput	1960	1,0000	1,0000	1,0000	1,0000	1,0000
	1975	1,0000	1,0000	1,0000	1,0000	1,0000

im Jahre 1960 auf 0,07 im Jahre 1975 seinen Ausdruck findet. Unter Berücksichtigung der zu erwartenden Steigerung des Gesamtvolumens der Möbelindustrie (was sich in einem Anwachsen der Dollarziffern für den Gesamtinput — der dem Gesamtoutput gleich ist — ausdrückt) wird sich die Dollarziffer für den Konsum von Gummi und Kunststoffen in der Möbelindustrie nahezu verdoppeln, nämlich von 147 auf 282 Mill. ansteigen.

Andere bedeutende Veränderungen können ebenfalls festgestellt werden: auf der Inputseite des Bauwesens wird es eine bemerkenswerte Verschiebung von Holz, Stahl und Buntmetallen zu Stein, Keramik und Kunststoffen geben; der relative Anteil von Stahl am Gesamtoutput der Kraftfahrzeugindustrie wird sinken, obwohl damit zu rechnen ist, daß der absolute Dollarwert des Stahlverbrauches in dieser Branche auf Grund der zu erwartenden Steigerung der Kraftfahrzeugproduktion ansteigen wird; Buntmetalle werden Stahl auf einigen Märkten (Kraftfahrzeuge, metallische Bauelemente) zum Teil verdrängen und ihrerseits wieder in anderen Branchen (Bauwesen, Haushaltsvorrichtungen) einen Marktanteil an Kunststoffe abgeben müssen.

Diese Untersuchung berücksichtigte sowohl die Veränderungen der Bevölkerungs-Kennziffern, die im sozialwirtschaftlichen Bereich vor sich gehen, als auch die zu erwartenden Veränderungen der technischen Koeffizienten in den Input-Output-Modellen der Volkswirtschaft. Mit dem Fortschritt der Forschungen auf diesen Gebieten wird sich die Qualität der Wirtschaftsprognose verbessern, da bessere Grundlagen für die Ermittlung künftiger Relationen von Angebot und Nachfrage für die verschiedensten Güter bestehen werden. Dadurch wird klar werden, welche Gefahren für den Absatz herkömmlicher Werkstoffe tatsächlich bestehen und welche Möglichkeiten es für neue Materialien gibt.

Bei Entscheidungen über künftige technologische Prozesse, die in etwa 5—20 Jahren durchgeführt werden sollen, sind detaillierte Prognosen für Projektionsingenieure, Werkstoffachleute und Techniker von ausschlaggebender Bedeutung. Bisher verwenden Projektionsingenieure hauptsächlich zwei Methoden: intuitive Prognose und Extrapolation bestehender Trends. Eine sehr verfeinerte und systematisierte Methode der intuitiven Prognose ist die von Olaf Helmer bei der RAND-Corporation entwickelte Delphi-Technik. Die Trend-Extrapolation tritt in verschiedenen Formen auf: Entwicklungstendenzen bei einem bestimmten Phänomen wie etwa der Tragfähigkeit von Baumaterialien; Entwicklungstendenzen bei einer bestimmten Leistungskennziffer wie etwa der spezifischen Antriebsleistung eines Treibstoffs; Entwicklungstendenzen, die sich in verschiedene Technologien berücksichtigenden „Grenzkurven" (envelop curves) zeigen lassen, wie etwa bei der Leistungsenergie von Teilchenbeschleunigern.

Wie in dem Beitrag auf S. 22 gezeigt wird, ist die Delphi-Technik eine sehr sorgfältig entworfene Methode, um von wohlinformierten

---

Abb. 36
Vereinfachte horizontale graphische Darstellung *(horizontal relevance tree)* betreffend Vanadiumzusätze zu Stahl; es handelt sich hier bloß um eine graphische Methode, alle Faktoren, die auf eine bestimmte Situation Einfluß haben können, zu Papier zu bringen. Das Diagramm „löst" nichts von selbst, aber es dient als Rahmen für die Untersuchung eines Problems, und insbesondere wenn einige Kästchen auf jeder Ebene unausgefüllt bleiben, regt es zum Nachdenken an. Diese Darstellung zeigt eine der vielen Linien, durch welche miteinander in Wechselbeziehung stehende Veränderungen verbunden werden können

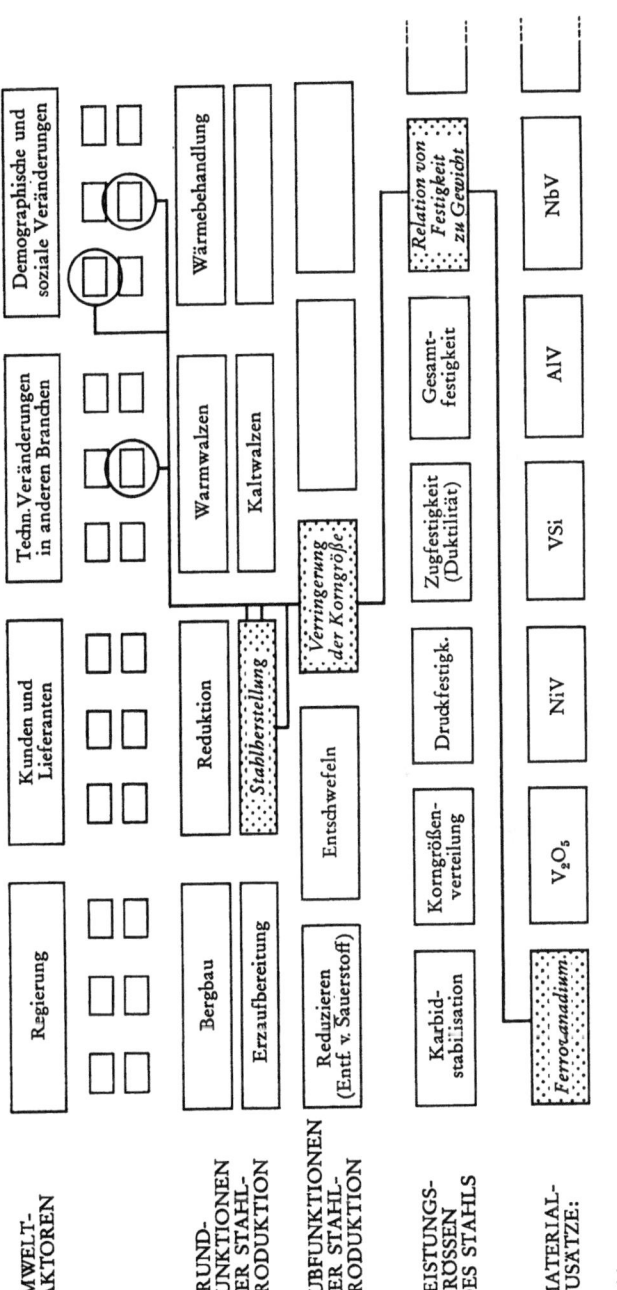

Abb. 36

Personen überlegte Gutachten über die Zukunft zu erhalten; dabei wird auch Informations-Rückkopplung angewendet, welche die einzelnen Gutachter über die Ansicht ihrer Kollegen und über erzielte Übereinstimmung bei der Prognose informiert. Über die Anwendung einer modifizierten Delphi-Technik berichtete vor kurzem die Firma „Thompson Ramo Woolridge"[1]. Zwanzig besonders hervorragende TRW-Wissenschaftler wurden aufgefordert, sich an einer Prognose über in den nächsten zwei Jahrzehnten mögliche radikale technische Durchbrüche zu beteiligen. Auf dem Werkstoffsektor wurde unter anderem Folgendes vorausgesagt: Um 1970 wird man vielfach verstärkte kombinierte Werkstoffe für Gasturbinen-Schaufeln verwenden; sehr feste kombinierte Kunststoffe, die Metall in Anwendungsbereichen bis zu Temperaturen von 284 °C ersetzen können, werden ab 1971 zur Verfügung stehen; große künstliche Diamanten und ähnliche Materialien werden in den achtziger Jahren als völlig neue Werkstoffklasse verwendet werden können.

Intuitive Prognosen werden seit vielen Jahren verwendet, und die jüngsten methodologischen Entwicklungen, durch die Fehleinschätzungen auf Grund individueller Ansichten eines Einzelnen nach Möglichkeit vermieden werden sollen, haben die grundlegende Schwäche dieser Methode nicht verringert. Die Prognose einer größeren Entwicklung in irgendeinem Sektor des Werkstoffsystems führt Gegenmaßnahmen von seiten der konkurrierenden Werkstoffe und Systeme herbei. Die von Überholung Bedrohten fragen sich: Welche Fortschritte bei den herkömmlichen Werkstoffen und welche anderen neuen Werkstoffe können in der gleichen Zeit entwickelt werden und auf diese Weise die Auswirkung der prognostizierten Entwicklung des Konkurrenten abfangen? Es muß im Rahmen des Werkstoffsystems irgendein noch unentdecktes Gesetz geben, das ähnlich wie das physikalische Gesetz wirkt, nach dem jede Aktion eine Reaktion von gleicher Stärke und entgegengesetzter Richtung auslöst. Solange man die Rückwirkungen auf die technische Entwicklung in konkurrierenden Branchen nicht abschätzen kann, ist es schwierig, die Bedeutung einer Entwicklung auf dem Werkstoffsektor präzis zu beurteilen.

Die meisten Wissenschaftler und Techniker entwickeln ihre Vorstellungen künftiger technischer Entwicklungen unter Verwendung intuitiver Extrapolationen vergangener Ereignisse. Es gibt angestrengte Bemühungen, für diese Art von Trend-Extrapolation einen formalen

---

[1] „Thompson Ramo Woolridge" (Redondo Beach, Kalifornien) ist einer der führenden amerikanischen Elektronik-Konzerne, der sich besonders um die Entwicklung neuer Zukunftsforschungsmethoden bemüht.

Rahmen zu finden. Das entspricht dem Wunsch vieler Projektionsingenieure, die nach rasch zugänglichen, leicht verständlichen, auf Erfahrungen der Vergangenheit beruhenden Ziffern suchen.

Eine Methode, Prognosen über verschiedene einfache und zusammengesetzte Werkstoffe in einer integrierten Vorschau für alternative Entwicklungsmöglichkeiten zu vereinigen, wurde von E. S. Cheaney und anderen entwickelt. Dabei geht man von einer genauen Spezifikation der Forderungen aus, die an die Leistungsfähigkeit des Werkstoffs in verarbeitetem Zustand gestellt werden. Diese werden in Begriffen umschrieben, welche ausschließlich auf das zu entwerfende Werkstück zutreffen. Die Heiz- und Klimaanlage eines Autos soll beispielsweise unter anderem folgenden Forderungen entsprechen: gute Leistung, kleines Volumen, geringes Gewicht, sie soll ständig regulierbar und billig im Betrieb sein. Man kann sich verschiedene alternative Entwürfe vorstellen, die diesen Forderungen mehr oder weniger entsprechen. Durch Anwendung der Trend-Extrapolation und anderer Methoden kann die Leistungsfähigkeit jedes vorliegenden Entwurfes vorausgesagt werden. Bei der Entscheidung, welcher Entwurf ausgeführt werden soll, kann man die Werte der verschiedenen Leistungsgrößen jedes Entwurfs gegeneinander abwägen.

Im Battelle-Institut wurde eine Anzahl von Techniken untersucht, nach denen Prognosen auf dem Werkstoffsektor erstellt werden; es hat sich dabei herausgestellt, daß die meisten Fehleinschätzungen durch Außerachtlassung einzelner Faktoren und nicht durch falsche Einschätzung der in der Prognose berücksichtigten Faktoren entstanden sind. Die Genauigkeit der Prognose hing, wie sich zeigte, nicht so sehr von der verwendeten Methode ab, nach der die künftigen Leistungen einer speziellen Technologie ermittelt wurden, sondern vielmehr vor allem davon, in welchem Ausmaß auch die Entwicklung konkurrierender Techniken mitberücksichtigt wurde. Die Prognosen über die Leistungsfähigkeit und die Kostenentwicklung bei der direkten Reduktion von Eisenerz waren ziemlich genau, neigten aber dazu, andere konkurrierende Entwicklungen in der Hochofentechnologie zu übersehen. Die Verwendungsmöglichkeiten und der Gebrauch von Germanium- und Silizium-Kristallen wurden vorausgesehen, aber die raschen Fortschritte auf dem Gebiet der Mikroelektronik wurden nicht genügend beachtet. Bei Prognosen über die Leistungsfähigkeit und die Quantität der künftigen Nachfrage nach Kernkraftwerken wurden die vielen Fortschritte in den Sektoren Bergbau, Transport und kostensparenden Energiekonversionsraten von fossilen Brennstoffen nicht entsprechend berücksichtigt.

Überdies wurden Prognosen über die Anwendungsmöglichkeiten neuer Produkte und Techniken auf der Grundlage solcher technischer Prognosen „mit eingeschränktem Blickfeld" erstellt. Offensichtlich brauchen Werkstoffproduzenten dringend eine Methode, nach der Neuerungen, welche die gegenwärtige Verwendung von Werkstoffen bedrohen oder potentielle Möglichkeiten für neue Materialien eröffnen, vorausgesagt werden können. Ähnlich benötigen auch die Werkstoffkonsumenten Prognosen über künftige Veränderungen von Materialeigenschaften, Liefermöglichkeiten und Preisen.

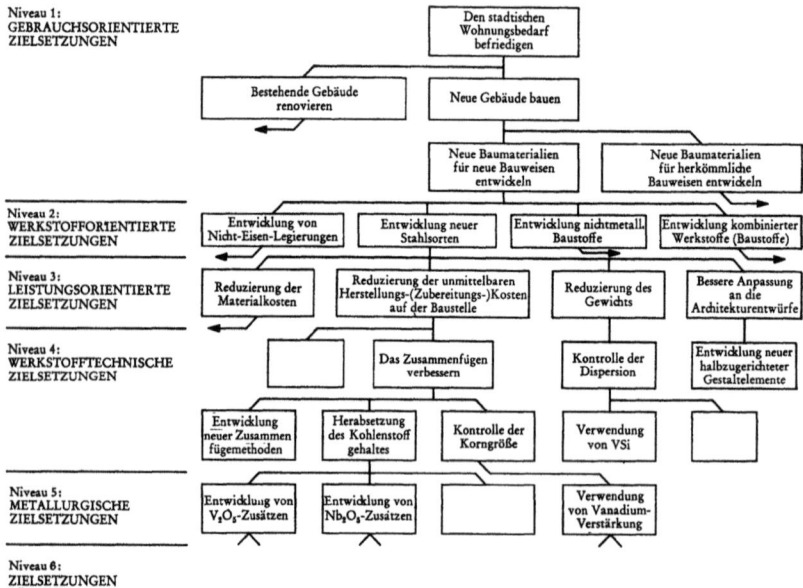

Abb. 37

Vertikale graphische Darstellung *(vertical relevance tree)*, hier eine vereinfachte Teilwiedergabe eines Diagramms, das sich mit der Verbesserung städtischer Wohnbauverhältnisse beschäftigt. Es ist dies eine andere Methode, miteinander in Beziehung stehende Variable in einer zusammenhängenden graphischen Form darzustellen. Man geht von einem einzigen klar gestellten Ziel (oben) aus und verfolgt die verschiedenen, unter Umständen miteinander in Konkurrenz stehenden Wege des technischen Fortschritts, die zu diesem Ziel führen. So wird eine Hierarchie von Zielsetzungen auf verschiedenen Ebenen erstellt. So wie in der horizontalen Darstellung auf S. 155 werden auch hier leere Kästen eingefügt, um Wege anzudeuten, die erst untersucht werden müssen

Im Zuge der Arbeit mit einer Reihe von Gesellschaften, die sich diesen Prognoseproblemen gegenübergestellt sehen, zeigte sich, daß die entscheidenden Fragen die folgenden sind: „Was soll vorausgesagt werden? Welche Veränderungen sind einschlägig und bedeutsam?" Sollen beispielsweise in einer detaillierten zahlenmäßigen Prognose die relativen Vorteile der Verwendung von Kupfer beziehungsweise Aluminium bei Autoheizgeräten ermittelt werden? Soll sich eine detaillierte Vorschau mit den wahrscheinlichen Fortschritten von luftgekühlten Explosionsmotoren, Gasturbinenmotoren und elektrischen Autoantrieben beschäftigen, oder soll man lieber eine grundsätzliche ökonomische Prognose über die wirtschaftlichen Probleme und den voraussichtlichen künftigen Umfang der Autoproduktion erstellen? Kurz, auf welchen Bereich des gesamten Werkstoffsystems soll sich die Prognose beziehen? Was ist in Zusammenhang mit einer bestimmten Problemstellung relevant?

Derartige Fragestellungen regten die Entwicklung von graphischen Modellen an, in denen die Information über potentielle Veränderungen im Werkstoffsystem dargestellt sind, und halfen bei der Bewertung der Einschlägigkeit und Bedeutsamkeit solcher Veränderungen. Erich Jantsch hat solche graphische Darstellungen „Relevance Trees" genannt — ein horizontales (baumähnliches) Netz, in dem einschlägige von nicht-einschlägigen Veränderungen im Rahmen eines bestimmten Zeithorizonts gesondert werden können, und ein vertikales, das bei der Ermittlung konkurrierender Technologien helfen soll. Die Erfahrung der letzten vier Jahre zeigt, daß solche graphischen Darstellungen bei Prognosen über zukünftige Werkstoffentwicklung im allgemeinen nutzbringend sein können. Diese Technik ist bei verschiedenen Problemen eingesetzt worden, so etwa für Mangan in der Stahlproduktion, Aluminium im Bauwesen, hitzebeständige Legierungen in der Weltraumtechnik, Kunststoffe im Wohnbau und Kupfer in der Wärmeübertragung. Die Eigenart dieser graphischen Darstellungen trägt dazu bei, daß man auf den Werkstoffsektor einwirkende Veränderungen — technische, soziale und wirtschaftliche — erkennen kann.

Das Konzept des horizontalen „relevance tree" ist einfach, aber die praktische Durchführung ist schwierig. Auf S. 155 ist eine vereinfachte und verallgemeinerte Darstellung eines horizontalen Beziehungsnetzes, die Rolle von Vanadium in der Stahlproduktion betreffend, zu sehen. Dabei sind auch verschiedene Kategorien von Umweltfaktoren berücksichtigt worden, wie die Rolle der Regierung, der Kunden und Lieferanten, die Neuerungen in anderen technischen Sektoren sowie demographische und soziale Veränderungen. Die Grundfunktionen und

-produkte der Stahlindustrie sind in der Mitte des Diagramms dargestellt, die Subfunktionen der Stahlproduktion, die durch Vanadiumzusätze beeinflußt werden könnten, und die Eigenschaften von Stahlprodukten, die durch Vanadiumzusatz verbessert werden könnten, im unteren Teil. An sich liefert die graphische Darstellung nicht automatisch Antworten auf irgendwelche Fragen. Sie ist bloß ein „logischer Rahmen", an dem Ideen „aufgehängt" und zu anderen Ideen in Beziehung gebracht werden können. Als solches bietet sie einen logischen Rahmen, der die Gedanken lenkt. Einem derartigen Modell wohnt ein schöpferischer Aspekt inne. Die leeren Kästchen in jeder Hauptregion des Diagramms regen dazu an, nach wichtigen einschlägigen Faktoren zu suchen, die bisher noch nicht erkannt worden sind.

Horizontale Beziehungsnetze sind Werkzeuge, die denjenigen, der sie gebraucht, in die Lage versetzen, die Wechselbeziehungen zwischen Faktoren zu erkennen, bei denen vielleicht Veränderungen zu erwarten sind und wo deshalb weitere Analysen und Prognosen benötigt werden. Im Diagramm auf S. 155 ist eine Serie miteinander in Beziehung stehender Veränderungen durch eine fette Linie angedeutet. Das ist bloß eine der Beziehungslinien, die gezogen werden können, und jede solche Linie zeigt eine bestimmte Wechselbeziehung zwischen künftigen Umweltveränderungen und künftigen Veränderungen der Verwendung von Vanadium in der Stahltechnologie, die eine genaue Analyse erfordern. Daß derartige Beziehungen bestehen, ist offensichtlich, aber ihre Feinheiten können durch die graphische Darstellung besser abgeleitet werden; diese Technik ist ein Hilfsmittel, um sicherzustellen, daß nicht irgendeine wichtige Entwicklung übersehen wird.

Demgegenüber zeigt das vertikale Beziehungsnetz die Perspektiven von miteinander konkurrierenden Linien des technischen Fortschritts. Eine solche Darstellung kann auch als Zielsetzungs-Netz bezeichnet werden, denn sie besteht aus einem hierarchischen Aufbau von Zielsetzungen. Das Beispiel auf S. 158 beginnt mit dem allgemeinen Ziel „Befriedigung der städtischen Wohnbauerfordernisse". Es werden zwei Alternativen zur Erreichung dieser Absicht gezeigt: die Renovierung bestehender Gebäude und der Bau von neuen. Nur die zweite Möglichkeit wird in diesem Diagramm weiter verfolgt. Die aufeinander folgenden Ebenen des Diagramms führen zu einer ausdrücklichen Identifizierung verschiedener Werkstoffe und untergeordneter technischer Zielsetzungen für eine Verbesserung der Werkstoffqualitäten. So kann eine ganze Zielsetzungshierarchie aufgebaut werden.

Die völlig ausgeführte graphische Darstellung in Form der „relevance trees" ergibt eine umfassende Zusammenstellung von Zielsetzungen beginnend bei den allgemeinsten, vorwiegend gebrauchsorientierten, bis zu jenen, welche die Grundlagenforschung betreffen. Die Konstruktion einer derartigen Hierarchie erfordert den Aufwand von wissenschaftlicher und technischer schöpferischer Tätigkeit. Die leeren Kästchen auf den verschiedenen Ebenen zeigen alternative technische Lösungen an, die erst erdacht werden müssen. Die Erfahrung zeigt, daß ein gut konstruiertes Zielsetzungsnetz eine klare Darstellung von verschiedenen Wegen des technischen Fortschritts bietet. Eine Beurteilung und Bewertung aller (technisch) möglichen Wege durch Fachleute, die für die betreffenden Sparten kompetent sind, kann die Anzahl der denkbaren Wege auf die wahrscheinlichen reduzieren.

Das ist der Vorteil, den die Verwendung einer solchen graphischen Darstellung bietet. Der Prognostiker muß die unwahrscheinlichen Entwicklungswege zunächst beiseite legen, aber jede Entwicklungsmöglichkeit, die nicht mit guten Gründen ausgeschlossen werden kann, hat weiterverfolgt und analysiert zu werden. So wird eine verhältnismäßig kleine Zahl spezifizierter, miteinander konkurrierender technischer Entwicklungswege in den Brennpunkt der Aufmerksamkeit gestellt, während die weniger wahrscheinlichen Möglichkeiten zunächst beiseite gelassen und dann in periodischen Abständen neuerlich geprüft werden. Für jeden der miteinander konkurrierenden (wahrscheinlichen) Entwicklungswege muß eine detaillierte technische Prognose erstellt werden, damit die Geschwindigkeit des technischen Fortschritts auf den verschiedenen konkurrierenden Entwicklungslinien abgeschätzt werden kann. Die Identifizierung der wahrscheinlichen Wege miteinander konkurrierender technischer Entwicklungen gibt eine klare Antwort auf einen Aspekt der Frage, was eigentlich prognostiziert werden soll. Die technischen Prognosen, die zur Beurteilung der Entwicklungsmöglichkeiten auf jedem der konkurrierenden Wege erforderlich sind, werden klar herausgearbeitet. Neue Trendextrapolationen, intuitive Methoden oder statistische Techniken können nun in einem Bezugsrahmen angewendet werden, der die Beurteilung, welche Methode am zweckmäßigsten ist, erleichtert.

Durch laufende Arbeit an horizontalen und vertikalen Beziehungsnetzen wird deren Nützlichkeit erweitert. Bei jeder Anwendung dieser Methode ist eine einzigartige schöpferische Art der konstruktiven Darstellung von Funktionen beziehungsweise von Technologien erforderlich. In jedem Fall hat eine derartige kritische konstruktive Darstellung einen neuen tieferen Einblick in die Dynamik des Werkstoffsystems gewährt. Weitere Forschungen in dieser Richtung werden voraussichtlich noch Verbesserungen dieser Technik mit sich bringen.

Eine kritische Betrachtung des gegenwärtigen Standes und der laufenden Forschungen auf dem Gebiet der Werkstoffprognose zeigt, daß diesem Sektor weniger Aufmerksamkeit zugewendet wird, als ihm gebühren würde. Vor allem werden Prognosen benötigt, die sich auf Angebot und Nachfrage hinsichtlich Werkstoffen mit ganz bestimmten Leistungsvermögen beziehen. Die konventionellen Trend-Prognosen werden rein mengenmäßig erstellt; sie geben eine Quantität (etwa das Gewicht) des Materialverbrauches für verschiedene Anwendungsgebiete an. Aber zwischen dem Gewicht und der zu erfüllenden Funktion eines Werkstoffes besteht nur in wenigen Fällen — wie etwa bei der Abschirmung radioaktiver Strahlung — eine unmittelbare und direkte Beziehung. Wäre es nicht möglich, die Nachfrage in einer Maßeinheit auszudrücken, die in einer direkteren Beziehung zu der Funktion steht, die der betreffende Werkstoff zu erfüllen hat? In diesem Falle könnten solche Einschränkungen viel leichter mit den technisch orientierten Prognoseannahmen der Entwerfer in Beziehung gesetzt werden.

Die Herstellbarkeit eines derartigen Schemas hängt von einem genauen Erkennen der „primären Funktion" ab, die ein Werkstoff in einer bestimmten Verwendung erfüllen muß. Die Primärfunktion eines Autoheizgeräts ist beispielsweise die Übertragung von Wärme. Es gibt viele andere Kriterien, die bei der Auswahl des Werkstoffs für das Heizgerät ebenfalls berücksichtigt werden, so etwa die Korrosionsbeständigkeit, das Service, die Schwierigkeiten der Herstellung und die Herstellungskosten, aber das alles ändert nichts an der Primärfunktion. Die Nachfrage nach Werkstoffen für Heizgeräte könnte also in Einheiten für Wärmeleitfähigkeit gemessen werden. Entwicklungstrends wie Veränderung der Pferdestärke von Explosionsmotoren, Anwendung von luftgekühlten Motoren, Möglichkeiten der Anwendung von Gasturbinenmotoren werden alle ihre Auswirkungen auf die Nachfrage, gemessen in Einheiten der Primärfunktion, haben. Diese Nachfrage wird auch von den Entwicklungstrends des pro-Kopf-Einkommens, der Bevölkerungszahl und vielen anderen Faktoren beeinflußt.

Wenn die Nachfrage in Wärmeleitungseinheiten ausgedrückt würde, könnte man vielleicht einschlägige Bezugsziffern (figures of merit) — etwa kcal/h.kg.$ (also Kilogrammkalorien pro Stunde pro Kilogramm Gewicht pro Dollar) — in einem bestimmten Anwendungsbereich sinnvoller mit der Nachfrage in Beziehung bringen. Eine logische Erweiterung dieses Konzepts einer Nachfrage nach Wärmeleitfähigkeit auf Klimaanlagen, Kühlanlagen, Kraftwerke und Industrieausrüstungen würde zu einer neuen Klassifikation der Nachfrage nach Werkstoffen führen.

Die Primärfunktion, die hier als Beispiel angeführt wird, ist zugegebenermaßen primitiv und kann nicht als repräsentativ angesehen werden. Nichtsdestoweniger kann man nicht bestreiten, daß zwischen den in herkömmlichen Begriffen angegebenen Informationen über die Nachfrage und den technischen Kennziffern der von einem Werkstoff geforderten Leistungen eine Kluft besteht, deren Überbrückung eine verbesserte Prognose ermöglichen würde. Cheaneys Forschungsarbeiten über die Beziehung zwischen Werkstoffen und deren Leistungen in verarbeiteter Form sind hier zum Teil einschlägig, aber weitere Bemühungen anderer sind erforderlich. Solange diese Kluft bei der Bewertung der Funktionsleistungen von Werkstoffen besteht, wird sie ein ernstes Hindernis bei der gemeinsamen Benutzung von gegenwärtigen ökonomisch orientierten Modellen und Modellen mehr technischer Art sein.

Zusätzliche Literatur

Cheaney, E. S., Buttner, F. H.: Models of Technological Change. Industrial Management Center, Essex County NY, 1967.

Landsberg, H. H., Fischmann, L. L., Fischer, J. L.: Resources in America's Future. Johns Hopkins Press 1963.

Resources for Freedom. Verfaßt von The Presidents Materials Policy Commission (US Government Printing Office, 1952).

Bevölkerung

Roger Revelle

Es gibt Fachleute, die annehmen, daß um die Jahrhundertwende die Bevölkerung von Indien und Pakistan zusammengenommen größer sein wird als die Chinas. Aber derartige Prognosen hängen im Grunde genommen von der menschlichen Fruchtbarkeit ab — der einzigen kontrollierbaren Variablen einer ansonsten unkontrollierbaren Situation.

In einem gewissen Sinne ist die Bevölkerungsprognose die grundlegendste Vorschau, die überhaupt gemacht werden kann. Fast alle anderen Prognosen dieses Bandes hängen letzten Endes von der Größe der menschlichen Bevölkerung ab — zumindest in dem Sinne, daß zwischen der Notwendigkeit eines technischen Fortschritts und der Zahl der Menschen, die diesen Fortschritt benötigen, eine Wechselbeziehung besteht. Aber wenn auch die Zahl der Menschen, die in verschiedenen Regionen der Welt leben, ein Parameter von fundamentaler Bedeutung ist, so ist es doch keineswegs leicht, diesen Wert für die Gegenwart zu bestimmen oder für die Zukunft zu extrapolieren.

Roger Revelle ist Richard-Saltonstall-Professor für Bevölkerungspolitik und Direktor des Harvard-Instituts für Bevölkerungsstudien. Er war vormals wissenschaftlicher Berater des Innenministers, Forschungsdekan der Universität von Kalifornien und Direktor des Scripps-Institutes für Ozeanforschung in La Jolla (Kalifornien). Seine Forschungsarbeit beschäftigt sich jetzt hauptsächlich mit den Problemen der Herstellung eines Gleichgewichts zwischen den natürlichen Hilfsquellen — vor allem Ernährung, Wasser und der Qualität der Umwelt — und der Bevölkerung.

So wie viele andere Phänomene haben auch Veränderungen der menschlichen Bevölkerungszahlen die Tendenz, sich innerhalb kürzerer Beobachtungsperioden nach den Gesetzen der Zinseszinsenrechnung, beziehungsweise nach einer Exponentialkurve zu entwickeln. Nimmt man jedoch längere Beobachtungsperioden, dann scheint es, daß die Bevölkerungen in plötzlichen Sprüngen von einem Zustand eines Quasi-Gleichgewichts zu einem anderen wachsen. Dieses Bild erhält man jedenfalls, wenn man die beiden großen demographischen Revolutionen der Menschheitsgeschichte in Betracht zieht: jene, welche die Entstehung des Ackerbaus begleitete, und jene, die im 17. Jahrhundert in Nordwesteuropa begann und sich seither über die ganze Welt ausgedehnt hat.

Menschen in etwa der heutigen biologischen Form gibt es vielleicht seit einer Million Jahren, aber für 99% dieser Zeitspanne war ihre Zahl niemals mehr als einige Millionen, kaum größer als die Zahl der Löwen auf der Welt. Wir wissen das auf Grund von Schätzungen der Bevölkerungsdichte von Völkern, die noch auf Steinzeitniveau leben und die von Europäern beobachtet oder studiert wurden, — gewisse Indianerstämme, einige afrikanische Stämme, australische Buschmänner, Papuas in Neu-Guinea und andere. Für den größten Teil der ersten Jahrmillion unserer Existenz müssen die Geburtenraten und die Sterblichkeitsraten der Weltbevölkerung im Durchschnitt fast völlig ausgeglichen gewesen sein, etwa in der Größenordnung von 40 bis 60 pro Tausend im Jahr. Die durchschnittliche Zuwachsrate für irgendeine Jahrtausendspanne kann kaum mehr als 0,05%$_{00}$ gewesen sein, was einer Verdopplung der Bevölkerung in mehr als 20 000 Jahren entspricht. Natürlich war die Bilanz niemals so schön ausgeglichen. In jedem einzelnen Gebiet mag es wilde Fluktuationen von Jahrhundert zu Jahrhundert, ja selbst von Generation zu Generation gegeben haben, zunächst bei den Todesraten und den Bevölkerungszahlen, denen dann in vielen Fällen eine parallele Fluktuation bei den Geburtenraten folgte. Aber im langfristigen Durchschnitt muß die Bevölkerungszahl nahezu unveränderlich gewesen sein.

Der Ackerbau ist vor etwa 6000 bis 9000 Jahren erfunden worden. Seine Entwicklung führte im Laufe der nächsten Jahrtausende zu drastischen Veränderungen der Lebensbedingungen des Menschen und zerstörte das frühere Gleichgewicht zwischen Geburts- und Sterberaten. Im „Fruchtbaren Halbmond" zwischen Nil und Euphrat und Tigris, in China, Indien, Südeuropa, Mittelamerika und Peru hat sich die Zahl der Menschen innerhalb von ein- bis zweitausend Jahren vielleicht verhundertfacht bis ein neuer Zustand des Quasi-Gleichgewichts zwischen Geburten und Todesfällen erreicht war. Man schätzt, daß die Weltbevölkerung zur Zeit von Christus etwa 300 Mill. Menschen betragen hat, obwohl der Ackerbau kaum erst begonnen hatte und in weiten Gebieten überhaupt noch nicht eingeführt war.

Vom Beginn unserer Zeitrechnung bis zum frühen 17. Jahrhundert wuchs die Weltbevölkerung langsam auf ungefähr 600 Mill. an. Dann begann sie sich wieder rasch und mit ständig zunehmender Geschwindigkeit zu vermehren. Während der durchschnittliche Jahreszuwachs zwischen den Jahren 0 und 1600 weniger als 0,5°/₀₀ war, betrug die jährliche Wachstumsrate zwischen 1750 und 1800 etwa 4°/₀₀, zwischen 1900 und 1950 8°/₀₀ und ist jetzt wahrscheinlich bei 20°/₀₀. Die Zahl der Menschen hat sich im Verlauf der letzten 350 Jahre mehr als verfünffacht. Bei der gegenwärtigen Wachstumsrate wird sie sich bis zum Ende unseres Jahrhunderts neuerlich verdoppeln.

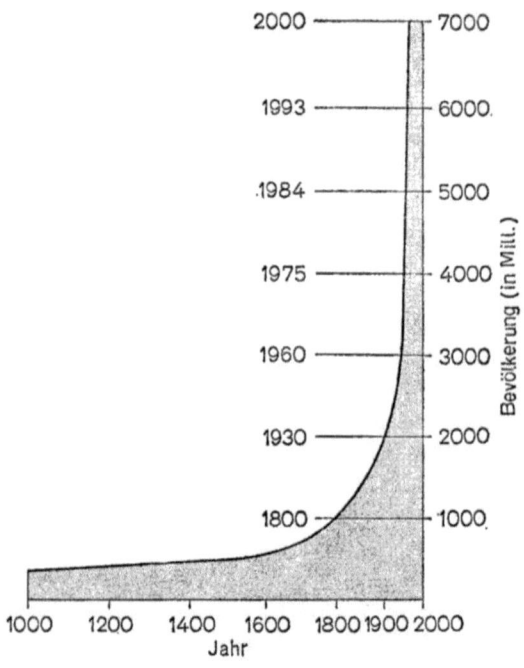

Abb. 38
Die Weltbevölkerung ist in den letzten 300 Jahren sehr stark angewachsen. Menschen gibt es etwa seit einer Million Jahren. Bis zum Jahre 1800 hatte ihre Zahl etwa eine Milliarde erreicht. Seit damals werden die Zeitabstände, in denen sich die Zahl der Menschen um jeweils eine weitere Milliarde vermehrt, immer kürzer. Ein Anwachsen der Weltbevölkerung von 6 auf 7 Mrd. könnte vielleicht nur mehr sieben Jahre in Anspruch nehmen (1993—2000). Dieses explosive Wachstum muß zumindest teilweise der besseren Ernährung und der Verbesserung der hygienischen Verhältnisse in den Entwicklungsländern zugeschrieben werden

Diese bemerkenswerte Entwicklung ist vor allem eine Folge der Verminderung der Sterblichkeitsrate, obwohl zeitweise in gewissen Gebieten auch die Fruchtbarkeit auf höhere Werte anstieg. Zwischen 1700 und 1900 war die Wachstumsrate der Bevölkerung in Europa und in den von Europäern besiedelten Gebieten etwa zwei- bis dreimal so hoch wie in der übrigen Welt. Heute ist die Lage fast genau umgekehrt: Die Bevökerung der unterentwickelten Länder wächst nun mehr als doppelt so rasch wie die der hochentwickelten Staaten. Ursprünglich war die Säuglings- und Kindersterblichkeit überall sehr hoch. Im 17. Jahrhundert starben zwei Drittel der Kinder der englischen Herrscher von James I. bis Anna, ehe sie 21 Jahre alt waren. Das ganze 18. Jahrhundert hindurch konnten nur etwa die Hälfte der Kinder, die in der Bretagne — einer der „unterentwickelten" Provinzen Frankreichs — geboren wurden, das zehnte Lebensjahr überschreiten; in anderen Teilen Frankreichs, etwa im Südwesten oder in der Normandie lebten zwei Drittel der Kinder über ihren zehnten Geburtstag hinaus. In Indien war die durchschnittliche Lebenserwartung des Neugeborenen im ersten Jahrzehnt des 20. Jahrhunderts knapp über 20 Jahre, und etwa die Hälfte aller Kinder starben.

Heute überleben in den hochentwickelten Ländern etwa 97—99% aller Kinder das erste Lebensjahr und fast alle von ihnen werden erwachsene Menschen. In Indien ist heute die durchschnittliche Lebenserwartung des Neugeborenen über 40 Jahre und es werden wahrscheinlich mindestens drei Viertel aller Kinder, die geboren werden, zu erwachsenen Menschen.

Selbst in den frühen Stadien der modernen Epoche des Bevölkerungswachstums gab es in Westeuropa wirksame „soziale" Mechanismen, um die Fruchtbarkeit zu kontrollieren — die Gepflogenheit, daß Frauen verhältnismäßig spät heirateten, oder sogar lebenslängliche Jungfernschaft. Diese Gepflogenheit begann sich auszubreiten, als sich die Leute Sorgen darüber zu machen begannen, daß sie zu viele Kinder haben könnten. Das durchschnittliche Heiratsalter stieg im Verlauf des 17. und 18. Jahrhunderts ständig an; 1626 waren beispielsweise in Amsterdam noch 61% der Bräute unter 25 Jahre alt, anderthalb Jahrhunderte später waren es nur mehr 35%. Um 1850 war in Belgien und in den Niederlanden das durchschnittliche Heiratsalter (offenbar der Frauen, Anm. d. Übers.) bei der ersten Eheschließung zwischen 28 und 29 Jahren; in der Schweiz war es etwa ebenso hoch. 15—20% der Frauen waren im Alter von 50 Jahren noch unverheiratet.

In einigen Teilen Europas scheint bereits im 17. und 18. Jahrhundert ein gewisses Ausmaß von Fruchtbarkeitskontrolle von Ehepaaren praktiziert worden zu sein, aber in weitem Umfang und wirksamer wurde die Geburtenkontrolle erst im 19. Jahrhundert angewendet, zuerst in Frankreich und in den USA, später auch in anderen europäischen Ländern. Ganz offensichtlich wurde das als eine bessere Lösung als die späte Heirat angesehen; in dem Ausmaß, in dem die Fruchtbarkeit der Ehepaare geringer wurde, ging auch das Heiratsalter wieder herunter; in Frankreich und Belgien liegt es nun bei ersten Eheschließungen unter 23 Jahren. In Osteuropa, wo man das westliche Modell der späten Eheschließung und der zahlreichen alten Jungfern niemals angenommen hatte, wurde offensichtlich bereits in den neunziger Jahren des vorigen Jahrhunderts eine strenge Fruchtbarkeitskontrolle in der Ehe zumindest in einigen Provinzen praktiziert.

Niedrige Geburtenraten und niedrige Sterberaten — niedriger als sie jemals im vorigen Jahrhundert irgendwo waren — sind heute für alle hochentwickelten Länder typisch — für kommunistische wie für kapitalistische, für katholische, orthodoxe, protestantische und buddhistische. Andererseits gibt es in den weniger entwickelten Ländern heute Geburtenraten, wie sie vor zwei Jahrhunderten allgemein üblich waren, während die Todesraten dort heute etwa auf jener Höhe sind wie in den hochentwickelten Ländern vor 40—60 Jahren. Die tragische Frage unserer Zeit ist, wann und wie diese Lücke geschlossen werden soll — durch eine Rückkehr zu höheren Sterberaten oder durch einen Fortschritt zu niedrigeren Geburtenziffern. Die wichtigste Aufgabe der Wissenschaftler, die sich mit Bevölkerungsfragen beschäftigen, ist es, bei der Definierung jener biologischen, psychologischen, gesellschaftlichen und wirtschaftlichen Veränderungen mitzuwirken, die zu einer ausreichenden Herabsetzung der Geburtenraten in den weniger entwickelten Ländern führen können.

Wie in jeder anderen Wissenschaft ist es auch Aufgabe des Demographen, Hypothesen aufzustellen, deren Prognosen an Hand der Wirklichkeit geprüft werden können. Er stößt dabei auf ähnliche Schwierigkeiten wie der Förster oder der Klimaforscher: die Ereignisse, mit denen er sich beschäftigt, nehmen lange Zeit in Anspruch; im Verlauf eines Menschenlebens ist es unmöglich, viele Hypothesen an Hand von Zukunftsprognosen zu testen. Im Prinzip könnte diese Schwierigkeit durch eine Überprüfung von Hypothesen an Hand vergangener Ereignisse überwunden werden — durch jene Methode, welche die Geophysiker als „hindcasting" bezeichnen. (Kunstwort im Gegensatz zu „forecasting" — vorhersagen. „Hindcasting" bedeutet „hinterhersagen", also Prognosen im Nachhinein aufstellen. Anm. d. Übers.)

Aber genaue Unterlagen aus der Vergangenheit gibt es nur über eine verhältnismäßig kurze Zeitspanne und sie sind bei weiten nicht umfassend. Wenn auch zu Beginn des christlichen Zeitalters eine Volkszählung durchgeführt wurde und es in Europa und Nordamerika einige Zählungen gegen Ende des 18. Jahrhunderts gegeben hat, wurden bis zur Mitte des 19. Jahrhunderts kaum 20% der Weltbevölkerung auch nur einigermaßen genau gezählt. Selbst heute werden nur etwa 70% der Menschen von Volkszählungen erfaßt.

In diesem Artikel möchte ich mich mit zwei jüngst ausgearbeiteten Bevölkerungsprognosen beschäftigen — eine stammt vom Volkszählungsbüro der USA, die andere von der Bevökerungsabteilung der Vereinten Nationen. Aus beiden werden sowohl die Schwierigkeiten der Prognose als auch der Wert der durch sie vermittelten Information ersichtlich. Zuerst möchte ich jedoch einige allgemeine Bemerkungen über die Fallstricke machen, vor denen man sich bei solchen Prognosen in acht nehmen muß. Um eine Vorschau auf die Bevölkerungsentwicklung eines Landes oder einer Region zu erstellen, sollte man die Einwohnerzahl zu einem bestimmten Zeitpunkt kennen, die Verteilung nach Alter und Geschlecht, die Fruchtbarkeits- und Sterblichkeitsraten sowie die Ein- und Auswanderungsraten; davon ausgehend muß man dann abschätzen, wie sich die vier letztgenannten Werte in der von der Prognose zu erfassenden Zeitspanne voraussichtlich verändern werden. Für große Teile der Welt muß der Demograph jedoch mit bedeutend weniger Information sein Auskommen finden. Drei wichtige Fehlerquellen, die ich im nächsten Absatz behandeln werde, sind die Ungewißheit über gegenwärtige Einwohnerzahlen, Wachstumsraten und Entwicklungstendenzen der Sterblichkeitsraten. Noch wichtiger sind die künftigen Veränderungen der Fruchtbarkeitsrate; da diese jedoch die mehr oder weniger kontrollierbare Variable in einer ansonsten unkontrollierbaren Situation ist, werde ich sie erst am Schluß behandeln.

Die Schätzung, daß Mitte 1965 die Weltbevölkerung 3,3 Mrd. Menschen betragen hat, die in beiden von mir behandelten Prognosen als Ausgangspunkt verwendet wird, beruht auf unvollständigen Unterlagen für eine Reihe von Ländern. In vielen Staaten Asiens, Afrikas und Lateinamerikas hat es in der jüngeren Vergangenheit keine Volkszählungen gegeben. Ungewißheit über die Einwohnerzahl Chinas kann einen Fehler in der Größe von über 100 Mill. Menschen verursachen. Die Ergebnisse der Volkszählung von 1961 in Pakistan werden von Fachleuten angezweifelt. Nach einer dieser Schätzungen ist die Einwohnerzahl des Landes um 8 Mill. (7,6% der Gesamtbevölkerung) größer als das Ergebnis der Volkszählung. Wenn man annimmt, daß die Wachstumsrate seit 1961 aller Wahrscheinlichkeit nach rund 3% betrug, muß man bei der Schätzung der gegenwärtigen Bevölkerung noch weitere 5% aufschlagen. Ist die Bevölkerung Indiens in etwa der gleichen Weise wie die Pakistans zu tief geschätzt worden, dann beträgt der Fehler mehr als 50 Mill. Unter Berücksichtigung der Möglichkeit von Fehlern gleicher Größenordnung in vielen anderen Entwicklungsländern, der Spärlichkeit von Angaben für andere, sowie der Vermutung, daß die Volkszählungen auch in hochentwickelten Ländern wie den USA etwa 2,5—3% der tatsächlichen Bevölkerung nicht erfassen, kommt man zu dem Ergebnis, daß die tatsächliche Weltbevölkerung schon 1965 vielleicht um bis zu 200 Mill. größer war, als angenommen wurde.

Das ernsteste Problem ist das Fehlen von ausreichenden Daten über Kontinentalchina, wo wahrscheinlich nahezu ein Viertel der Weltbevölkerung lebt. Die einzige Volkszählung in moderner Zeit wurde dort 1953 durchgeführt und ergab eine Einwohnerzahl von 583 Mill.[1]. Es gab damals keine genauen Angaben über Geschlechts- und Altersverteilung, und die Fruchtbarkeits- und Sterblichkeitsraten sind unbekannt. Überdies kann man auf Grund der Erfahrungen in anderen Ländern annehmen, daß bei dieser Zählung nicht alle Einwohner erfaßt wurden und daß die tatsächliche Bevölkerung wahrscheinlich um etwa 5%, möglicherweise aber sogar um 10—15% größer ist. Die Ausgangsdaten für die Bevölkerung Chinas Mitte 1953 wären dann zwischen 610 und 640 oder sogar 670 Mill. Nimmt man andererseits die veröffentlichte Zahl von 583 Mill. mit einer Fehlergrenze von 10% nach oben oder unten, dann lag die tatsächliche Bevölkerungszahl 1953 zwischen 525 und 640 Mill.

Eine Berücksichtigung all dieser Möglichkeiten bei der Erstellung verschiedener Schätzungen und Prognosen bewirkt, daß die für China ermittelten obersten und untersten Zahlen sehr weit auseinander liegen. Prognosen für 1985 divergieren um mehr als 500 Mill. (!) und bieten noch immer keine Garantie, daß dabei alle Möglichkeiten wirklich erfaßt wurden. Ein Demograph hat berechnet, daß die Einwohnerzahl Chinas im Jahre 2000 zwischen 1 und 2 Mrd. betragen wird, während die Prognose der Vereinten Nationen ein Minimum von unter 900 Mill. und ein Maximum von über 1400 Mill. annimmt.

Ebenso wichtig sind auch die gegenwärtigen Wachstumsraten der Bevölkerung. Für große Teile der Welt sind die darüber zur Verfügung stehenden Schätzungen nur von zweifelhafter Zuverlässigkeit, oder es sind überhaupt keine Unterlagen vorhanden. Verschiedene Ermittlungstechniken erbringen manchmal weit auseinanderliegende Werte. So ist

---

[1] Nach offiziellen Angaben der Volksrepublik China betrug 1968 die Bevölkerungszahl rund 700 Mill. Menschen.

beispielsweise die Wachstumsrate für Pakistan 2,1% im Jahr, wenn man von einem Vergleich der Volkszählungsergebnisse von 1951 und 1961 ausgeht; sie ist jedoch etwa 3,2%, wenn man Stichprobenuntersuchungen zugrundelegt, die seit 1962 durchgeführt werden. Bei einer Wachstumsrate von 3,2% wird eine Bevölkerung bei gleicher Ausgangsgröße nach einem Jahrzehnt um 12% größer sein als bei einer Wachstumsrate von 2,1%.

Seit dem Ende des Zweiten Weltkriegs gibt es ein markantes Absinken der Sterblichkeitsraten in vielen Entwicklungsländern. Üblicherweise wird dies vor allem großzügigen öffentlichen Maßnahmen zur Verbesserung der Volksgesundheit und der weitverbreiteten Anwendung von Antibiotika und Insektiziden zugeschrieben, obwohl dabei zweifellos auch eine Verbesserung der Ernährung und der Verteilung der Nahrungsmittel, insbesondere für Kinder eine Rolle gespielt hat. Die Geschwindigkeit, mit der die Sterblichkeitsrate absinkt, hat in den letzten zwei oder drei Jahren anscheinend — zumindest in einigen Ländern — nachgelassen. Beträchtliche Verbesserungen des Lebensstandards und eine gerechtere Einkommenverteilung wären wahrscheinlich erforderlich, um künftighin eine weitere starke Senkung der Sterblichkeitsraten zu erzielen.

Fast alle Länder haben Programme, die in diesem oder jenem Ausmaß zu weiteren Senkungen der Sterblichkeitsraten führen sollen. Es ist jedoch nicht sicher, ob dadurch tatsächlich ein merklicher Effekt in dieser Richtung erzielt werden kann. Durch das Bevölkerungswachstum wird bereits heute in einer Anzahl von Ländern ein starker Druck auf die Nahrungsmittelversorgung ausgeübt. Ohne die Getreide-Hilfssendungen aus den USA, Kanada und einigen anderen Ländern wäre die Sterblichkeitsrate in Indien 1966 wahrscheinlich stark angestiegen.

In dem Ausmaß, in dem die Nachfrage nach Nahrungsmitteln überall anwächst, sinken die Chancen, daß ein Land imstande sein wird, einer großen Hungersnot durch Nahrungsmitteleinfuhren aus dem Ausland zu begegnen. Die hochentwickelten Länder, welche eine Kapazität für die Produktion von Nahrungsmittelüberschüssen haben, verfügen heute nicht mehr über große Reserven; in dieser Situation wird es immer unwahrscheinlicher, daß man einer Hungersnot abhelfen kann, die in einem unterentwickelten Land infolge von Dürre oder Überschwemmungen entstanden ist. Und selbst wenn die Produktion in den hochentwickelten Ländern noch gesteigert werden kann, werden die Wähler dort vielleicht auf die Dauer nicht bereit sein, die wirtschaftlichen Lasten zu tragen, die aus der Deckung des Nahrungsmitteldefizits der armen Länder erwachsen.

Zwei Serien von Bevölkerungsprognosen für das Jahr 1985 für Indien, Pakistan, Brasilien und die ganze Welt sind jüngst vom Volkszählungsbüro der USA für das wissenschaftliche Beraterkomitee von Präsident Johnson erstellt worden. Die Serie der hohen Prognosen ging von der Annahme aus, daß die Fruchtbarkeitsrate weiterhin auf der gegenwärtigen Höhe verbleiben wird, während in der anderen Serie ein Absinken der Fruchtbarkeitsraten angenommen wurde. In beiden Prognosen wurde vorausgesetzt, daß die Sterblichkeitsraten weiterhin sinken werden.

Als Wachstumsrate der Weltbevölkerung im Jahre 1965 wurde 1,8%/o im Jahr angenommen — was der von den Vereinten Nationen geschätzten Wachstumsrate für die Jahre 1960—1964 entspricht; für die Einschätzung der gegenwärtigen Wachstumsraten in Brasilien, Pakistan und Indien wurden hingegen andere Quellen benutzt. Die Schätzung für Brasilien war ungefähr 2,9%/o, für Indien rund 2,6%/o, für Pakistan etwa 3,2%/o.

Die Weltsterblichkeitsrate für 1965 wurde mit 16 pro Tausend angesetzt; die Geburtenrate wäre dann 34 pro Tausend, etwa ebenso

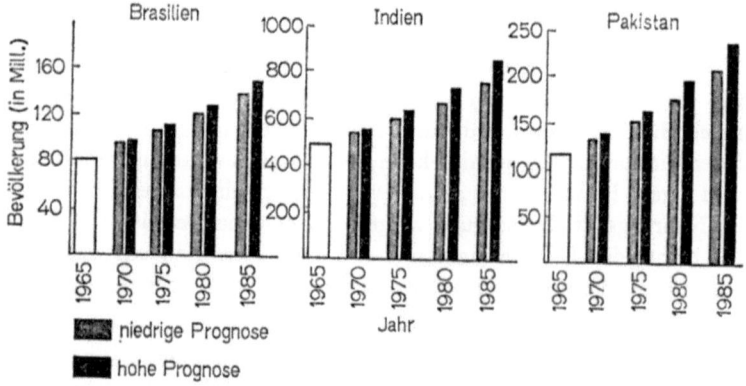

Abb. 39
Die hier dargestellten Bevölkerungsprognosen für Brasilien, Indien und Pakistan wurden vom Volkszählungsbüro der USA für das wissenschaftliche Beraterkomitee von Präsident Johnson erstellt. Die hohe Prognose beruht auf der Annahme, daß die Fruchtbarkeit auf dem gegenwärtigen Niveau verbleibt, während bei der niedrigen Prognose ein allmähliches Absinken der Geburtenraten angenommen wurde. Für beide Prognosen wurde ein gleiches weiteres Absinken der Sterblichkeitsraten vorausgesetzt. Eine Extrapolation der hohen Prognosen für Indien und Pakistan läßt es als möglich erscheinen, daß die Bevölkerung des indischen Subkontinents im Jahre 2000 mehr als 1800 Mill. Menschen betragen könnte — mehr als das Dreifache der gegenwärtigen Einwohnerzahl dieses Gebiets, mehr als die Hälfte der Weltbevölkerung von 1965 und vielleicht beträchtlich mehr als die Bevölkerung von Kontinentalchina zu Ende des Jahrhunderts

hoch wie jene von Taiwan (Nationalchina). Für die Fruchtbarkeitsraten von Frauen in verschiedenen Altersstufen wurden mit einigen kleinen Veränderungen die Zahlen von Taiwan für 1960, die bekannt sind, zugrundegelegt. In der hohen Prognose wurde angenommen, daß diese Zahlen unverändert bleiben würden, in der niedrigen, daß sie bis 1970 auf 90%, bis 1980 auf 80% und bis 1985 auf 70% der Werte von 1965 absinken würden.

In beiden Prognosen für Pakistan wurde angenommen, daß die Lebenserwartung um etwa 3,3 Jahre pro Jahrzehnt ansteigen würde und die Fruchtbarkeitsraten für Ost- und Westpakistan wurden gesondert betrachtet. Die Geburtenrate für Ostpakistan wurde für 1961 (den Zeitpunkt der letzten Volkszählung) mit $53^0/_{00}$ angesetzt, jene für Westpakistan mit $50^0/_{00}$. Für die niedrige Prognose wurde angenommen, daß sich das 1965 begonnene intensive Familienplanungsprogramm allmählich ausdehnen und bis 1972 seine maximale Wirksamkeit erreichen würde, so daß bis dahin die Fruchtbarkeitsrate um 28% abnehmen würde. Für die Zeit nach 1972 wurde angenommen, daß das Familienplanungsprogramm in gleichem Ausmaß wie die Bevölkerung wachsen würde — mit anderen Worten, daß der Prozentsatz der Familien, die Familienplanungstechniken anwenden, konstant bleiben würde.

Die hohe Prognose für Indien stützt sich auf Schätzungen des „Institute for Applied Manpower Research" in Neu-Delhi. Die durchschnittliche Geburtenrate für 1961/65 wird in diesen Schätzungen mit $41^0/_{00}$ angegeben, und dies wurde als die Geburtenrate für 1965 angenommen. Als Zunahme der Lebenserwartung wurden 7 Jahre pro Jahrzehnt angesetzt. Für die niedrige Prognose wurde der gleiche Rückgang in den Geburtenraten wie in Pakistan angenommen.

Für Brasilien hat die UNO-Wirtschaftskommission für Lateinamerika die Geburtenrate in den Jahren 1959/61 auf etwa 40—43 pro Tausend geschätzt. Eine Geburtenrate von $41^0/_{00}$ wurde deshalb als Grundlage für die hohe Prognose (mit konstanter Fruchtbarkeitsrate) eingesetzt. Für die niedrige Prognose wurde das Fruchtbarkeitsmodell für Pakistan in etwas abgeänderter Form verwendet.

Nach der hohen Prognose würde die Weltbevölkerung von 3,3 Mrd. im Jahre 1965 auf 5,03 Mrd. im Jahre 1985 anwachsen, also um 52%. Die niedrige Prognose ergibt für 1985 eine Weltbevölkerung von 4,645 Mrd., was einen Zuwachs von rund 40% gegenüber 1965 bedeutet. Diese Zahlen entsprechen durchschnittlichen jährlichen Wachstumsraten von 2,1 beziehungsweise 1,7%.

Die Differenz zwischen der hohen und der niedrigen Prognose beträgt nur 385 Mill. Menschen, also etwa ebensoviel wie der Unsicherheitsfaktor für die Bevölkerung von Kontinentalchina im Jahre 1985. Die Differenz würde jedoch in den Jahrzehnten nach 1985 sehr rasch größer werden, wenn man weiterhin die gleichen Wachstumsraten in Betracht zieht. Im Jahre 2000 würde beispielsweise bei einem weiteren Wachstum um 2,4% im Jahr und einer Ausgangsziffer von 5 Mrd. für 1985 die Weltbevölkerung 7,15 Mrd. betragen, wohingegen bei einer Wachstumsrate von 1,7% und einer Ausgangsziffer von 4,65 Mrd. für 1985 mit einer Weltbevölkerung von 6 Mrd. im Jahr 2000 zu rechnen wäre.

Für Indien und Pakistan ist der Unterschied zwischen hoher und niedriger Prognose für 1985 verhältnismäßig größer als für die gesamte Welt. Der obere Wert würde für beide Länder zusammen 1100 Mill. betragen, das sind um 12% mehr als der niedrige Wert von 980 Mill. Wenn die Wachstumsraten nach 1985 unverändert bleiben, wäre die Gesamtbevölkerung des indischen Subkontinents am Ende des Jahrhunderts nach der hohen Prognose um 25% größer als nach der niedrigen Prognose. Nach der hohen Prognose würde im Jahre 2000 die Bevölkerung der beiden Länder 1800 Mill. Menschen betragen, das ist dreimal so viel wie die gegenwärtige Bevölkerung dieses Gebiets, mehr als die Hälfte der gesamten Weltbevölkerung des Jahres 1965 und vielleicht beträchtlich mehr als die Bevölkerung von Kontinentalchina am Ende des Jahrhunderts.

In den hochentwickelten Ländern mit ihren niedrigen Geburtenraten kommen zwei bis drei Erwachsene (Menschen über 20 Jahre) auf ein Kind unter 15 Jahren. In den weniger entwickelten Ländern ist die Anzahl der Kinder und der Erwachsenen etwa gleich groß.

Im Verlauf der nächsten zwei Jahrzehnte wird sich der Anteil der Kinder an der Gesamtbevölkerung der hochentwickelten Staaten wahrscheinlich vermindern und der absolute Zuwachs der Kinderzahlen wird nur etwa 15% betragen. Demgegenüber wird in den unterentwickelten Ländern bei gleichbleibenden Fruchtbarkeitsraten der Anteil der Kinder an der Gesamtbevölkerung größer werden und ihre absolute Zahl wird sich etwa verdoppeln. Gelänge es jedoch, die Geburtenraten zu senken, wie es in der niedrigen Prognose vorausgesetzt wird, dann würde sich die Verhältniszahl der Kinder zu den Erwachsenen in Brasilien, Indien und Pakistan gegenüber dem heutigen Zustand um 12—16% senken und um etwa 20% gegenüber jener Zahl, die bei unveränderten Fruchtbarkeitsraten erreicht würde. Das absolute Wachstum der Kinderzahl würde in diesem Fall nur etwa die Hälfte bis zwei Drittel des Wachstums betragen, das bei unveränderten Fruchtbarkeitsraten eintreten würde.

Diese möglichen Unterschiede in den Kinderzahlen haben ernste Auswirkungen auf das Unterrichtswesen. In Pakistan würde beispielsweise die Zahl der Kinder in schulpflichtigem Alter (zwischen 5 und 14 Jahren) nach der hohen Prognose um 118% in 20 Jahren steigen, das heißt um 4% im Jahr. Das bedeutet, daß bei einer jährlichen wirtschaftlichen Wachstumsrate von, sagen wir, 5% und einem stets gleichen Anteil des Nationaleinkommens, der für das Unterrichtswesen ausgeworfen wird, die Ausgaben pro schulpflichtiges Kind nur um 1% pro Jahr gesteigert werden könnten, also um 22% in 20 Jahren. Da zur Zeit weniger als die Hälfte der Kinder im schulpflichtigen Alter tatsächlich Schulen besuchen, würde der Anteil der Schulbesucher im Jahre 1985 noch immer weniger als 60% sein. Der Prozentanteil des Nationaleinkommens, der für das Unterrichtswesen ausgeworfen wird, müßte nahezu verdoppelt werden, um auch nur das gegenwärtige Minimum von Grundschulunterricht für alle Kinder zu ermöglichen, von einer Verbesserung der Unterrichtsqualität ganz zu schweigen.

Die Kinder, die heute in den weniger entwickelten Ländern eine unzureichende Schulausbildung erhalten, sind die Arbeitssuchenden von morgen. Nach unseren Schätzungen wird die Bevölkerung in der Altersgruppe 15—34 Jahre in Indien in den nächsten zwei Jahrzehnten um 107—116 Mill. Menschen anwachsen, in Pakistan um etwa 41 Mill. und in Brasilien um etwa 22 Mill., insgesamt also um 170—180 Mill. Das bedeutet, daß für ungefähr 100 Mill. junger Menschen, die neu in den Arbeitsprozeß eintreten werden, neue Arbeitsplätze geschaffen werden müssen. Die Gesamtzahl der arbeitsfähigen Bevölkerung wird sich in diesen drei Ländern um 200 Mill. Menschen, das heißt um 70% vermehren. Dieser Zuwachs besteht fast ausschließlich aus Menschen, die bereits geboren sind. Das gewaltige Problem der Arbeitsbeschaffung für diese Menschen bis zum Jahre 1985 wird also von künftigen Veränderungen der Geburtenraten kaum mehr beeinflußt. Geht man von der Annahme aus, daß im Durchschnitt eine Investition von 1000 $ nötig ist, um einen neuen Arbeitsplatz zu schaffen, dann müssen die drei Länder bis 1985 insgesamt mindestens 200 Mrd. $ investieren, um auch nur das gegenwärtige sehr niedrige Einkommen pro Kopf aufrechterhalten zu können.

Die Bevölkerungsabteilung der Vereinten Nationen hat hohe, mittlere und niedrige Prognosen für die Weltbevölkerung für jedes Jahrzehnt bis zum Jahr 2000 erstellt. Für diese Berechnung wurde die Welt in 24 Regionen eingeteilt und die künftige Entwicklung der Geburten- und Sterblichkeitsraten für jede von ihnen getrennt abgeschätzt. Bei den hochentwickelten Ländern erwartet man keine größeren Veränderungen; es wurde angenommen, daß der natürliche Zuwachs pro Jahrzehnt, der in den sechziger Jahren 11% beträgt, auf 9% in den neunziger Jahren absinken wird.

Für die Entwicklungsländer werden jedoch beträchtliche Veränderungen in den Komponenten des Bevölkerungswachstums erwartet. Für die Sterblichkeitsraten wurde angenommen, daß die durchschnittliche Lebenserwartung jährlich um ein halbes Jahr ansteigt, bis sie 55 Jahre erreicht; zwischen 55 und 65 Jahren wäre dann der jährliche Anstieg etwas höher, und ab 65 Jahren verlangsamt sich die Entwicklung, bis der weitere Zuwachs beim Erreichen einer durchschnittlichen Lebenserwartung von 74 Jahren vernachlässigbar klein wird. Auf dieser Grundlage wurde angenommen, daß die Todesraten in den armen Ländern, die zur Zeit etwa doppelt so hoch sind wie in den hochentwickelten Staaten von 18‰ zu Beginn dieses Jahrzehnts auf 10‰ in den neunziger Jahren sinken würden, womit sie den gleichen Durchschnitt wie in den hochentwickelten Ländern erreicht hätten.

In vielen armen Ländern haben die Fruchtbarkeitsraten noch nicht zu sinken begonnen. Für derartige Länder wurde die Annahme gemacht, daß es vom Beginn des Absinkens an etwa 30 bis 45 Jahre dauern würde, bis die Geburtenrate auf die Hälfte der ursprünglichen Höhe sinken würde. Für den Beginn des Absinkens wurden mehrere verschiedene Annahmen für jede Region gemacht. Aus diesen verschiedenen Daten sowie aus verschiedenen Annahmen über die für das Absinken erforderliche Zeitspanne ergeben sich hohe, mittlere und niedrige Prognosen. Die mittlere Prognose rechnet mit einem durchschnittlichen Absinken um ein Viertel, von 40 Geburten pro tausend Einwohner im Jahr in den sechziger Jahren auf 30 pro Tausend in den neunziger Jahren, das heißt von einer Geburtenrate, die mehr als doppelt so hoch wie die gegenwärtige durchschnittliche Geburtenrate der hochentwickelten Länder ist, auf eine, die ein wenig mehr als anderthalbmal so groß ist.

Nach der mittleren Prognose würde die Weltbevölkerung von 3281 Mill. im Jahre 1965 auf 6130 Mill. im Jahre 2000 anwachsen, das ist um 87%. Die hohe und die niedrige Prognose, die von der UNO als nicht weniger wahrscheinlich angesehen werden, würden zu einer Vermehrung der Weltbevölkerung um 113% bis zum Jahr 2000, also auf 6900 Mill., beziehungsweise zu einer Steigerung um nur 66%, also auf 5450 Mill. führen. (In der Vergangenheit kamen die hohen Prognosen der UNO der Wirklichkeit näher als die mittleren Prognosen.) Wenn die Fruchtbarkeitsraten in allen Teilen der Welt völlig unverändert bleiben, würde die Weltbevölkerung im Jahre 2000 7520 Mill. Menschen betragen und immer rascher weiter wachsen, doch das wird als unwahrscheinlich angesehen. In diesem Falle wäre der Zuwachs im Rest dieses Jahrhunderts 129% des Standes von 1965, und zwar 53% in den hochentwickelten Staaten und 164% in den Entwicklungsländern. Einige Demographen schätzen die künftige Entwicklung wesentlich op-

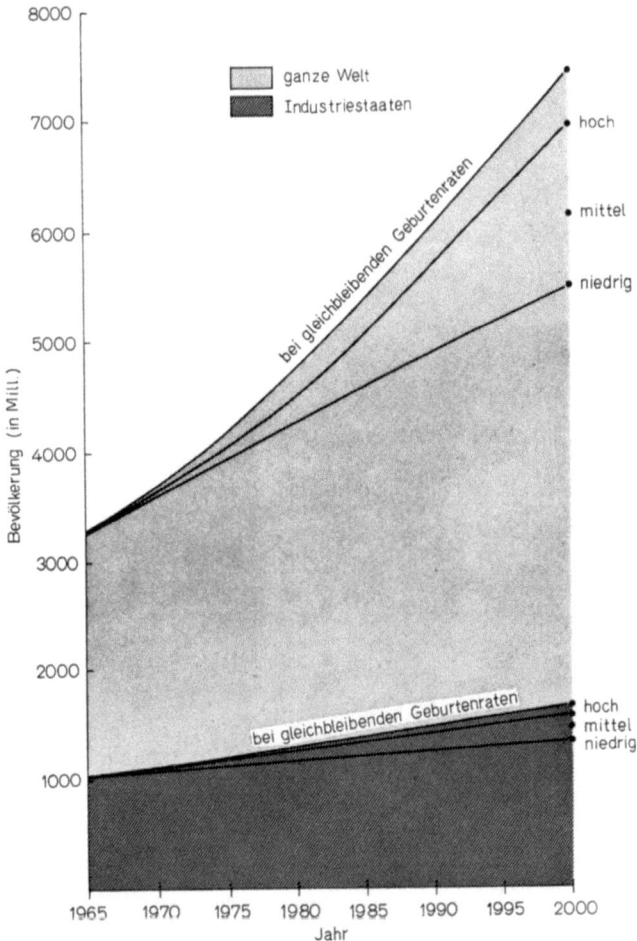

Abb. 40
Das oben abgebildete Diagramm über die Entwicklung der Bevölkerung in der Welt, den hochindustrialisierten Staaten (unten, dunkel) und den Entwicklungsländern (darüber, hell) beruht auf Prognosen der Bevölkerungsabteilung der Vereinten Nationen sowie des Volkszählungsbüros der USA. Die Angaben für das Jahr 2000 zeigen vier Varianten: Niedrig, mittel, hoch und jene Zahlen, die bei unveränderter Fortdauer der gegenwärtigen Fruchtbarkeitsraten erreicht würden. Gegenwärtig lebt nahezu ein Drittel der Weltbevölkerung bei hohem Lebensstandard in den heutigen hochentwickelten Ländern; zu Ende des Jahrhunderts wird sich nur mehr ein Viertel der Weltbevölkerung dieses Vorteils erfreuen

timistischer ein und sagen für das Ende des Jahrhunderts eine Weltbevölkerung von etwa 4,2—5 Mrd. voraus. Das zeigt deutlich die Wichtigkeit der Fruchtbarkeitskontrolle, und es ist nun an der Zeit, daß ich mich mit diesem Problem mehr im Detail befasse.

In den meisten menschlichen Gesellschaften liegen die tatsächlichen Geburtenraten beträchtlich unter den potentiellen biologischen Möglichkeiten der menschlichen Fruchtbarkeit; die unmittelbaren Beschränkungen des Bevölkerungswachstums sind gesellschaftlicher Natur und nicht, wie Malthus annahm, Hungersnot und Krankheit. Wie schon ausgeführt, begannen die Geburtenraten in Europa und Nordamerika vor etwa hundert Jahren abzusinken. Im 17. und 18. Jahrhundert hatte es in Europa eine sich verstärkende Tendenz gegeben, spät zu heiraten und die Zahl der Unverheirateten zu vermehren. Gegen Ende des 19. Jahrhunderts begannen Ehepaare in großer Zahl zur Abtreibung Zuflucht zu nehmen und Schwangerschaftsverhütungsmethoden anzuwenden; überdies wurden die Bevölkerungszahlen durch Auswanderung beschränkt.

In der jüngsten Vergangenheit ist ein rascher Rückgang der Geburtenraten in Osteuropa und Japan festzustellen. In Ungarn sind die Geburtenraten zwischen 1954 und 1962 um 40% zurückgegangen, in Rumänien zwischen 1955 und 1962 um 36%, in Polen zwischen 1955 und 1964 um 30%. Japan erlebte eine Verminderung um 44% zwischen 1950 und 1962. Die Verhältnisse in diesen Ländern sind allerdings ganz anders als in der Dritten Welt. Es gibt hier nur wenige Analphabeten, viele Paare haben bereits früher ihre Fruchtbarkeit kontrolliert und es gibt stark wirksame Motivationen zur Beschränkung der Kinderzahl.

Dennoch kann man mit gutem Grund annehmen, daß die Fruchtbarkeitsraten auch in den weniger entwickelten Ländern in den nächsten Jahrzehnten absinken werden, doch läßt sich der Zeitpunkt und das Ausmaß dieses Vorgangs schwer voraussagen. In der Vergangenheit war die hohe Kinderzahl eine Anpassung an eine hohe und nicht prognostizierbare Sterblichkeit; sie gliederte sich in ein Gemeinschaftsleben ein, das auf Familien- und Sippenbanden aufgebaut war. Man benötigte aus rituellen und wirtschaftlichen Gründen wohl nur einen Sohn, aber es wurde allgemein als wünschenswert angesehen, zumindest zwei zu haben, um gesichert zu sein, falls der eine sterben oder arbeitsunfähig werden würde. Eine Familie mußte also durchschnittlich vier Kinder haben, um zwei Söhne zu bekommen. Die Wertmaßstäbe der Clan- und Sippenbeziehungen verstärkten das Interesse an den Kindern, weil diese zu Macht und Ansehen der entsprechenden Gruppe beitrugen. Umfragen zeigen, daß heutzutage viele Ehepaare in den weniger entwickelten

Ländern nicht mehr Kinder wünschen, als sie bereits haben, und daß sie gern bessere Methoden kennenlernen würden, um weitere Geburten zu vermeiden. Zugleich aber zeigen diese Umfragen, daß die als wünschenswert angesehene Kinderzahl wesentlich höher ist als in den hochindustrialisierten Staaten. Im Durchschnitt wünscht man sich in den Entwicklungsländern vier Kinder pro Ehepaar, was angesichts der gegenwärtigen und der zu erwartenden künftigen Sterblichkeitsraten eine Verdopplung der Bevölkerung in jeweils 30—35 Jahren bedeuten würde.

In den hochentwickelten Ländern wünschen sich die meisten Leute zwei bis vier Kinder, in den unterentwickelten Ländern wollen sie drei bis fünf. In den hochentwickelten Ländern ist die tatsächliche durchschnittliche Kinderzahl ein wenig niedriger als die Wunschziffer, in den unterentwickelten Ländern ist es umgekehrt. In den armen Ländern ist eine positive Einstellung zur Begrenzung der Familiengröße meist nur unter Ehepaaren zu finden, die bereits vier oder mehr Kinder haben. Die Frage ob Schwangerschaftsverhütungsmittel wirklich erlangbar sind, beginnt erst eine Rolle zu spielen, wenn die erwünschte Zahl lebender Kinder erreicht ist. Eine niedrige Säuglings- und Kindersterblichkeit und ein allgemeines Erkennen der Tatsache, daß die Sterblichkeit niedrig ist, sind wahrscheinlich unabdingbare Voraussetzungen für ein Absinken der Geburtenzahlen.

In den hochentwickelten Ländern liegt die Säuglingssterblichkeit fast überall unter 50 pro tausend Lebendgeburten. In den weniger entwickelten Ländern sterben jedoch mit ganz wenigen Ausnahmen 50 bis 150 von je tausend Neugeborenen, ehe sie das erste Lebensjahr vollendet haben. In einer Familie mit vier oder fünf Kindern ist die Wahrscheinlichkeit, daß alle diese Kinder heranwachsen, oft unter 50%.

Sobald die durchschnittliche Säuglings- und Kindersterblichkeit hoch sind, gibt es auch große Unterschiede von Familie zu Familie: die Wahrscheinlichkeit, daß in einer Familie mehrere Kinder sterben, ist erschreckend hoch. Da die Eltern ein hohes Maß von Gewißheit haben wollen, daß zumindest einer ihrer Söhne heranwachsen und ein Mann werden wird, sind sie bereit, die Last einer übermäßig großen Kinderzahl auf sich zu nehmen. So sehen wir uns der anscheinend paradoxen Situation gegenüber, daß eine weitere Senkung der Sterblichkeitsrate eher zu einer Verlangsamung als zu einer Beschleunigung des Bevölkerungswachstums führen wird. Das Bevölkerungsproblem unserer Tage ist zwar durch eine Senkung der Sterblichkeitsraten entstanden, doch ein wesentliches Element zur Lösung des Problems ist wahrscheinlich eine weitere Senkung der Säuglings- und Kindersterblichkeit bis auf das Niveau der westlichen Welt. Wenn diese Überlegung richtig ist, dann ist nach kurzfristigen wie nach langfristigen Gesichtspunkten eine möglichst rasche quantitative und qualitative Verbesserung der Nahrungsmittelversorgung die allerwichtigste Maßnahme, denn die Unterernährung in den armen Ländern trifft die Kinder am härtesten. In den hochentwickelten Staaten erreichen die meisten Menschen zumindest die mittleren Jahre und die hauptsächlichsten Todesursachen sind Herz- und Kreislaufkrankheiten und bösartige Geschwülste. In den Entwicklungsländern werden die meisten Todesfälle von Krankheiten in der Kindheit hervorgerufen, die auf Grund eines Zusammenwirkens von Infekten und Unterernährung tödlich wirken.

Nur ein Bruchteil der Menschen in den unterentwickelten Ländern verfügt über einigermaßen ausreichende Kenntnisse moderner Familienplanungsmethoden; die Armen und Unwissenden müssen lernen, was die Wohlhabenden und Gebildeten bereits wissen — daß es eine Reihe von sicheren, verläßlichen und einfachen Methoden gibt, mit denen man seine Kinderzahl begrenzen kann. Die Kenntnis von Verhütungsmethoden ist wesentlich weniger weit verbreitet als der Wunsch, keine weiteren Kinder zu bekommen.

Abb. 41
Dicht aneinandergedrängte Wohnstätten in Indien (oben) und in Brasilien (rechts) sind ein Ausdruck des ungeheuren Bevölkerungsdruckes in den Entwicklungsländern. Dieser starke Bevölkerungszuwachs geht Hand in Hand mit einem niedrigen Lebensstandard. In den nächsten dreißig Jahren wird die Bevölkerung in diesen Regionen am stärksten wachsen. Schon die mittelhohen Prognosen ergeben, daß sich die Bevölkerung der Entwicklungsländer bis zum Jahre 2000 mehr als verdoppeln wird, während die der hochentwickelten Länder auf weniger als das Eineinhalbfache anwachsen wird

Die Regierungen der Entwicklungsländer gehen nun daran, Maßnahmen zur Bevölkerungskontrolle einzuführen. Sie tun das in einem Ausmaß und in einem Klima allgemeiner Zustimmung der öffentlichen

Abb. 41

Weltmeinung, wie es noch vor wenigen Jahren unvorstellbar gewesen wäre. Unter den Ländern, in denen die Familienplanung offiziell gefördert wird, sind Indien, Pakistan, Kontinentalchina, Südkorea, Ceylon,

Singapur, Hongkong, Malaysia, die Türkei, Ägypten, Tunis, Marokko und Honduras. In Taiwan gibt es keine offiziellen behördlichen Maßnahmen, doch gibt die Regierung einem die ganze Insel umspannenden Programm, das bereits einen beträchtlichen Teil der Bevölkerung erreicht hat, ihre volle Unterstützung. In vielen Ländern beginnen die Regierungen, sich wenigstens für diese Fragen zu interessieren, so auf den Philippinen, in Thailand, Nepal, Afghanistan, Iran, Kenia, Mauritius, Chile, Kolumbien, Peru und Venezuela.

Die Rolle der Regierungen bei der Herabsetzung der Fruchtbarkeit besteht darin, zu informieren, zu ermahnen und Möglichkeiten zu schaffen; die Entscheidung und die Durchführung muß in der Hand der einzelnen Paare liegen, die auf Grund der Erkenntnis ihrer wohlverstandenen Interessen handeln müssen. Selbst in diesen Grenzen ist die Aufgabe der Regierungen groß und schwierig; sie erfordert gute Organisation, ausreichende finanzielle Hilfsmittel und einen entsprechenden Verteilungsapparat, große Flexibilität, um sich ändernden Umständen Rechnung tragen zu können, sowie eine ständige objektive Einschätzung der Ergebnisse.

Familienplanungsprogramme unter Verwendung von Intra-uterin-Pessaren (Spiralen oder Schleifen aus Plastik, die in die Gebärmutter eingeführt werden und durch ihre bloße Anwesenheit aus nicht ganz geklärten Gründen aber mit sehr hoher Verläßlichkeit Schwangerschaften verhüten. In den USA und einigen anderen Ländern ist diese Methode ziemlich weit verbreitet, in Mitteleuropa ist sie noch wenig bekannt; Anm. d. Übers.) haben große Hoffnungen erweckt, doch wenn auch die Geburtenraten in einigen Ländern, vor allem in (Süd-)Korea und Taiwan beträchtlich abgesunken sind, ist die Rolle, die diese Programme dabei gespielt haben, nicht ganz klargestellt. Eine große Zahl dieser Intra-uterin-Pessare wird von älteren Frauen verwendet, die ihre Fruchtbarkeit früher auf andere Weise kontrolliert haben. Eine Erhöhung des Alters, zu dem Frauen ihr erstes Kind gebären, sowie ein größerer Abstand zwischen den einzelnen Schwangerschaften werden heute als wichtig anerkannt. Spätere Eheschließung war (neben Abtreibungen) einer der Hauptfaktoren, der den Rückgang der Geburtenrate in Japan in der Nachkriegszeit herbeigeführt hat. In der Republik (Süd-)Korea

---

Abb. 42
Die massive Verstädterung der hochentwickelten Länder (siehe rechts, London) ist in hohem Maße der Zentralisierung der Industrie zuzuschreiben und ist mit einem hohen Lebensstandard verbunden. Der Bevölkerungszuwachs der hochentwickelten Länder wird vergleichsweise nicht so groß sein und der Lebensstandard wird voraussichtlich noch weiter steigen, so daß sich die Ungleichheit zwischen hochentwickelten Staaten und Entwicklungsländern noch verstärken wird

Abb. 42

ist das durchschnittliche Heiratsalter der Frauen von 19 Jahren im Jahre 1935 auf 24 Jahre im Jahre 1960 angestiegen; das ist anscheinend die Hauptursache eines Absinkens der Geburtenziffern um 16%.

Wir müssen herausbekommen, wie wir die Lebensbedingungen in den weniger entwickelten Ländern auf eine Weise verändern können, welche die Leute erkennen läßt, daß es für sie nicht vorteilhaft ist, mehr als zwei oder drei Kinder zu haben, sondern nur ihre Ausgaben erhöht. Zugleich ist mehr Forschungsarbeit notwendig, um Methoden der Fruchtbarkeitskontrolle zu entwickeln, die sich leichter verbreiten lassen (und womöglich auch billiger sind — Anm. d. Übers.) als die gegenwärtig angewandten Pillen und mechanischen Schutzmittel. Ein großer Teil dieser Forschungsarbeit kann von den hochindustrialisierten Ländern geleistet werden.

Zusätzliche Literatur

Population in History. Hsg.: Glass, D. V. und Eversley, D. E. C., Aldine Publishing Company 1965.

The World Food Problem. Bericht eines Expertenteams des wissenschaftlichen Beratungskomitees des Präsidenten über die Welternährungslage, Weißes Haus, Washington, Mai 1967.

World Population. In: Annals of the American Academy of Political and Social Science, Vol. 369, Januar 1967.

World Population: Challenge to Development. Zusammenfassung der Hauptpunkte der Weltbevölkerungskonferenz in Belgrad, 30. August bis 10. September 1965. Vereinte Nationen, New York, 1966.

Zukunftsmöglichkeiten der Welt

Herman Kahn

Am Ende dieses Jahrhunderts werden 90% der Weltbevölkerung in Ländern leben, welche die Schranke des Lebensminimums durchbrochen haben. Lateinamerika, der Nahe Osten und ein großer Teil Asiens werden von der technischen Revolution erfaßt sein.

Spekulationen und Studien über die fernere Zukunft, die jahrzehntelang in Mißkredit geraten waren, sind nun wieder ein Gegenstand wissenschaftlichen Interesses. In der Tat sind sie sogar Mode geworden, um nicht zu sagen ein Steckenpferd. Ernstzunehmende Studien dieser Art werden nun an verschiedenen Stellen in den Vereinigten Staaten, Europa und Japan betrieben. Ein neuer Wesenszug, der die meisten dieser Bemühungen von früheren Arbeiten einzelner Schriftsteller oder Denker unterscheidet, liegt darin, daß nun im allgemeinen das Hauptgewicht auf kooperatives und systematisches Herangehen an das Problem gelegt wird. Mehrere Wissensdisziplinen werden oft in gemeinsame integrierte Bemühungen der Analyse und der Spekulation einbezogen. Gewiß werden derartige Bemühungen kaum die geistreichen Visionen eines Wells, Huxley oder Orwell ersetzen können; solche utopischen Werke mit einer stark persönlichen Note — in denen fast immer ein leidenschaftliches Streben nach einer in der Zukunft liegenden Änderung zu erkennen ist — haben zumeist größeren Einfluß ausgeübt als die mehr systematischen und „vernünftigen", aber eben deshalb auch

---

Dr. Herman Kahn ist Direktor des Hudson-Instituts in New York und koordiniert dort Studien über nationale Sicherheit und internationale Entwicklung. Er war vorher Systemanalytiker bei der RAND-Corporation.

prosaischeren Arbeiten auf dem Gebiet der langfristigen Prognose. Dennoch besteht bei einem richtig angeleiteten und gut integrierten Projekt eine höhere Wahrscheinlichkeit, daß es die relevanten Erkenntnisse einer Reihe von wissenschaftlichen und technischen Disziplinen richtig verarbeitet. Bei einem derartigen Projekt besteht auch hohe Wahrscheinlichkeit, daß es politische Probleme in der Form erkennen läßt, in der sie tatsächlich in Zukunft in Erscheinung treten werden. Wenn auch eine sachkundige in interdisziplinärer Zusammenarbeit verfertigte Studie vielleicht nicht in gleichem Ausmaß das Interesse der Öffentlichkeit und der Entscheidungsbefugten zu erregen vermag wie eine phantasievolle politische Utopie, sollte eine wissenschaftliche Studie nichtsdestoweniger zumindest eine Diskussionsbasis für weitere Forschung und weiteren Meinungsaustausch bieten.

Die Risiken, die man bei langfristigen Prognosen auf sich nehmen muß, sind vielfältig — insbesondere wenn man sich mit Fragen beschäftigen will, deren Wichtigkeit noch nicht allgemein verstanden oder empfunden wird. Es gibt viele Möglichkeiten, warum eine derartige Forschung ihr Ziel unter Umständen nicht erreicht: Das Ergebnis kann einfach ein Stoß von Berichten anstelle einer zusammenfassenden und einheitlichen Behandlung des Themas sein. (Interdisziplinäre Projekte, die von einem Komitee gleichberechtigter Mitarbeiter durchgeführt werden, sind für diese Schwierigkeit besonders anfällig.) Außerdem muß man ständig zwei gleichermaßen gefährliche Extreme vermeiden: einerseits kann der Analytiker in seinem Bestreben, die zentralen und interessantesten Fragen herauszuarbeiten, die Erfordernisse der wissenschaftlichen Gründlichkeit so sehr vernachlässigen, daß eine Arbeit von minderer Qualität entsteht; andererseits aber kann der Versuch, nur das zu behandeln, was sich dokumentieren und mit Sicherheit objektivieren läßt, dazu führen, daß man gerade jenen Fragen ausweicht, die zwar schwer zu formulieren und vielleicht sogar zum Teil in Rahmen einer streng wissenschaftlichen Forschung noch nicht zu erfassen sind, die aber nichtsdestoweniger oft die allergrößte Bedeutung haben.

Trotz all diesen Schwierigkeiten besteht bei einem guten politischen Forschungsteam noch immer eine größere Chance, daß eine solide Dokumentation, eine klare Fragestellung und eine relativ objektive Prognose geliefert wird, als bei der Arbeit einer noch so begabten Einzelperson. Zumindest im ersten Fall sollten Argumente sorgfältiger formuliert und ergiebiger sein, als wenn man sich auf vage formulierte Annahmen, auf persönlichen Geschmack oder persönliche Werturteile stützt.

Bei unseren Studien am Hudson-Institut im Staat New York haben wir einige in Wechselbeziehung miteinander stehende Methoden angewandt, um systematische Zukunftsprognosen zu erstellen. Das wichtigste ist selbstverständlich, daß man einfach über die Probleme nachdenkt und versucht, wichtige langfristige Entwicklungstendenzen zu erkennen, die sich wahrscheinlich fortsetzen werden. Solche Tendenzen können beispielsweise die weltweite Ausdehnung eines säkular ausgerichteten Humanismus sein, oder der Institutionalismus im Bereich der wissenschaftlichen und technischen Erneuerung, die Erwartung eines andauernden Wirtschaftswachstums und dergleichen mehr. Durch Auswahl von Extrapolationen gegenwärtiger oder sich zur Zeit herausbildender Entwicklungstendenzen, die ständig in unserer Welt erstehen und Ausdruck gegenwärtiger Erwartungen sind, können wir eine grundlegende „überraschungsfreie" Prognose (oder ein überraschungsfreies Konzept) erstellen — eine Prognose, die zumindest nicht weniger plausibel als irgendeine andere erscheint. Wir verwenden auch den Begriff „Standard-Welt" — eine Prognose, in der die Erwartungen verschiedener Gruppen ein wenig mehr im Detail beschrieben werden.

Einige der Spezialfragen, die sich bei Verwendung derartiger Techniken ergeben, können an Hand einer im Hudson-Institut erstellten Prognose für Japan in der Mitte der siebziger Jahre gezeigt werden. Japan war eines der Länder, die für eine genauere Untersuchung ausgewählt wurden, weil eine umfassende Studie der gesamten Welt darauf hinwies, daß Japan die drittgrößte Weltmacht nach den USA und der Sowjetunion sein und sowohl China wie auch jedes einzelne europäische Land weit hinter sich lassen wird.

Bei Erstellung einer überraschungsfreien Prognose für Japan im Jahre 1975 schienen die meisten Japan-Experten zumindest die folgenden charakteristischen Züge für wahrscheinlich zu halten: Das Land wird bis dahin eine 25-Jahr-Periode eines starken Wirtschaftswachstums (jährliche Wachstumsrate 8—10%) hinter sich gebracht haben und weiteren 25 Jahren gleichen Wachstums entgegensehen. Das Bruttonationalprodukt wird zwischen 150 und 200 Mrd. $ im Jahr liegen und vielleicht das drittgrößte der Welt sein. Der Zweite Weltkrieg wird dreißig Jahre zurückliegen, und es wird reichlich revisionistische Literatur über den Ursprung und den Ablauf des Krieges geben; es wird kaum mehr ein Schuldgefühl für den Zweiten Weltkrieg zu bemerken sein. Es wird viele neue Sehnsüchte und auch eine Reaktivierung mancher alter Bestrebungen geben, einschließlich „Dritter-Generations-Effekte", die darin bestehen, daß die junge Generation die Haltung ihrer Elterngeneration verwirft und in gewissem Maße auf die Wertmaßstäbe der großelterlichen Generation zurückgreift. Die Japaner werden wohl noch immer wünschen, als modernes „westliches" Land angesehen zu werden, aber viele werden nach einem besonderen internationalen

Status und nach Geltendmachung einer besonderen kulturellen Identität verlangen. Die älteren Radikalen werden nach wie vor nationalistischen, rassistischen, fremdenfeindlichen, marxistischen und dogmatischen Doktrinen folgen; die jungen Radikalen werden eher eine „kühle" Einstellung der Neuen Linken haben. Politische Kompromisse und Fraktionsstreitigkeiten werden weiterhin anhalten, aber manche der alten Streitfragen werden wahrscheinlich an Schärfe verlieren. Politische Ziele, über die Übereinstimmung besteht, werden energisch verfolgt werden, während es Schwankungen in anderen Fragen geben wird.

Das Hauptgewicht der Politik des Landes wird auf Handel und Wirtschaftswachstum liegen bei gleichzeitigem mäßigem Wachstum des Verteidigungsbudgets; hier wird man insbesondere nach technisch hochentwickelter Ausrüstung streben, einschließlich der Möglichkeit, Atomwaffen und Fernraketen einsetzen zu können. Der Sicherheitsvertrag mit den USA wird wahrscheinlich mit größeren Abänderungen verlängert werden; die amerikanischen Stützpunkte werden allmählich wieder unter japanische Kontrolle kommen, mit genau festgelegten Bedingungen, bei welcher internationalen Krisensituation die Amerikaner Zugang haben. Japan wird seine Beziehungen mit der Sowjetunion wesentlich verbessern und in diesem Rahmen auch gewinnbringende gemeinsame Wirtschaftsprojekte in Sibirien in Angriff genommen haben. Es wird enge wirtschaftliche Beziehungen mit Korea, Australien, Indonesien und ganz allgemein mit Südostasien pflegen. Wahrscheinlich wird eine diplomatische Anerkennung von Kontinentalchina auf der Basis der Zwei-China-Theorie erfolgt sein und ein mäßig gesteigerter Handelsverkehr mit beiden Chinas bestehen; es wird vielleicht auch Versuche geben, als Vermittler zwischen Kontinentalchina und dem Westen zu wirken. In der Tat wird Japan 1975 eine sehr erfolgreiche, wenn auch begrenzte und nicht umstrittene Rolle in der Welt spielen — als passiver Unterstützer der friedenserhaltenden Aktionen der UNO sowie ihrer Hilfsprogramme, wobei das Hauptinteresse darin liegen wird, den freien Zugang zu Absatzmärkten für Japan zu erhalten und den ungestörten Fluß des internationalen Handels zu sichern.

Man kann selbstverständlich auch verschiedene „kanonische Variationen" beschreiben, die sich mit der allgemeinen überraschungsfreien Prognose vereinen lassen oder auch nicht und deren Aufgabe es ist, mehr auf Spezialfragen hinzulenken als eine allgemeine Übereinstimmung wiederzugeben. So können wir uns zum Beispiel vorstellen, daß Japan 1975 in höherem Maße aufgerüstet, revisionistisch, nationalistisch, proamerikanisch, fremdenfeindlich, sozialistisch, neutralistisch, in einem Zustand wirtschaftlicher Stagnation, zentralistisch oder rechtsextremistisch sein könnte (oder auch einiges davon). Jedes derartig „kanonisch variierte" Japan bringt die Hoffnungen beziehungsweise Befürchtungen der einen oder der anderen Gruppe zum Ausdruck; aber keine dieser Vorstellungen dürfte von den meisten Japan-Experten als wahrscheinlicher angesehen werden als das Standard-Japan, das wir gerade skizziert haben.

Man kann verschiedene Spezialfragen aufwerfen, indem man Grundkonzepte erstellt, die vom überraschungsfreien Konzept abweichen. Dadurch kann man unter Umständen mehr Details herausarbeiten als in der überraschungsfreien Prognose, oder man kann auch verschiedene Annahmen variieren. Je nachdem wieviele Details eingesetzt werden, ist es vielleicht nicht mehr möglich, von einer überraschungsfreien Prognose zu sprechen — es sei denn, daß die neu gemachten Annahmen ebenso wahrscheinlich wie die ursprünglichen sind. Man kann nach und nach mehr Details einfügen, bis schließlich der Punkt erreicht ist, an dem man von einem Szenarium sprechen muß und nicht mehr von einem „Grundkonzept" oder sogar von einer „Welt".

Es hat sich in unserer praktischen Arbeit als nützlich erwiesen, drei verschiedene Stufen der Detaillierung in einem fortlaufenden Spektrum einzuführen. Die erste ist das Grundkonzept, wofür die überraschungsfreie Prognose ein Beispiel bietet. Das zweite bezeichnen wir als alternative Weltzukünfte (oder alternative Zukünfte eines Landes, einer Region oder einer Situation), wofür Standard-Japan als Beispiel dienen kann. In einem alternativen Zukunftsbild werden in das Grundkonzept bereits so viele Details eingefügt, daß die Annahmen mit einem ziemlich hohen Grad an Willkürlichkeit gemacht werden müssen; man ist gezwungen, auch Prognosen zu verwenden, die nicht in die Augen springend oder einleuchtend sind, so daß es nicht mehr gerechtfertigt erscheint, das erarbeitete Bild als „überraschungsfrei" zu bezeichnen; andererseits werden aber noch immer viele Details offengelassen.

Die dritte Stufe der Detaillierung ist das Szenarium. Es handelt sich dabei üblicherweise um eine hypothetische Sequenz von Ereignissen, die man konstruiert, um die Aufmerksamkeit auf Kausalketten, Entscheidungspunkte oder andere Details oder auf dynamische Probleme zu lenken. Im typischen Fall lenken sie die Aufmerksamkeit auf zwei Arten von Fragen: Wie könnte irgendeine hypothetische Situation genau Schritt für Schritt eintreten? Und welche Alternativen bestehen für jeden der Mithandelnden bei jedem Schritt, um irgendeine Entwicklung abzuwenden, beziehungsweise zu fördern?

Auf jeder der drei Detaillierungsstufen können zusätzliche Konzepte entwickelt, Kriterien aufgestellt und erörtert werden, um einen systematischen Vergleich der Folgen verschiedener Entscheidungen oder eine systematische Analyse und Untersuchung sehr spezieller Fragen zu ermöglichen. An Hand einer solchen Serie von Grundkonzepten, entsprechenden Alternativ-Zukünften und allenfalls auch noch einer Detaillierung durch Szenarien, welche verschiedene Wege in die Zukunft zeigen, ist man vielleicht besser in der Lage, zu erkennen, was vermieden und wofür vorgesorgt werden sollte. Man erhält dadurch einen nutzbringenden Ausblick auf die Art der Entscheidungen, die erforderlich sein könnten, und auf die wichtigsten Weggabelungen.

Bei der Erstellung von Grundkonzepten, Alternativ-Zukünften und Szenarien müssen drei grundlegende Entscheidungen getroffen werden. Zunächst muß man sich entweder für ein extrapolierendes Herangehen oder für eine vorgegebene Zielsetzung entscheiden. Beim extrapolierenden Herangehen untersucht man die gegenwärtig bestehende Lage, sucht einige Entwicklungstendenzen heraus, die man für wichtig oder relevant hält, und entwickelt sie logisch in Richtung Zukunft weiter. Wenn es gewünscht wird, kann man auch untersuchen, wie verschiedene politische Maßnahmen diese Ergebnisse beeinflussen und verändern könnten.

Bei der umgekehrten Methode — der zielorientierten Perspektive — entwirft man zunächst ein Grundkonzept, eine Welt oder ein Szenarium, das man erreichen beziehungsweise vermeiden will, und fragt dann, welcher Ablauf von Ereignissen zu diesem Ziel führen könnte. In vielen Fällen wird man vielleicht wünschen, ein Ziel, dessen Verwirklichung verhältnismäßig unwahrscheinlich erscheint, — etwa eine Weltregierung oder totale Rüstungskontrolle — mit der gegenwärtigen Lage in Einklang zu bringen. Um das zu erreichen, wird es vielleicht nötig sein, einerseits das Bild der heutigen Welt zu modifizieren (indem man vielleicht mehr Gewicht auf relativ unwahrscheinliche oder weniger bedeutsame Faktoren legt) und andererseits auch das Bild der künftigen Welt, oder man wird verhältnismäßig unwahrscheinliche Szenarien verwenden oder auch alle diese Methoden kombinieren müssen. Eine solche Verzerrung kann gerechtfertigt werden, weil es wichtig ist, die Aufmerksamkeit auf irgendwelche unwahrscheinliche (aber dennoch mögliche) und absolut wichtige Ereignisse zu lenken. Es ist klar, daß beide Techniken — das Ausgehen von einer Zielsetzung und das rein extrapolative Herangehen — schließlich und endlich zu dem gleichen Ergebnis führen sollten, wenn man sie nur weit genug fortsetzt. Manchmal wird es jedoch aus praktischen Gründen vorzuziehen sein, mit der einen oder der anderen Methode zu beginnen.

Die zweite grundlegende Entscheidung muß zwischen zwei weiteren Techniken getroffen werden — dem synthetischen, beziehungsweise dem morphologischen Herangehen. Bei der ersten Vorgangsweise sucht man einzelne Themen oder Fragen heraus und vereinigt sie im Nachhinein zu einem Ganzen; bei der letztgenannten Technik geht man von einer allgemeinen Beschreibung des Ganzen aus und spezifiziert erst nachher die Detailfragen und Themen, die in dieses Ganze hineingehören. Das synthetische Herangehen kann gleichsam als eine Methode bezeichnet werden, die mit den handelnden Personen und den Situationen beginnt und dann nach einer geeigneten Bühne sucht, auf die man sie stellen kann; das morphologische Herangehen beginnt mit der Bühne und sieht sich dann nach geeigneten handelnden Personen und Situationen um.

Schließlich muß man sich entscheiden, ob man mit intuitiven und empirischen Vorstellungen arbeiten will, die der bestehenden Realität der Welt entnommen werden, oder ob man sich auf ziemlich abstrakte und theoretische Konzeptionen stützen will. Die erstere Art des Herangehens ist die naturgegebene für den Amateur oder für den Experten auf einem bestimmten Fachgebiet und wird zumeist in Kombination mit den obenerwähnten extrapolativen Techniken angewendet. Bei dieser Art des Herangehens werden zunächst die konkreten Aspekte der uns vertrauten Alltagswelt herausgearbeitet und dann wird ausgehend von diesen konkreten Beschreibungen ein Zukunftsbild entworfen. Im anderen Fall könnte das Hauptgewicht auf Theorien über die internationalen Beziehungen oder auf abstrakten Formeln beziehungsweise auf allgemeinen Hypothesen liegen. Bei dieser Vorgangsweise entwickelt man zunächst ein abstraktes Modell der wirklichen Lage und verwendet dann die Variablen des Modells in einer der oben angeführten Weisen.

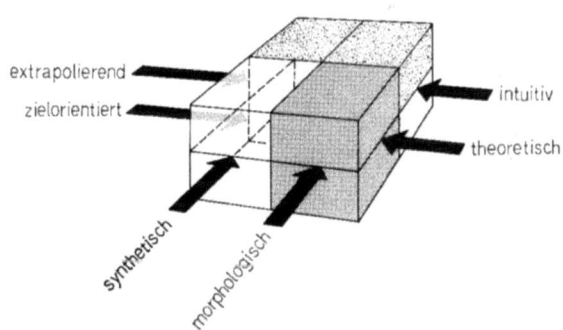

Abb. 43
Auf acht verschiedenen Wegen kann man an die Aufgabe herangehen, Zukunftsmodelle zu konstruieren. Wenn auch alle acht möglichen Kombinationen ihre besonderen Vorteile haben, besteht doch im allgemeinen die Tendenz, das theoretische Herangehen mit der morphologischen Methode zu verbinden, wobei sowohl extrapolative als auch von einer Zielsetzung ausgehende Techniken benutzt werden. Amateurprognostiker stützen sich oft auf intuitive Extrapolation, wobei sie entweder synthetisch oder morphologisch an die Aufgabe herangehen

Das Modell selbst kann dabei ganz primitiv und intuitiv sein, solange es nur möglich ist, die Variablen zu definieren und festzulegen.

Aus dem Diagramm auf S. 191 ist zu ersehen, daß es, je nachdem, wie man diese drei Grundentscheidungen trifft, acht Möglichkeiten des Herangehens an das Erstellen von Zukünften (d. h. Zukunftsprognosen) gibt. Wenn auch alle acht Möglichkeiten ihre eigenen verschiedenen Nutzanwendungen haben, besteht doch die Tendenz, daß die theoretische Methode des Herangehens mit der morphologischen Technik und andererseits das intuitive Herangehen mit der extrapolativen Technik verbunden wird. Da es jedoch zwischen diesen Extrempaaren jeweils gleitende Übergänge gibt, haben wir in Wirklichkeit mehr Bewegungsfreiheit, als aus dem Diagramm zu ersehen ist, und eine flexible gemischte Technik ist oft die vorteilhafteste Art des Herangehens. Letzten Endes sollte jede Art des Herangehens zu einem ziemlich gleichen Resultat führen, aber da Analysen nur selten bis an die Grenzen des Möglichen ausgedehnt werden, ergibt jede der acht Methoden in der Praxis oft sehr verschiedene Ergebnisse.

Ein Teil der Kontroversen, auf die wir in Diskussionen über dieses Gebiet stoßen, sind bloß semantischer Art oder es handelt sich um allgemeine theoretische Auseinandersetzungen, warum wir eine dieser acht Möglichkeiten vor allen anderen bevorzugen sollten. Theoretisch scheint keine dieser Methoden irgendwelche besonderen Vorteile zu bieten; es hängt alles vom Forscher ab und von den Fragen, auf die er Aufmerksamkeit lenken will.

Die Veränderungen der politischen Weltstruktur im Verlauf der nächsten dreiunddreißig Jahre sind im Hudson-Institut analysiert worden, wobei die folgende Serie von Thesen als Grundkonzept diente: Der langfristige säkulare Trend der vergangenen zwei bis acht Jahrhunderte wird andauern. In Ländern, die etwa 20%/o der Weltbevölkerung umfassen, wird sich eine „post-industrielle" Zivilisation entwickeln (siehe S. 194). Die Fähigkeit zur Anwendung moderner Techniken wird sich über die ganze Welt ausdehnen, auch in verhältnismäßig unterentwickelte Länder. Es wird eine Notwendigkeit für die Einrichtung weltweiter Schutz- und Sonderzonen zur Kontrolle der Rüstungen, der Technik, der Umweltverseuchung, des Handels und anderer Bereiche bestehen. Hohe Wachstumsraten des Bruttonationalprodukts (zwischen 1 und 10%/o) werden in fast allen Ländern aufrechterhalten werden können. Auseinandersetzungen über grundsätzliche Fragen werden in den hochentwickelten Ländern immer mehr an Bedeutung gewinnen. Wir können ein gewisses Ausmaß von Unruhen — vor allem in den neu entstandenen Staaten und in den sich rasch industrialisierenden Ländern —

erwarten und es besteht auch die Möglichkeit einer Art von langandauernder messianischer Massenbewegung. Wie schon erwähnt wird es einen zweiten Aufstieg Japans zur drittgrößten Weltmacht geben und auch eine weitere Erhöhung des internationalen Status von Europa und von China. Unter den neu entstehenden Mächten mittlerer Größe werden sich Brasilien, Mexiko, Polen, Pakistan, Indonesien, Ostdeutschland und Ägypten befinden. Naturgemäß wird es eine gewisse relative Verringerung der Macht der Vereinigten Staaten und der Sowjetunion geben. Ein wichtiger Faktor wird wahrscheinlich das Fehlen von politischen Disputen „auf Leben und Tod" zwischen den älteren Staaten sein.

Man kann auch statistische Grundlinien konstruieren, welche die Entwicklung verschiedener Schlüssel-Variablen in der Gesellschaft erkennen lassen. Dazu gehören die Bevölkerungszahl, Analphabetentum, Bruttonationalprodukt, Energiequellen, militärische Stärke und dergleichen. Diese Variablen und ihre Wachstumsraten zeigen üblicherweise sowohl die Möglichkeiten als auch die Grenzen der Entwicklung jedweder Gesellschaft. So führte eine von uns angestellte Extrapolation über das Bevölkerungs- und Wirtschaftswachstum zu dem Ergebnis, daß wir uns zu Ende des Jahrhunderts die Länder der Welt in fünf Klassen eingeteilt vorstellen können, wie das die Tabelle auf S. 195 zeigt.

Die vorindustriellen Länder werden sich in einem Zustand befinden, den man historisch gesehen als „normal" bezeichnen könnte. Bedeutende Denker wie Kenneth Boulding, Peter Drucker und J. M. Keynes haben wiederholt darauf hingewiesen, daß seit acht Jahrtausenden — wenn man von den letzten zwei Jahrhunderten absieht — keine größere menschliche Gesellschaft jemals mehr als etwa den Wert von 200 $ pro Kopf und Jahr produziert hat und andererseits niemals für längere Zeit weit unter 50 $ pro Kopf und Jahr gesunken ist. Kenneth Boulding führt aus, daß das heutige Indonesien eine „normale" Kulturstufe darstellt: es hat eine Bevölkerung von rund 100 Mill. Menschen (etwa ebensoviel wie das Römische Imperium oder China in der Han-Periode) und ein durchschnittliches Einkommen von 100 $ Dollar pro Kopf und Jahr. Die meisten Bewohner der ländlichen Gebiete Indonesiens leben also ähnlich wie die alten Römer oder die Chinesen der Han-Zeit. Wenn Angehörige der heutigen ländlichen Bevölkerung Indonesiens eine Reise in die historische Vergangenheit jener Länder machen könnten, würden sie vieles finden, was ihnen wohlvertraut ist. Doch mit der Industrialisierung ist die Menschheit aus diesem historischen Entwicklungsmuster ausgebrochen.

In unserer Studie über die Welt im Jahre 2000 erklärten wir, daß sich die teilweise industrialisierten Gesellschaften (die ein wenig willkürlich als solche mit einem jährlichen pro-Kopf-Einkommen zwischen

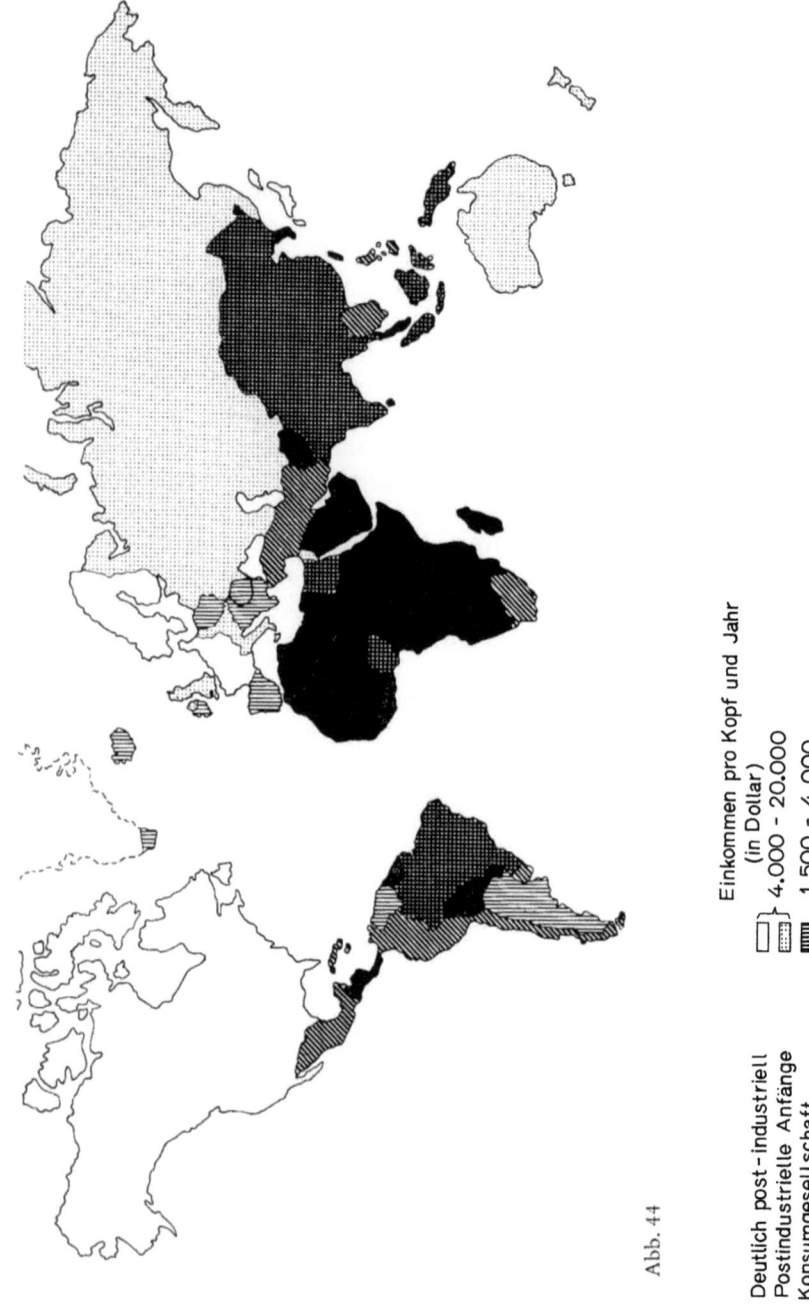

Abb. 44

Einkommen pro Kopf und Jahr (in Dollar)

Deutlich post-industriell 4.000 - 20.000
Postindustrielle Anfänge
Konsumgesellschaft 1.500 - 4.000
Ausgereifte Industriegesellschaft 600 - 1.500
Übergangsstadium 200 - 600
Vorindustriell 50 - 200

Abb. 44
Das wirtschaftliche Niveau der Staaten der Welt wird wahrscheinlich etwa so sein, wie es links in der Karte gezeigt wird. Dieses Szenarium beruht auf einer Weltbevölkerung von nicht ganz 6400 Mill. Die Ziffern bedeuten die Einwohnerzahlen der Staaten in Millionen

Deutlich post-industriell

USA	320
Japan	120
Kanada	35
Skandinavien, Schweiz	30
Frankreich, Westdeutschland, Beneluxländer	160
	665

Post-industrielle Anfänge

Großbritannien	55
Sowjetunion	350
Italien, Österreich	70
Ostdeutschland, Tschechoslowakei	35
Israel	5
Australien, Neuseeland	25
	540

Konsumgesellschaft

Spanien, Portugal,	
Polen, Rumänien, Jugoslawien, Bulgarien,	
Griechenland, Cypern, Irland,	180
Argentinien, Venezuela,	60
Taiwan, Nord- und Südkorea,	
Hongkong, Malaysia, Singapur	160
	400

Ausgereifte Industriegesellschaft

Südafrikanische Union	50
Mexiko, Uruguay, Chile, Kuba,	
Kolumbien, Peru, Panama, Jamaica	250
Nord- und Südvietnam, Thailand, Philippinen	250
Türkei	75
Libanon, Iran, Irak	75
	700

Übergangsstadium

Brasilien	210
Pakistan	250
China	1300
Indien	950
Indonesien	240
Ägypten (Ver. Arab. Rep.)	70
Nigeria	160
	3180

Vorindustriell, sowie kleinere teilindustrialisierte Staaten

Übrige arabische Länder	100
Übriges Afrika	350
Übriges Asien	300
Übriges Lateinamerika	100
	850

200 und 600 $ definiert wurden) wahrscheinlich in einem Übergangsstadium befinden würden. Das bedeutet nicht, daß sie notwendigerweise langanhaltende Anstrengungen auf dem Gebiet der Industrialisierung unternehmen werden; das pro-Kopf-Einkommen ist wohl eine praktische Kennziffer zur Einordnung von Ländern in bestimmte Gruppen, aber man kann damit offenbar nicht einen Schwellenwert für den Beginn eines echten wirtschaftlichen Aufschwunges festlegen.

Selbstverständlich können auch viele vorindustrielle oder teilweise industrialisierte Gesellschaften eine zweigeteilte Wirtschaft haben; Italien mit seinen Nord-Süd-Unterschieden ist ein typisches Beispiel. Dieses Problem, das hier in Form von Stadt-Land-Unterschieden aufgezeigt wird, ist heute in Lateinamerika sehr fühlbar und wird in Zukunft voraussichtlich noch drückender werden. Im Jahre 2000 wird es sich wahrscheinlich am schwersten in sieben sehr volkreichen Entwicklungsländern auswirken: China, Indien, Pakistan, Indonesien, Brasilien, Nigeria und Ägypten. In diesen Ländern lebt zur Zeit die Hälfte der Weltbevölkerung und das wird voraussichtlich auch in Zukunft der Fall sein; sie alle stehen heute auf vorindustriellem Niveau und werden wahrscheinlich um das Jahr 2000 teilweise industrialisiert sein. Das Problem einer rapiden Expansion in den Großstädten und einer geringeren Expansion in den Kleinstädten und den ländlichen Gebieten ist in diesen Staaten bereits deutlich zu erkennen. Schon heute kann man die Auffassung vertreten, daß in allen Großstädten — trotz sehr bedeutenden Unterschieden — eine erstaunliche Ähnlichkeit der Bedingungen und der Modernisierung erreicht wurde. Städte wie Rio de Janeiro, Bangkok und Neu-Delhi sind eindeutig Erscheinungen des 20. Jahrhunderts und sie haben viele Licht- und Schattenseiten, die auch in den Großstädten der USA und Europas zu finden sind: Slums, durch Automation verursachte Arbeitslosigkeit, große Universitäten, erfahrene Ingenieure und Wissenschaftler, einen Trend zu Beschäftigungen des tertiären und quartären Sektors, erstaunlich große Ähnlichkeit der Preisstruktur für viele Waren und Dienstleistungen. Andererseits bestehen in den ländlichen Gebieten (dieser am Beginn der Industrialisierung stehenden Staaten) kaum modifizierte Verhältnisse des 17. Jahrhunderts — modifiziert durch das Hinzukommen von Bulldozern, elektrischem Licht, Transistorradios und den Einsatz von Flugzeugen in der Landwirtschaft (zum Versprühen von Schädlingsbekämpfungsmitteln usw.), aber insgesamt noch nicht auf dem Niveau des 18., geschweige denn des 19. Jahrhunderts der westlichen Geschichte.

Vielleicht noch willkürlicher als unsere Definition der vorindustrialisierten Gesellschaft ist die Bezeichnung „industrialisiert" für Länder mit einem jährlichen pro-Kopf-Einkommen zwischen 600 und 1500 $.

Solche Länder sind etwa auf dem gleichen Niveau wie Amerika in den zwanziger Jahren oder Europa bald nach dem Zweiten Weltkrieg.

Nach dem Zweiten Weltkrieg haben wir die Entstehung der sogenannten Konsumgesellschaft miterlebt — zuerst in den Vereinigten Staaten, dann in Westeuropa und Japan. Wir nehmen — wieder willkürlich, aber nicht unberechtigt — als Kennziffer für die gegenwärtige Konsumgesellschaft ein jährliches pro-Kopf-Einkommen von 1500 bis 4000 $ Dollar an. Selbstverständlich gibt es da Abweichungen: Japan hat beispielsweise ein pro-Kopf-Einkommen von weniger als 1000 $ im Jahr, ist aber ganz zweifellos eine Konsumgesellschaft; andererseits scheint die Sowjetunion mit einem pro-Kopf-Einkommen von etwa 1500 $ von solchen Verhältnissen noch weit entfernt zu sein. Ebenso wird wahrscheinlich ein pro-Kopf-Einkommen von 4000 $ im Jahr in Ländern wie England oder den skandinavischen Staaten für den Übergang zur post-industriellen Gesellschaft genügen, während Staaten, die sich ehrgeizigere Weltmachtziele stellen (Japan und die Sowjetunion), stärkere Traditionen des wirtschaftlichen Aufstiegswillens haben (Japan und Westdeutschland), oder sich einen höheren Überfluß von Produkten erwarten (Japan und die USA) den Übergang zur post-industriellen Gesellschaft erst vollziehen werden, wenn ein höheres Niveau des Überflusses erreicht ist.

Eine ziemlich impressionistische, aber doch nicht ganz unbegründete Prognose über das ökonomische Niveau der Länder der Welt im Jahre 2000 ist auf S. 195 dargestellt. Die Einwohnerzahlen sind in Millionen angegeben und die gesamte Weltbevölkerung wird für das Jahr 2000 auf 6,4 Mrd. geschätzt. Insgesamt hat diese Darstellung eine optimistische Tendenz.

Ein Teil unserer Studie konzentriert sich auf Fragen, die aus den Wechselwirkungen entstehen können, welche verschiedene Länder in diesen verschiedenen Entwicklungsstadien aufeinander ausüben könnten. Wenn das auf S. 195 entworfene Szenarium tatsächlich verwirklicht wird, dann wird es im Jahre 2000 eine ziemlich große Insel des Wohlstands, umgeben von einem Meer relativen Elends, geben. Allerdings werden auch die armen Länder zumeist große Fortschritte im Vergleich zu ihrem althergebrachten traditionellen Lebensstandard gemacht haben. Wenn auch nur etwa 40% der Weltbevölkerung in den hochentwickelten Gesellschaftsstadien leben werden (Industrie-Gesellschaft, Konsumgesellschaft, post-industrielle Gesellschaft), werden doch andererseits mehr als 90% der Menschheit in Ländern leben, die bereits aus dem historischen Stadium des jährlichen pro-Kopf-Einkommens von 50—200 $ ausgebrochen sind. Zugleich wird sich die Kluft im Lebensstandard (der Abstand in absoluten Zahlen) zwischen Ländern oder Teilen von Ländern mit einer hochentwickelten Wirtschaft (industrialisiert, Konsumgesellschaft, post-industriell) und jenen mit einer unterentwickelten Wirtschaft (vorindustriell oder teilweise industrialisiert) noch mehr erweitern. Aber zum erstenmal in der Geschichte wird die große Masse der Bevölkerung in den (obenerwähnten) sieben großen teilweise industrialisierten Ländern die vorindustrielle Schranke durchbrochen haben. Weiterhin werden 20% der Weltbevölkerung in einer post-industriellen Gesellschaft und daneben weitere 20% in einer hochindustrialisierten oder einer Konsumgesellschaft leben. Wenn wir diesen Fortschritt nicht anerkennen wollten, würden wir die Leistungen der betreffenden Länder verleugnen.

Viele wichtige Fragen scheinen auf, wenn wir die Beziehungen zwischen den verschiedenen Ländern in dieser Tabelle studieren. Ich möchte ein Beispiel anführen, das vielleicht nicht uninteressant ist. Ein gewöhnlicher Mechaniker verdient heute in den USA etwa zehnmal so viel wie ein Mechaniker gleicher Qualifikation in Kolumbien. Gegen Ende des Jahrhunderts wird der verhältnismäßige Unterschied im Einkommen vielleicht noch größer sein, aber der Reallohn wird in beiden Fällen vielleicht zwei- bis dreimal so groß sein. Bei bestimmten Überlegungen

Abb. 45
Primäre Berufe — Landwirtschaft, Fischerei, Jagd, Forstwirtschaft und Bergbau — sind die hauptsächliche Beschäftigung der großen Mehrheit der Bevölkerung in den noch nicht industrialisierten Ländern, wo das typische pro-Kopf-Einkommen zwischen 50 und 200 $ im Jahr beträgt — die allgemeine Norm der letzten 8000 Jahre. Für sich allein können die primären Berufe nur die unmittelbarsten Bedürfnisse der Bevölkerung befriedigen; sie schaffen kaum Möglichkeiten für ein Wirtschaftswachstum und eine Hebung des Lebensstandards

Abb. 46
Sekundäre Berufe sind vor allem mit der Verarbeitung der Produkte der Primärproduktion beschäftigt. Sie entwickeln sich aus Handwerk und Gewerbe und führen allmählich zu einem mäßigen Grad der Industrialisierung. Am raschesten entwickeln sich die sekundären Berufe in Ländern, in denen der Industrialisierungsprozeß gerade vor sich geht oder eben durchgeführt wurde und wo das jährliche pro-Kopf-Einkommen zwischen 200 und 1500 $ liegt

Abb. 47
Tertiäre Berufe stellen Dienstleistungen für den primären und den sekundären Sektor zur Verfügung und umfassen einen beträchtlichen Teil der Infrastruktur des Geschäftslebens und der Staatsverwaltung — einschließlich des Bankwesens sowie von Handel und Verkehr. Tertiäre Berufe beschäftigen einen wachsenden Sektor der arbeitenden Bevölkerung in den Städten von Ländern, in denen eine ausgereifte Industriegesellschaft oder eine Konsumgesellschaft besteht

ist der absolute Wert des Unterschiedes wichtiger als die Verhältniszahl. Wenn ein kolumbianischer Mechaniker heutzutage vielleicht 5 $ im Tag verdient und ein amerikanischer etwa 50 $, wird der Kolumbianer zu Ende des Jahrhunderts ein Tageseinkommen von rund 10—15 $ haben, der Amerikaner eines von 100—150 $. Die Relation der beiden Einkommen bleibt gleich, doch der absolute Wert des Unterschieds wird von unter 50 auf über 100 $ angewachsen sein.

Abb. 48
Quartäre Berufe sind solche, die Dienstleistungen für den tertiären Sektor oder für andere quartäre Berufe bieten. Es ist üblich, Beschäftigungen wie Werbung, Unterhaltung, Stadtplanung und das Unterrichtswesen hier einzureihen. Streng genommen kann aber die Klassifikation, ob ein Beruf tertiär oder quartär ist, nur auf Grund einer Untersuchung der Stellung des „Kunden" abgeleitet werden

Die Möglichkeit, Profit zu machen, indem man kolumbianische Mechaniker an amerikanischen Autos arbeiten läßt, wird dadurch wesentlich größer werden. Dafür gibt es offenstichtlich drei Möglichkeiten: Der Mechaniker kann zum Auto gebracht werden; das Auto kann zum Mechaniker gebracht werden; oder die beiden können einander auf neutralem Territorium treffen. Gegenwärtig ist — zum Teil wegen Devisenbestimmungen — ein altes Auto, das in den USA 50 $ wert ist, in Kolumbien vielleicht 1500 $ wert. Wenn man berücksichtigt, daß die Transportkosten in Zukunft sehr beträchtlich sinken werden, könnte es sich vielleicht als profitabel erweisen, Gebrauchtwagen in den USA einzusammeln und sie nach Kolumbien zu senden, damit sie dort repariert und dann im Land verwendet oder in benachbarte lateinamerikanische Staaten exportiert werden. Eine solche Form des Autoimports wäre dann nur eine unbedeutende Belastung für die kolumbianischen Devisen-Reserven oder könnte sogar (durch Re-Export) zu einer Quelle für Deviseneinnahmen werden.

Ganz allgemein können wir ganz neue Arten einer internationalen Arbeitsteilung und Spezialisierung erwarten, wodurch hochqualifizierte Fachleute der Industrie- und Konsumgesellschaften die verschiedensten Arbeiten für die post-industriellen Gesellschaften übernehmen, deren Bürger nicht mehr bereit sein werden, derartige Arbeiten zum angebotenen Entgelt zu verrichten. Das ist selbstverständlich nur eine neue Form des wohlbekannten Problems des „brain drain" (Abwanderung der Akademiker). Es ist offensichtlich, daß dies ein sehr brennendes Problem werden wird, schon allein deshalb, weil sich die Transportkosten bis zum Jahr 2000 gewaltig verringern werden — vielleicht auf etwa ein Fünftel. Außerdem werden die Leute mehr Geld haben, um für solche Kosten aufzukommen. Pendler, die zum Wochenende Entfernungen von 3000—4000 km zurücklegen, wird man nicht mehr nur unter einigen wenigen hochspezialisierten Technikern oder einer kleinen Gruppe von wohlhabenden Leuten finden; es wird dies vielmehr wahrscheinlich eine weitverbreitete Gepflogenheit unter Technikern mittleren Niveaus, sowie unter anderen Fach- und Geschäftsleuten sein.

Der Platz reicht nicht aus, um hier noch weitere subtile Wechselwirkungen des wirtschaftlichen Szenariums der Welt im Jahre 2000 zu behandeln. Ich hoffe jedoch, daß ich durch den Entwurf dieses Bildes vom Aufstieg einiger Länder und vom relativen Abstieg anderer zumindest eine Diskussion ausgelöst habe. Zu der Frage, ob derartige Diskussionen über die fernere Zukunft für die Abfassung politischer Empfehlungen in der Tat nutzbringend sind, kann ich nur sagen, daß sie zumindest den Horizont erweitern, die Vorstellungskraft anregen und nutzbringende Grundkonzepte für Studien über die nähere Zukunft in etwa fünf bis zehn Jahren bieten. Es ist deshalb kaum zu bezweifeln, daß Zukunftsforschung für jene, die politische Studien betreiben, nutzbringend ist.

Zusätzliche Literatur

Bell, D.: Notes on the postindustrial Society. In: Public Interest, Winter and Spring 1967.
Kahn, H.: Uncertain road to the twenty-first century. In: Think, Januar/Februar 1967.
—, Weiner, A. J.: The Year 2000: A Framework for Speculation. (Deutsch: Das Jahr 2000: Ein Rahmen für Spekulation) New York: Macmillan, 1967.
Towards the year 2000. (Deutsch: Der Weg ins Jahr 2000.) In: Daedalus, Summer 1967. München: Desch, 1968.

Heidelberger Taschenbücher

Mathematik — Physik

1. M. Born: Die Relativitätstheorie Einsteins. 5. Auflage. DM 10,80
2. K. H. Hellwege: Einführung in die Physik der Atome. 3. Auflage. DM 8,80
6. S. Flügge: Rechenmethoden der Quantentheorie. 3. Auflage. DM 10,80
7/8. G. Falk: Theoretische Physik I und I a auf der Grundlage einer allgemeinen Dynamik.
   Band 7: Elementare Punktmechanik (I). DM 8,80
   Band 8: Aufgaben und Ergänzungen zur Punktmechanik (I a). DM 8,80
9. K. W. Ford: Die Welt der Elementarteilchen. DM 10,80
10. R. Becker: Theorie der Wärme. DM 10,80
11. P. Stoll: Experimentelle Methoden der Kernphysik. DM 10,80
12. B. L. van der Waerden: Algebra I. 7. Auflage der Modernen Algebra. DM 10,80
13. H. S. Green: Quantenmechanik in algebraischer Darstellung. DM 8,80
15. L. Collatz/W. Wetterling: Optimierungsaufgaben. DM 10,80
16/17. A. Unsöld: Der neue Kosmos. DM 18,—
19. A. Sommerfeld/H. Bethe: Elektronentheorie der Metalle. DM 10,80
20. K. Marguerre: Technische Mechanik. I. Teil: Statik. DM 10,80
21. K. Marguerre: Technische Mechanik. II. Teil: Elastostatik. DM 10,80
22. K. Marguerre: Technische Mechanik. III. Teil: Kinetik. DM 12,80
23. B. L. van der Waerden: Algebra II. 5. Auflage der Modernen Algebra. DM 14,80
26. H. Grauert/I. Lieb: Differential- und Integralrechnung I. 2. Auflage. DM 12,80
27/28. G. Falk: Theoretische Physik II und II a.
   Band 27: Allgemeine Dynamik. Thermodynamik (II). DM 14,80
   Band 28: Aufgaben und Ergänzungen zur Allgemeinen Dynamik und Thermodynamik (II a). DM 12,80
30. R. Courant/D. Hilbert: Methoden der mathematischen Physik I. DM 16,80
31. R. Courant/D. Hilbert: Methoden der mathematischen Physik II. DM 16,80
33. K. H. Hellwege: Einführung in die Festkörperphysik I. DM 9,80
34. K. H. Hellwege: Einführung in die Festkörperphysik II. DM 12,80
36. H. Grauert/W. Fischer: Differential- und Integralrechnung II. DM 12,80
38. R. Henn/H. P. Künzi: Einführung in die Unternehmensforschung I. DM 10,80
39. R. Henn/H. P. Künzi: Einführung in die Unternehmensforschung II. DM 12,80
43. H. Grauert/I. Lieb: Differential- und Integralrechnung III. DM 12,80
44. J. H. Wilkinson: Rundungsfehler. DM 14,80
49. Selecta Mathematica I. Verf. und hrsg. von K. Jacobs. DM 10,80
50. H. Rademacher/O. Toeplitz: Von Zahlen und Figuren. DM 8,80
51. E. B. Dynkin/A. A. Juschkewitsch: Sätze und Aufgaben über Markoffsche Prozesse. DM 14,80
56. M. J. Beckmann/H. P. Künzi: Mathematik für Ökonomen I. DM 12,80

- 64 F. Rehbock: Darstellende Geometrie. 3. Auflage. DM 12,80
- 65 H. Schubert: Kategorien I. DM 12,80
- 66 H. Schubert: Kategorien II. DM 10,80
- 71 O. Madelung: Grundlagen der Halbleiterphysik. DM 12,80
- 73 G. Pólya/G. Szegö: Aufgaben und Lehrsätze aus der Analysis. DM 12,80
- 74 G. Pólya/G. Szegö: Aufgaben und Lehrsätze aus der Analysis II.

Aus den übrigen Fachgebieten

- 3 W. Weidel: Virus- und Molekularbiologie. 2. Auflage. DM 5,80
- 4 L. S. Penrose: Einführung in die Humangenetik. DM 8,80
- 5 H. Zähner: Biologie der Antibiotica. DM 8,80
- 14 A. Stobbe: Volkswirtschaftliches Rechnungswesen. 2. Auflage. DM 12,80
- 18 F. Lembeck/K.-F. Sewing: Pharmakologie-Fibel. DM 5,80
- 24 M. Körner: Der plötzliche Herzstillstand. DM 8,80
- 25 W. Reinhard: Massage und physikalische Behandlungsmethoden. DM 8,80
- 29 P. D. Samman: Nagelerkrankungen. DM 14,80
- 32 F. W. Ahnefeld: Sekunden entscheiden — Lebensrettende Sofortmaßnahmen. DM 6,80
- 37 V. Aschoff: Einführung in die Nachrichtenübertragungstechnik. DM 11,80
- 40 M. Neumann: Kapitalbildung, Wettbewerb und ökonomisches Wachstum. DM 9,80
- 41 G. Martz: Die hormonale Therapie maligner Tumoren. DM 8,80
- 42 W. Fuhrmann/F. Vogel: Genetische Familienberatung. DM 8,80
- 45 G. H. Valentine: Die Chromosomenstörungen. DM 14,80
- 46 R. D. Eastham: Klinische Hämatologie. DM 8,80
- 47 C. N. Barnard/V. Schrire: Die Chirurgie der häufigen angeborenen Herzmißbildungen. DM 12,80
- 48 R. Gross: Medizinische Diagnostik — Grundlagen und Praxis. DM 9,80
- 52 H. M. Rauen: Chemie für Mediziner — Übungsfragen. DM 7,80
- 53 H. M. Rauen: Biochemie — Übungsfragen. DM 9,80
- 54 G. Fuchs: Mathematik für Mediziner und Biologen. DM 12,80
- 55 H. N. Christensen: Elektrolytstoffwechsel. DM 12,80
- 57/58 H. Dertinger/H. Jung: Molekulare Strahlenbiologie. DM 16,80
- 59/60 C. Streffer: Strahlen-Biochemie. DM 14,80
- 61 Herzinfarkt. Hrsg. von W. Hort. DM 9,80
- 62 K. W. Rothschild: Wirtschaftsprognose. Methoden und Probleme. DM 12,80
- 63 Z. G. Szabó: Anorganische Chemie. DM 14,80
- 68 W. Doerr/G. Quadbeck: Allgemeine Pathologie. DM 5,80
- 69 W. Doerr: Spezielle pathologische Anatomie I. DM 6,80
- 70a W. Doerr: Spezielle pathologische Anatomie II. DM 6,80
- 70b W. Doerr/G. Ule: Spezielle pathologische Anatomie III. DM 6,80
- 72 M. Becke-Goehring/H. Hoffmann: Vorlesungen über Anorganische Chemie: Komplexchemie. DM 18,80
- 75 Technologie der Zukunft. Hrsg. von R. Jungk. DM 15,80
- 76 H.-G. Boenninghaus: Hals-Nasen-Ohrenheilkunde für Medizinstudenten. DM 12,80
- 77 F. D. Moore: Transplantation. DM 12,80

MIX
Papier aus verantwortungsvollen Quellen
Paper from responsible sources
FSC® C105338

If you have any concerns about our products,
you can contact us on
ProductSafety@springernature.com

In case Publisher is established outside the EU,
the EU authorized representative is:
**Springer Nature Customer Service Center GmbH
Europaplatz 3, 69115 Heidelberg, Germany**

Printed by Libri Plureos GmbH
in Hamburg, Germany